教育部高职高专材料类教学指导委员会工程材料与成形工艺类专业规划教材

JIAOYUBUGAOZHIGAOZHUANCAILIAOLEI
JIAOXUEZHIDAOWEIYUANHUI
GONGCHENGCAILIAOYUCHENGXINGGONGYILEIZHUANYEGUIHUAJIAOCAI

焊接方法与设备

杨坤玉 / 主编　　许利民　徐宏彤 / 副主编　　邱葭菲 / 主审

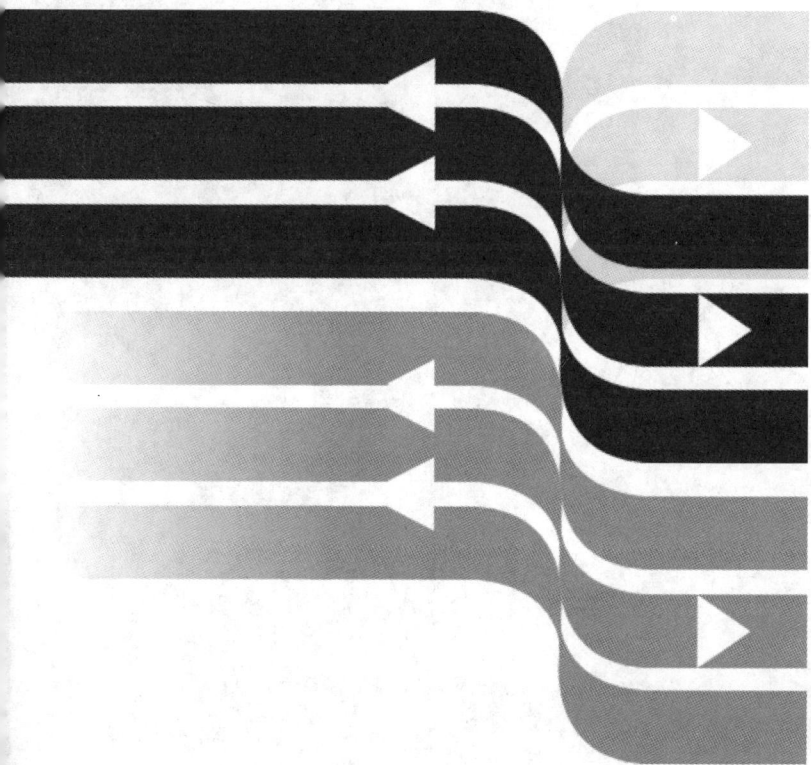

中南大学出版社
www.csupress.com.cn

内容简介

本书是教育部高职高专材料类教学指导委员会工程材料与成形工艺类专业规划教材。

本书系统讲述了各种常用焊接方法的原理、特点、焊接材料、设备及工艺知识，并对各种焊接、切割方法与技术的新发展做了介绍，全书共分八个模块，其内容包括：焊接方法与设备概述，焊条电弧焊，埋弧焊，熔化极气体保护焊，钨极惰性气体保护焊，等离子弧焊与切割，电阻焊，其他焊接方法。

本书可作为高等职业技术院校焊接技术及自动化专业的教材，也可作为各类成人教育焊接专业的教材及各级焊工职业技能鉴定培训教材，同时可供有关工程技术人员参考。

教育部高职高专材料类教学指导委员会
工程材料与成形工艺类专业规划教材编审委员会
（排名不分先后）

总　序

当前，高等职业教育改革方兴未艾，各院校积极贯彻落实教育部《关于全面提高高等职业教育教学质量的若干意见》(教高[2006]16号文)和教育部、财政部《关于实施国家示范性高等职业院校建设计划，加快高等职业教育改革与发展的意见》(教高[2006]14号文)文件精神，探索"工学结合"的改革发展之路，取得了很多很好的教学成果。

教育部高等学校高职高专材料类教学指导委员会工程材料与成形工艺分委员会，主要负责工程材料及成形工艺类专业与课程改革建设的指导工作。分教指委组织编写了《高职高专工程材料与成形工艺类专业教学规范(试行)》，并已由中南大学出版社正式出版，向全国推广发行，它是对高职院校教学改革的阶段性探索和成果的总结，对开办相关专业的院校有较好的指导意义和参考价值。为了适应工程材料与成形工艺类专业教学改革的新形势，分教指委还积极开展了工程材料与成形工艺类专业高职高专规划教材的建设工作，并成立了高职高专工程材料与成形工艺类专业规划教材编审委员会，编审委员会由教指委委员、分指委专家、企业专家及教学名师组成。教指委及规划教材编审委员会于2008年11月在长沙中南大学召开了教材建设研讨会，会上讨论了焊接技术及自动化专业、金属材料热处理专业、材料成形与控制技术专业(铸造方向、锻压方向、铸热复合)以及工程材料与成形工艺基础等一系列教材的编写大纲，统一了整套书的编写思路、定位、特色、编写模式、体例等。

历经几年的努力，这套教材终于与读者见面了，它凝结了全体编写者与组织者的心血，体现了广大编写者对教育部"质量工程"精神的深刻体会和对当代高等职业教育改革精神及规律的准确把握。

本套教材体系完整、内容丰富。归纳起来，有如下特色：①根据教育部高等学校高职高专材料类专业教学指导委员会工程材料与成形工艺类专业制定的教学规划和课程标准组织编写；②统一规划，结构严谨，体现科学性、创新性、应用性；③贯彻以工作过程和行动为导向，工学结合的教育理念；④以专业技能培养为主线，构建专业知识与职业资格认证、社会能力、方法能力培养相结合的课程体系；⑤注重创新，反映工程材料与成形工艺领域的新知识、新技术、新工艺、新方法和新标准；⑥教材体系立体化，提供电子课件、电子教案、教学与学习指导、教学大纲、考试大纲、题库、案例素材等教学资源平台。

教材的生命力在于质量与特色，希望本系列教材编审委员会及出版社能做到与时俱进，根据高职高专教育改革和发展的形势及产业调整、专业技术发展的趋势，不断对教材进行修订、改进、完善，精益求精，使之更好地适应高职人才培养的需要，也希望他们能够一如既往地依靠业内专家，与科研、教学、产业第一线人员紧密结合，加强合作，不断开拓，出版更多的精品教材，为高职教育提供优质的教学资源和服务。

　　衷心希望这套教材能在我国材料类高职高专教育中充分发挥它的作用，也期待着在这套教材的哺育下，一大批高素质、应用型、高技能人才能脱颖而出，为经济社会发展和企业发展建功立业。

王纪安

2010 年 1 月 18 日

王纪安：教授，教育部高等学校高职高专材料类专业教学指导委员会委员，工程材料与成形工艺分委员会主任。

前　言

　　本书是根据教育部制定的《高职高专工程材料与成形工艺类专业教学规范(试行)》的教学要求，对传统的课程体系进行重组优化，考虑到职业技术教育的特点，在保证基础知识和基本理论的前提下，对陈旧老化的知识予以删除，对繁琐的内容予以简化，把各种焊接方法的原理、设备、工艺、技能训练有机地融合在一起，结合多年的教学实践经验及对课程改革的探索编写而成。

　　全书以少学时、多信息来保证知识的供应量，内容丰富又避免重复；突出工艺环节，加强工艺分析，以达到会选择焊接方法、焊接设备、焊接材料，制定焊接工艺方法的目的；为了提高学生的工艺知识和综合能力，本书增加了焊接生产安全技术与工艺实例，侧重基础知识与基本技能训练，培养学生分析问题和解决问题的能力，具有较强的针对性与实用性。

　　本书以培养高等技术应用人才为目标，体系新、实用性强，注重在理论知识、素质、能力、技能等方面对学生进行全面的培养，注重吸取现有相关教材的优点，简化过多的理论介绍；突出职业技术教育特色，图文并茂，尽量联系现场实际；各模块之前均有学习指南和相关知识链接，资料丰富、好教好学；各个模块之后附有小结和复习思考题，重点模块后附有技能训练，以引导学生积极思考，培养学习兴趣及分析、解决问题的能力。

　　全书共分八个模块，其内容包括：焊接方法与设备概述，焊条电弧焊，埋弧焊，熔化极气体保护焊，钨极惰性气体保护焊，等离子弧焊与切割，电阻焊，其他焊接方法。各模块之后附有小结和综合训练与思考，重点模块后附有技能训练。全书教学约需 70～90 学时，各项实训教学为 30 学时。

　　本教材兼顾教学与培训实训使用，也可以作为企业上岗培训教材。适用于高职高专焊接技术与自动化专业，也可作为电视大学、成人教育学院、职工大学、业余大学等相关专业师生的教学用书，还可供有关工程技术人员参考。

　　本书由杨坤玉任主编，许利民、徐宏彤任副主编。参加编写的人员有：长沙航空职业技术学院杨坤玉(编写模块一、模块四、模块八)，承德石油高等专科学校许利民(编写模块二)，安徽国防科技职业技术学院张录鹤(参与编写模块四)，蒋红云(参与编写模块八)，辽宁装备制造技术职院裘荣鹏(编写模块五)，兰州城市学院徐宏彤(编写模块六、模块七)。电子教案由长沙航空职业技术学院彭彬、杨新刚制作。杨坤玉负责总纂定稿。

　　由于我们水平有限，编写时间紧迫，书中难免存在疏漏、不妥之处，恳请有关专家、各兄弟院校师生和广大读者批评指正。

编　者

2010 年 4 月

1

目　录

模块一
焊接方法与设备概述

[学习指南]

1. 掌握焊接的本质和焊接方法的分类；
2. 了解焊接方法的发展概况和未来趋势。

重点：焊接的本质；焊接方法的分类；焊接操作安全技术与装备。

难点：焊接操作安全措施与装备。

[相关链接]

　　焊接是一种古老的加工方法，已有上千年的历史。早在春秋战国时期，我们的祖先已经开始以黄泥作助熔剂，用加热锻打的方法把两块金属连接在一起。据有关资料介绍，出土的秦代兵马俑铜马车就是由许多块金属拼焊成的。到公元 7 世纪唐朝时期，已经应用锡钎焊和银钎焊的方法来制作器物，比欧洲国家早了 1000 多年。有记载的焊接方法，如软钎焊和锻焊至少也有数百年的历史。但用于现代工业生产的焊接方法，多数还是 19 世纪初发现的，特别是在 1885 年俄罗斯人别那尔道斯(Бенардо)发明碳弧焊之后出现的。

　　工业技术的进步，新材料、新能源的出现，推动了焊接技术的发展。从发现电弧到激光能源出现的一百多年的时间里，发明了二十余种基本焊接方法，加上其衍生的方法不下百余种。各种基本方法的发明时间见表 1-1。

表 1-1　焊接方法的发展简史

焊接方法	发明时间	发明国家	焊接方法	发明时间	发明国家
碳弧焊	1885	俄国	冷压焊	1948	英国
电阻焊	1886	美国	高频电阻焊	1951	美国
金属极电弧焊	1892	俄国	电渣焊	1951	前苏联
热剂焊	1895	德国	CO_2 气体保护电弧焊	1953	美国
氧-乙炔焊	1901	法国	超声波焊	1956	美国
金属喷镀	1909	瑞士	电子束焊	1956	法国

续表 1-1

焊接方法	发明时间	发明国家	焊接方法	发明时间	发明国家
原子氢焊	1927	美国	摩擦焊	1957	前苏联
高频感应焊	1928	美国	等离子弧焊	1957	美国
惰性气体保护电弧焊	1930	美国	爆炸焊	1963	美国
埋弧焊	1935	美国	激光焊	1965	美国

近代焊接技术发展大事记：

● 1801 年迪威发现了电弧放电现象，这是近代焊接技术的起点。

● 19 世纪中叶人们提出了利用电弧熔化金属并进行材料连接的想法，许多年后真正出现了达到实用程度的电弧焊接方法。

● 最初可以称作电弧焊接的是 1885 年俄国人发明的碳弧焊，该方法以碳电极作为阳极产生电弧，被用在铁管及容器的制造及蒸汽机车的修理中。

● 俄国人在 1891 年提出以金属电极取代碳电极的金属极焊接法，最初是在空气中产生金属极(铁)电弧进行焊接，焊接区的品质用现在的知识判断是不合格的。

● 瑞典人在 1907 年发明了焊条，对这一状况加以改进，并于 1912 年开发出保护性能良好的厚涂层焊条，确立了焊条电弧焊技术的基础。从"利用电弧进行金属的熔化焊接"这一新思想产生开始，经历了 50 多年，焊接技术的基础才得以确立。与当时使用着的螺钉等机械连接法相比，电弧焊接能够减少使用材料、确保接合强度、缩短作业时间，因此很快被产业界所采用。

● 1920 年英国全焊接船已下水使用。焊条焊接法的成功进一步促进了电弧焊接法的发展。由于焊条焊接采用了有限长度的焊条，所进行的焊接是断续的，不符合连续焊接的要求。

● 1930 年开发了埋弧焊。埋弧焊是向颗粒状焊剂中连续送进钢制焊丝，电弧放电所需电流从导电嘴供给，这种电流供给方式成为现在自动焊的原形。

● 为了对电弧及焊接金属进行保护，使其同空气隔绝，从很早开始人们就考虑了利用保护气体。1930 年以后以美国为主，把钨电极与氩气组合，进行了气体保护钨电极电弧焊接法的研究，该焊接法的最初适用对象是镁及不锈钢薄板。

● 铝合金由于表面氧化膜的存在，焊接困难。1945 年左右人们知道了电弧放电的阴极(严格讲是阴极点)具有去除氧化膜的作用，随后出现了以铝合金为对象的交流 GTA 焊接法、在氩气保护气氛中采用铝焊丝的直流金属极焊接法，即 GMA 焊接法。

最新发展动态

欧美等发达国家的专家认为，从现在到 2020 年，焊接仍将是制造业的重要加工技术和手段，且将进一步发展成为一种精确、可靠、低成本的连接方法。

焊接技术(包含连接、切割、涂敷)将是各种材料、产品加工的首选方法；焊接将逐步集成到产品的全寿命过程中。从产品的设计、开发、制造，再到维修、再循环的各个阶段，都将出现焊接的身影；在降低产品全寿命过程的成本，提高产品的质量和可靠性，增强产品的市场竞争力等方面，焊接技术都将起着至关重要的作用。

1.1 焊接方法及发展概况

1.1.1 焊接的本质及其特点

在各种金属结构和机器制造中，经常需要将两个或两个以上的零件按一定的形式和位置连接起来。按照这些连接方法的特点，可分为两大类：一是可拆卸的连接，即不必损坏零件就可以拆卸，如螺栓连接、键连接等，如图1-1所示；二是不可拆连接，即如果要拆卸，必须要损坏零件才能实现，如铆接、焊接等，如图1-2所示。

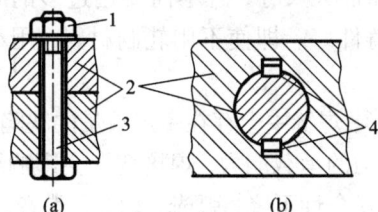

图1-1 可拆卸连接

(a)螺栓连接；(b)键连接

1—螺母；2—零件；3—螺栓；4—键

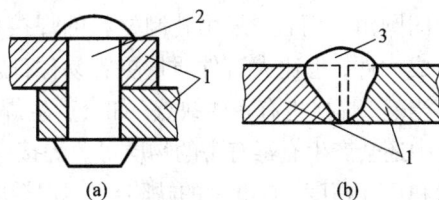

图1-2 不可拆卸连接

(a)铆接；(b)焊接

1—零件；2—铆钉；3—焊缝

焊接是指通过适当的物理化学过程使两个分离的固态物体产生原子(分子)间的结合力而连接成一体的连接方法。焊接过程的本质就是通过适当的物理化学过程，使两个分离固态物体形成永久性连接的整体。

焊接是目前应用极为广泛的一种永久性连接方法。在很多工业部门的金属结构中，焊接几乎全部取代了铆接，不少过去一直用整铸、整锻方法生产的大型毛坯也改用焊接结构，不仅大大简化了生产工艺，还降低了成本。与其他连接方法相比，焊接有其独特的优点，见图1-3。

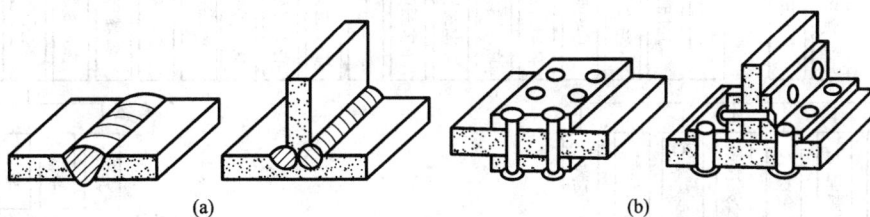

图1-3 焊接与铆接比较

(a)焊接结构；(b)铆接结构

(1)成形方便：焊接方法灵活多样，工艺简便。在制造大型、复杂结构和零件时，可采用铸焊、锻焊方法，化大为小，化复杂为简单，再逐次装配焊接而成。

(2)适应性强：采用相应的焊接方法，不仅可生产微型、大型和复杂的金属构件，也能生产气密性好的高温、高压设备和化工设备；此外，采用焊接方法，还能实现异种金属或非金属的连接。

（3）生产成本低：与铆接相比，焊接结构可节省材料 10% ~ 20%，并可减少划线、钻孔、装配等工序，提高了劳动生产率。另外，采用焊接结构能够按使用要求选用材料。在结构的不同部位，按强度、耐磨性、耐腐蚀性、耐高温等要求选用不同材料，具有更好的经济性。此外，焊接设备一般也比铆接生产所需的大型设备（如多头钻床等）投资低。焊接结构还比铆接结构具有更好的密封性，这是压力容器特别是高温、高压容器不可缺少的性能。同时，焊接生产与铆接生产相比，有劳动强度低、劳动条件好等优点。

与铸造相比，焊接不需要制作木模和砂型，也不需要专门熔炼、浇铸，工序简单，生产周期短，对于单件和小批量生产特别明显，此外，焊接结构比铸件能节省材料。通常，焊接结构件的质量，比铸钢件轻 20% ~ 30%，比铸铁件轻 50% ~ 60%，这是因为焊接结构的截面可以按需要来选取，不必像铸件那样受工艺条件的限制而加大尺寸，且不需要用过多的肋板和过大的圆角。而且，采用轧制材料的焊接材质一般比铸件好。即使不用轧制材料，用小铸件拼焊成大件，也比大铸件质量更容易保证。

当然，焊接也有一些缺点，如会产生焊接应力和变形，焊缝中会存在一定数量的缺陷，焊接过程中还会产生有毒有害的物质等。焊接应力会削弱结构的承载能力，焊接变形会影响结构的形状和尺寸精度，焊缝中的缺陷会使焊接接头的性能和安全性下降，弧光、烟尘、噪音、射线、高频电磁波等都对焊工的身体健康带来危害等，这些都是焊接过程中需要注意的问题。

1.1.2 焊接方法的分类

一般来说，按照焊接过程中金属所处的状态不同，焊接方法可分为熔焊、压焊、钎焊三大类。焊接方法的分类如图 1-4 所示。

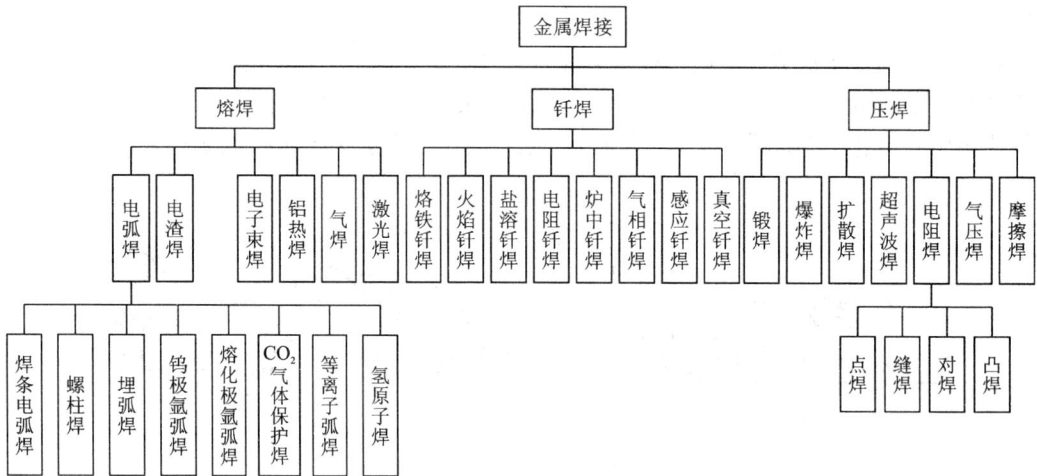

图 1-4　焊接方法的分类

1. 熔焊

熔焊是借助局部加热使被连接的物体表面熔化成液体，然后冷却结晶使其成为一个整体的连接方法。按照热源形式的不同，熔化焊可分为：气焊（以氧乙炔或其他可燃气体燃烧火焰为热源）；电阻点、缝焊（以焊接件通电时接触电阻产生的热量为热源）；电子束焊（以高速运动的电子束流为热源）；激光焊（以单色光子束流为热源）等。按照保护形式的不同，熔化焊方法可分为：埋弧焊，气体保护焊等。按照电极特征的不同，熔化焊方法可分为：熔化极焊接方法，非熔化极焊接方法等。

2. 压焊

压焊是在焊接过程中，必须对焊件施加压力（加热或者不加热），以完成焊接的方法。按照是否加热，压焊可分为两种形式：一是将被焊金属接触部分加热至塑性状态或局部熔化状态，然后施加一定的压力，以使金属原子间相互结合而形成牢固的焊接接头，如锻焊、电阻焊、摩擦焊等；二是不进行加热，仅在被焊金属的接触面上施加足够大的压力，借助压力引起的塑性变形，使原子间相互接近直至获得牢固的压挤接头，如冷压焊、爆炸焊等。

3. 钎焊

钎焊是利用某些低熔点的熔化金属（通常称为钎料）作为媒介物在物体的连接面上起浸润、流散作用，在钎料冷却结晶后实现金属之间结合的连接方法。钎焊过程也必须采取加热（以使钎料熔化，但母材不熔化），或者保护措施（以使熔化的钎料不与空气接触）。按照加热和保护条件的不同，钎焊可分为火焰钎焊、感应钎焊、电阻炉钎焊等。

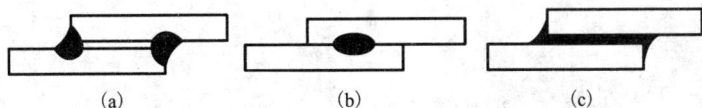

图 1-5 熔焊、压焊、钎焊焊接方法的对比

(a)熔焊；(b)压焊；(c)钎焊

熔焊、压焊、钎焊焊接方法的对比如图 1-5 所示。

1.1.3 焊接方法的发展现状和未来趋势

近代焊接技术，是从 1885 年出现碳弧焊开始，直到 20 世纪 40 年代才形成完整的焊接工艺方法体系。特别是 20 世纪 40 年代初期出现了优质电焊条后，焊接技术得到一次飞跃性发展。

目前，世界上已有 50 余种焊接工艺方法应用于生产中，随着科学技术尤其是计算机技术的应用与推广，焊接技术特别是焊接自动化技术迈入了一个崭新的阶段。

各种工艺方法，如多丝埋弧焊、窄间隙气体保护全位置焊、水下二氧化碳半自动焊、全位置脉冲等离子弧焊、异种金属的摩擦焊和数控切割设备及焊接机器人等，已广泛应用于船舶、车辆、航空、锅炉、电机、冶炼设备、石油化工机械、矿山机械、起重机械、建筑及国防等各个工业部门，并成功地完成了不少重大产品的焊接，如 12000 t 水压机、直径为 15.7 m 的大型球形容器、万吨级远洋考察船"远望号"（图 1-6），世界最大最重的三峡电机定子座、核反应堆（图 1-7）、人造卫星、

小知识

三峡水利工程，其水电站的水轮机转轮直径达10.7m，高54m，重440t，为世界最大、最重的不锈钢焊接转轮；其电机定子座和蜗壳结构也是巨大的，其电机定子座直径达22m，高6m，重832t，是我国焊接的最大钢结构机座。

神舟系列太空飞船、世界第一穹顶的北京国家大剧院(图1-8)、长江芜湖大桥(图1-9)等尖端产品。

随着工业和科学技术的发展,焊接方法也在不断进步和发展,以从单一的加工工艺发展成为综合性的先进工艺技术。目前,焊接方法的未来趋势主要体现在以下几个方面。

图1-6 远望1号与2号

图1-7 核反应堆

图1-8 北京国家大剧院

图1-9 长江芜湖大桥

1. 提高焊接生产率,进行高效化焊接

焊条电弧焊中铁粉焊条、重力焊条、躺焊条工艺;埋弧焊中的多丝焊、热丝焊、窄间隙焊接;气体保护电弧焊中的气电立焊、热丝MAG焊、TIME焊等,都是常用的高效化焊接方法。

2. 提高焊接过程的机械化、自动化、智能化水平

国外焊接过程机械化、自动化已达很高的程度,而我国手工焊接所占比例却很大,按焊丝与焊接材料的比来计算机械化、自动化比例,1999年日本为80%,西欧为75%,美国为71%,2000年我国为23%。提高焊接过程的自动化、智能化水平主要从两方面进行;一是扩大计算机的应用;二是扩大焊接机器人的应用。

在焊接控制系统中,计算机可作为控制部件、传感器的数据采集和数据处理器、控制器使用。在生产制造中它可作为控制器实现计算机辅助制造(CAM)、柔性制造系统(FMS)、计算机综合自动化制造系统(CIMS)等。在焊接设计中,它可以完成计算机辅助设计(CAD)任务。在无损探测和缺陷识别上可以完成图像处理的任务。利用计算机发展起来的焊接专家系统得到了迅速的发展和应用,现已推出了焊条选择(WELDS-EC-TOR)、焊接预热及后热方案制定(WELDEAT)、焊接工艺卡制定(WEL-PROSPEC)、残余应力计算(DWELDSTRESS)、焊工档案管理(WELDERTRACK)、预测铁素体(FERRITPREDICT)等专家系统。

焊接机器人的应用是提高焊接过程自动化水平的有效途径，应用焊接专家系统、神经网络系统等都能提高焊接过程智能化水平。自1962年美国推出第一台机器人以来，到1988年已制造了工业机器人324607台。以后每年大约以20%的速度增长，到1995年大约已有100万台在工作。工业机器人约50%用于焊接生产。我国1985年研制成"华宇"型弧焊机器人，1987年研制成上海1号、2号弧焊机器人，同时还研制成"华宇"型点焊机器人。1989年点焊机器人已在汽车生产线上使用，这标志着我国机器人已进入实用阶段。机器人的

采用，使焊接柔性生产进入了新阶段。焊接机器人的示教功能，使改换产品、变更工艺都十分方便。因此在一条焊接机器人组成的生产线上可以生产多种不同类型的焊接产品。机器人虽然实现了高度自动化，但它仍然是一个开环控制系统，没有随机适时调节的功能，不可能根据具体情况适时调节焊接参数。为此需要开发智能焊接，即要开发机器人的视觉系统。目前已开发出根据焊缝参数修改焊炬运动轨迹、根据坡口尺寸修改焊接工艺的视觉智能系统。这方面的发展还刚刚起步，有待今后大力发展。

3. 研究开发新的焊接方法和新的热源

每出现一种新热源，不仅极大推动焊接工艺的发展，同时也伴随一批新的焊接方法出现。目前，焊接工艺已成功地使火焰、电弧、电阻、超声、摩擦、等离子、电子束、激光、微波等热源形成相应的焊接方法。今后的发展将从改善现有热源和开发新的更有效的热源两方面着手。

改善现有热源，提高效率方面，如扩大激光器的能量、有效利用电子束能量、改善焊机性能、提高能量利用率都取得了较好成绩。又如将交流点焊机改为次级整流的点焊机，大大降低了焊机容量，由1000 kVA降至200 kVA仍能达到同样点焊效果。再如逆变弧焊电源的发展，不仅减少了电能消耗，而且大大减小了焊机的体积和质量。同样容量的焊机，体积可降至几分之一，质量可降至几十分之一。新的更好的更有效的焊接热源研发一直在进行，例如采用两种焊接热源的叠加，以获得更强的能量密度，如等离子束加激光、电弧中激光等。有些预热焊也是出于这种考虑。进行太阳能焊接实验也是为了寻求新的焊接热源。

此外，为了扩大焊接的应用范围，满足生产发展的需要，开展了以焊代铸、以焊代锻、以焊代机加工等的研究，并取得了可喜的成果，解决了设备能力不足和加工困难的问题，节省了贵重材料，降低了成本，提高了零部件的使用寿命等。

1.2　焊接能源与设备

1.2.1　焊接的能量本质

要实现金属的焊接，必须提供能量。焊接的能量本质就是：通过对焊件施加外部的能量，使固态焊件中的原子获得足够的动能，使分离的两部分金属，借助于原子的扩散与结合

而形成原子间永久性连接的工艺方法。

对于熔焊和钎焊方法，主要是各种热源提供的热能，常用焊接热源有：火焰热、电弧热、电阻热、化学热、摩擦热、激光热、电子束热等。对于压力焊，需要机械能或热能，或者两者并用。

1.2.2　各种焊接方法的热源分类与特点

常用焊接热源的特点及对应的焊接方法见表 1-2。

表 1-2　常用焊接热源的特点及对应的焊接方法

焊接热源	特　　点	焊接方法
电弧热	气体介质在两电极间或电极与母材间强烈而持久的放电过程所产生的热能为焊接热源，电弧热是目前焊接中应用最广的热源	电弧焊，如焊条电弧焊、埋弧焊、气体保护焊、等离子弧焊，等离子弧切割等
化学热	利用可燃气体的火焰放出的热量或铝、镁热剂与氧或氧化物发生强烈反应所产生的热量为焊接热源	气焊、气割、钎焊、热剂焊（铝热剂）
电阻热	利用电流通过导体及其界面时所产生的电阻热为焊接热源	电阻焊、高频焊（固体电阻热）、电渣焊（熔渣电阻热）
摩擦热	利用机械高速摩擦所产生的热量为焊接热源	摩擦焊
电子束	利用高速电子束轰击工件表面所产生的热量为焊接热源	电子束焊
激光束	利用聚焦的高能量的激光束为焊接热源	激光焊

1.2.3　焊接热源与焊接设备

目前，焊接热源的种类已非常多，如火焰、电弧、电阻、超声、摩擦、等离子、电子束、激光束、微波等，但对焊接热源的研究与开发并未终止，其新的发展可概括为三个方面：首先是对现有热源的改善，使它更为有效、方便、经济适用，在这方面，电子束和激光束焊接的发展较显著；其次是开发更好、更有效的热源，采用两种热源叠加以求获得更强的能量密度，例如在电子束焊中加入激光束等；再次是节能技术，由于焊接所消耗的能源很多，所以出现了不少以节能为目标的新技术，如太阳能焊、电阻点焊中利用电子技术的发展来提高焊机的功率因数等。

为焊接提供能量的是焊接设备。根据焊接方法和功用来分，焊接设备主要包括：焊接热源（包括电能热源、火焰热源等）、焊接操作机构、焊接控制系统、焊接辅助工装、焊接检验设备等部分。

1935 年埋弧焊发明之后，为满足不同焊接方法的需要，设计研制了各种相应的焊机，弧焊机的重要组成部分弧焊电源得到不断的发展，由交流弧焊变压器、直流弧焊发电机，发展到各种整流弧焊电源、脉冲弧焊电源、矩形波弧焊电源和逆变弧焊电源。为提高生产率和焊接质量、改善劳动条件，机械化、自动化设备，如埋弧自动焊机、电渣焊机、气保护自动焊机、节能焊机等大量出现，焊接辅助装置翻转机、变位机等也广泛应用并系列化生产。先进的控制技术不断引入焊接行业，数控焊接与切割、计算机编程控制的切割与焊接，以及焊接机器人等先进技术得到广泛应用。

为确保质量和重复性良好的规模生产，焊接设备、工艺、材料、质量标准化、系列化工作得到快速发展，受到普遍重视。质量检验的方法和设备发展相当迅速。金相组织、机械性能、内部缺陷检验手段发展甚快，如 X 射线、γ 射线、超声波探伤、磁力探伤等已能查出不同厚度焊缝内部的微小缺陷。

1.2.4 《焊接方法与设备》课程的任务、要求与学习建议

《焊接方法与设备》是高职高专院校焊接技术及自动化专业主要专业核心课程之一，是介绍各类基本焊接方法的本质、特点、设备原理及应用的一门课程，其主要任务是培养学生掌握各类基本焊接方法的焊接过程本质、工艺特点以及所用设备的结构、原理及应用范围等专业知识，并获得在实践工作中正确选择、使用焊接方法与设备，制定简单、合理焊接工艺的基本专业能力。

学生在学完本课程后，应达到以下要求：

（1）了解电弧的物理本质和电弧的工艺特性，了解焊丝和母材的熔化特性，掌握熔滴过渡的主要形式和焊缝成形的基本规律。

（2）掌握各种常用电弧焊方法的特点、过程本质和应用范围，熟悉其影响质量的因素和保证质量的措施。

（3）深入了解电阻焊、钎焊的特点和过程实质及其应用范围。

（4）能正确选择焊接方法和工艺参数，正确分析常见缺陷产生的工艺原因，并能提出解决的方法。

（5）了解常用电弧焊设备的特点、电气原理和应用范围；具有正确选择和合理使用电弧焊设备的能力。

（6）了解焊接新方法、新设备的发展情况，具有进一步自学和应用这些新方法、新设备的能力。

《焊接方法与设备》课程是以物理学、电工及电子学、机械零件和金属学等课程为基础，以《弧焊电源》、《熔焊原理》课程为前导的专业课程，因此在学习本课程之前，应先修完上述课程，并进行过专业生产实习，积累必要的基础知识，并将这些知识学以致用、融会贯通。

此外，本课程也是一门实践性很强的课程，因此在学习本课程时应与其他课程和教学环节（如专业实习、课程设计等）相配合。注意理论与实践相结合，培养学生分析问题、解决实际问题的能力。使学生掌握分析各种焊接方法的思路，学会分析工艺现象、研究工艺问题、掌握焊接设备的使用和维护知识，注重实验和操作环节。

1.3 技能训练：焊接生产的安全技术与防护装备

现代焊接方法的多样性，使得焊接作业人员经常与可燃易爆气体及物料、电机、电器、机械接触，甚至出现从事作业的环境不良的情况，如空间狭小、高空或水下等。因此，焊接过程中存在着各种危险，如火灾、爆炸、触电、灼烫、急性中毒、高空坠落和物体打击等。一些焊接方法在焊接过程中还会产生有害气体、烟尘、弧光辐射、高温、高频电磁场、噪音和射线等，如果焊工不熟悉有关焊接方法的安全防护特点和安全操作规程，就可能引起触电、灼伤、火灾、爆炸、中毒、窒息等事故，因此焊接时必须重视焊接方法的安全技术。

1.3.1 焊接过程中的危险和有害因素

焊接作业时，产生影响人体健康的有害因素可分为两大类，一类是物理有害因素，另一类是化学有害因素。在焊接环境中可能存在的物理有害因素有：明弧焊时的弧光、高频电磁波、热辐射、噪声和射线等；可能存在的化学有害因素有：焊接烟尘和有害气体等。它们在焊接条件下，长期作用于人体，对人体健康造成危害。

1. 焊接烟尘

鉴于目前熔焊方法在焊接作业中应用最广，接触焊接烟尘的人员较多，因而焊接烟尘是影响面最大的有害因素。焊接过程中产生的金属烟尘成分很复杂。焊接黑色金属材料时，烟尘的主要成分是铁、硅、锰，焊接其他金属材料时，烟尘中有铝、氧化锌、钼等，其中主要有毒物质是锰。使用碱性低氢型焊条时，烟尘中含有极毒的可溶性氟。焊工长期呼吸这些烟尘，会引起恶心、头疼，甚至引起尘肺及锰中毒等。如图1-10所示为药皮焊条手工电弧焊发尘机理。

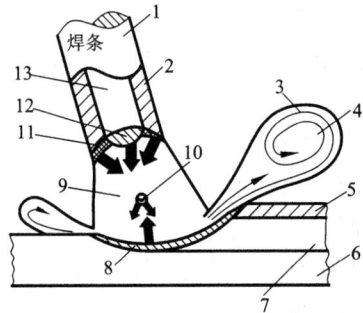

图1-10 药皮焊条手工电弧焊发尘机理示意图
（图中箭头大小表示高温蒸气量的多少）
1—焊条；2—药皮；3—烟尘；4—氧化冷凝；5—焊渣；
6—母材；7—焊缝金属；8—熔池；9—电弧；10—熔滴；
11—熔化焊药；12—熔化金属；13—钢芯

发尘过程实质上是液态金属和药皮的过热—蒸发—氧化—冷凝的过程。焊接烟尘的毒性不仅取决于化学成分，更主要的取决于化学结构，如烟尘中的锰以$MnFe_2O_4$尖晶石型晶体存在时，则不易产生锰中毒，以游离的氧化锰存在时，则易产生锰中毒。表1-3为几种焊接（切割）方法的发尘量，表1-4为常用结构钢焊条烟尘的化学成分。

表1-3 几种焊接（切割）方法的发尘量

焊接方法		施焊时的发尘量 /(mg·min⁻¹)	焊接材料的发尘量 /(g·kg⁻¹)
手工电弧焊	低氢型焊条(结507,φ4)	350~450	11~16
	钛钙型焊条(结422,φ4)	200~280	6~8
自保护焊	药芯焊丝(φ3.2)	2000~3500	20~25
CO₂焊	实芯焊丝(φ1.6)	450~650	5~8
	药芯焊丝(φ1.6)	700~900	7~10
氩弧焊	实芯焊丝(φ1.6)	100~200	2~5
埋弧焊	实芯焊丝(φ5)	10~40	0.1~0.3
氧-乙炔切割	切割厚20 mm低碳钢	40~80	—

表1-4 常用结构钢焊条烟尘的化学成分(%)

烟尘成分焊条牌号	Fe$_2$O$_3$	SiO$_2$	MnO	TiO$_2$	CaO	MgO	Na$_2$O	K$_2$O	CaF$_2$	KF	NaF
结421	45.31	21.12	6.97	5.18	0.31	0.25	5.81	7.01	—		
结422	48.12	17.93	7.18	2.61	0.95	0.27	6.03	6.81	—		
结507	24.93	5.62	6.30	1.22	10.34	—	6.39	—	18.92	7.95	13.71

2. 有害气体

进行氩弧焊、等离子弧焊(割)时产生的有害气体不可忽视,其中主要是臭氧。臭氧是一种浅蓝色气体,具有强烈的刺激性腥臭味,是极强的氧化剂,容易同各种物质发生化学反应,如使棉织物老化变性。当人体吸入臭氧后,主要刺激呼吸系统和神经系统,引起胸闷、咳嗽、头晕、全身无力和食欲不振等症状,严重时可发生肺水肿与支气管炎。表1-5为各种氩弧焊方法产生的臭氧浓度。

表1-5 各种氩弧焊方法产生的臭氧浓度

焊接方法	被焊材料	焊工呼吸带浓度/(mg·m^{-3})	超过最高容许浓度的倍数
熔化极自动焊	铝	29.23	146.15
熔化极半自动焊	铝	19	95
手工钨极焊	铝	15.25	76.12

3. 弧光辐射

我国目前明弧焊接在生产中所占的比例最大,因此在物理有害因素中,当属弧光辐射的危害最普遍。弧光是由紫外线、强可见光和红外线组成的。不同焊接方法光辐射强度比较(紫外线部分)见表1-6。弧光辐射对人体健康的影响主要是:紫外线过度照射引起的角膜结膜炎——电光性眼炎;长期慢性小剂量暴露于红外线与强可见光下,可致调视机能减退而发生早期老光;紫外线过量照射皮肤,有人会发生电光性皮炎。各种明弧焊、保护不好的埋弧焊等都会形成弧光辐射。弧光辐射的强度与焊接方法、工艺参数及保护方法有关,二氧化碳焊弧光辐射的强度是焊条电弧焊的2~3倍,氩弧焊是电弧焊的5~10倍,而等离子弧焊割比氩弧焊更强烈。

表1-6 不同焊接方法的光辐射强度比较(紫外线部分)

波长/nm	相对强度		
	等离子焊	氩弧焊	手工电焊
200~233	1.91	1.0	0.025
233~260	1.32	1.1	0.059
260~290	2.21	1.2	0.60
290~320	4.4	1.0	3.90
320~350	7.00	1.2	5.61
350~400	4.80	1.1	9.35

4. 高温、高频电磁场

当交流电的频率达到每秒振荡 10~30000 万次时，它周围形成的高频率电场和磁场称为高频电磁场。等离子弧焊割、钨极氩弧焊采用高频振荡器引弧时，会形成高频电磁场。焊工长期接触高频电磁场，会引起神经功能紊乱和神经衰弱。防止高频电磁场的常用方法是将焊枪电缆和地线用金属编织线屏蔽。

5. 射线

射线主要是指等离子弧焊割、钨极氩弧焊的钍产生射线和电子束焊产生的 X 射线。焊接过程中射线影响不严重，钍钨极一般被铈钨极取代，电子束焊的 X 射线防护主要用屏蔽以减少泄漏。

6. 噪音

在焊接过程中，噪声危害突出的焊接方法是等离子弧焊割、等离子喷涂以及碳弧气刨，其产生的噪声声强达 120~130 dB 以上。强烈的噪声可以引起听觉障碍、耳聋等症状。

1.3.2 预防触电、火灾和爆炸等现场事故的安全技术

1. 预防触电

触电是电焊操作的主要危险。电焊机的电源，一般都在 220~380 V，一旦设备发生绝缘破坏等故障时，极易发生触电事故。同时，焊机的空载电压大多数超过安全电压，焊工经常手持焊钳(焊枪)作业，也极易发生触电事故。因此，必须采取预防触电的措施。

(1)电焊机必须采取保护接地或接零装置。

(2)采用焊机自动断电装置：当焊机空载电压高于现行有关焊机标准规定的限值，而又在有触电危险的场所作业，或一旦发生触电而引起二次事故的场所(如高空)，必须采用空载自动断电装置。

(3)防护隔离：电焊机外露的带电部分应设有完好的防护罩。裸露的接线柱必须设防护罩。室外使用的电焊机必须有防雨雪的防护装置。

电源控制装置应装在电焊机附近便于操作的地方，周围留有安全通道。

电焊设备操作安全要点、电焊用具安全技术要点、电焊操作安全技术要点分别见表 1-7、表 1-8、表 1-9。

表 1-7　电焊设备操作安全要点

	安　全　技　术　要　点
电焊机接线	(1)一次电源线长度一般不超过 3 m (2)临时需要较长电源线时，应架空用瓷瓶隔离布设，距地必须在 2.5 m 以上，不允许拖地使用 (3)焊接电缆与焊机必须牢固连接，严禁用金属搭接 (4)禁止以建筑物金属构件或设备作为焊接回路
电焊机安放	(1)平稳安放在通风良好、干燥的地方 (2)露天使用必须设置有机棚 (3)不准靠近高热及易燃易爆危险的环境
电源开关	(1)每台焊机必须装有独立专用的电源开关，禁止多台焊机共用一个电源开关 (2)当焊机超负荷时，电源开关应能自动切断电源 (3)采用启动器启动的焊机，必须先合上电源开关，再启动焊机

续表 1-7

	安 全 技 术 要 点
使用	(1)不允许超负荷运行 (2)启动焊机前,焊钳与焊件不能短路 (3)必须切断电源的操作:①调节焊接电流必须触及带电体时;②改接二次回路线时;③搬动电焊机时;④更换保险丝和检修电焊机时
维护	(1)不在焊机上放置任何物件和工具 (2)必须经常保持清洁 (3)经常检查焊接电缆与电焊机接线柱的紧固情况 (4)工作结束必须切断电源

表 1-8　电焊用具安全技术要点

用具名称	安 全 技 术 要 点
焊钳与焊枪	(1)结构简单,电焊钳的质量不得超过 600 g (2)有良好的绝缘性能和隔热性能 (3)与电缆的连接必须牢靠,接触良好,不得外露 (4)焊钳能多方位夹持电焊条 (5)水冷焊枪不得漏水
焊接电缆	(1)有良好的导电能力和绝缘外层,绝缘电阻不得小于 1 MΩ (2)轻便柔软,便于操作 (3)有较好的抗机械损伤能力和耐热性能 (4)长度适宜,一般不超过 20～30 m,且中间不应有接头 (5)有适当的截面积 (6)定期检查绝缘性能,一般每半年 1 次

表 1-9　电焊操作安全技术要点

	安 全 技 术 要 点
工作前	(1)穿戴好防护用品(如工作服、防护鞋、手套等) (2)检查设备和工具的安全性能 (3)固定工位要设置防护屏
开始焊接时	(1)合闸时要先挂起焊钳或将其放在绝缘板上 (2)预热的工件不焊接部位用石棉板遮盖
焊接过程中	(1)手或身体某一部分不能触及带电体 (2)在容器或狭小场所焊接时要设监护人 (3)更换焊条时要戴电焊手套 (4)注意防火、防爆
焊接结束	(1)拉闸时必须先停止焊接,戴绝缘手套,站在侧面 (2)待焊件冷却后方可离开现场

2. 焊接防火防爆

电弧焊或气焊/火焰钎焊等时,由于电弧及气体火焰的温度很高并产生大量的金属火花飞溅物，而且在焊接过程中还可能会与可燃及易爆的气体、易燃液体、可燃的粉尘或者压力容器等接触，都有可能引起火灾甚至爆炸。

在焊接、切割时应严格遵守企业规定的防火安全管理制度。根据焊接现场环境条件，可按表1-10要求进行作业。

表1-10　焊接防火安全要求

	安　全　要　求
不准焊接的场所	(1)企业规定的禁火区 (2)堆存大量易燃物料，又不可能采取防护措施的场所 (3)可能形成易燃、易爆蒸气或积聚爆炸性粉尘的场所 (4)作业点墙体和地面留有各种孔、洞，未经封闭或屏蔽的场所
防火距离	不应小于10 m
安全标准	在易燃易爆环境中焊接，执行化工企业焊接、切割安全专业标准
灭火器材	(1)车间或工作点必须配有充足的水源、干砂、灭火工具和灭火器材 (2)灭火器材应经检验合格、有效
安全管理	由专人检查，确认完全消除火灾危险，方可离开

焊接时，为防止火灾及爆炸事故的发生，必须注意以下事项：

(1)焊接前要认真检查工作场地周围是否有易燃、易爆物品(如棉纱、油漆、汽油、煤油、木屑等)，如有，应使这些物品距离焊接工作场地10 m以外。

(2)严禁设备在带压时焊接或者切割，带压设备一定要先解除压力(卸压)，并且焊割前必须打开所有孔盖。未卸压的设备严禁操作，常压而密闭的设备也不许进行焊接和切割。

(3)凡是被化学物质或者油脂污染的设备都应清洗后再焊接或者切割。如果是易燃、易爆或者有毒的污染物，更应彻底清洗，经有关部门检查，并填写动火证后，才能焊接和切割。

(4)在进入容器内工作时，焊、割炬应随焊工同时进出，严禁将焊、割炬放在容器内而焊工擅自离去，以防混合气体燃烧和爆炸。

(5)焊条头及焊后的焊件不能随便乱扔，要妥善管理，更不能扔在易燃、易爆物品的附近，以免发生火灾。

1.3.3　特殊环境焊接的安全技术

所谓特殊环境焊接，是指在特殊环境对一些专用设备进行的焊接工作，如高空、野外、容器、水下焊接、化工设备(塔、罐、柜、槽、箱、桶等)焊接、管道焊接、长钢轨焊接及铁路机车焊接等。这种焊接对焊接与切割作业有不同的特殊要求，因此，必须采取特殊的安全措施。

1. 高空焊接作业

焊工在距基准面2 m以上(包括2 m)有可能坠落的高处进行焊接作业为高空焊接作业。高空焊接安全技术要点见表1-11。

表1-11　高空焊接安全技术要点

	安　全　技　术　要　点
防护用品	(1)必须使用标准的防火安全带 (2)必须戴安全帽和手套及其他防护用品
登高用具	(1)梯子脚要防倒、防滑，单梯与地面夹角不大于60°；人字梯夹角40°~45°为宜，并有限跨铁钩挂住 (2)登高必须背工具袋，带安全麻绳 (3)不要登到梯顶工作，不准两人在梯子同侧工作
操作安全	(1)小工具、小零件、电焊条必须装在工具袋内 (2)不得在空中投掷物件，只能用安全麻绳吊、放 (3)不得乱投焊条头 (4)焊接电缆不缠在身上操作 (5)在作业点下方，火星所及范围内，彻底清除可燃易爆物品 (6)设监护人及防火安全员
健康条件	(1)登高人员必须经健康检查合格 (2)患有高血压、心脏病、精神病及癫痫病等病症和医生证明不能登高作业者不得登高作业
气象条件	(1)6级以上大风禁止登高作业 (2)雨天、大雪天和雾天禁止登高作业

2. 容器内焊接作业

(1)进入容器内部前，先要弄清容器内部的情况。

(2)该容器和外界联系的部位，都要进行隔离和切断，如电源和附带在设备上的水管、料管、蒸汽管、压力管等均要切断并挂牌。如容器内有污染物，应进行清洗并经检查确认无危险后，才能进入内部焊接。

(3)进入容器内部焊割要实行专人监护制。监护人不能随便离开现场，并与容器内部的人员经常取得联系。

(4)在容器内焊接时，内部尺寸不应过小，应注意通风排气工作。通风应用压缩空气，严禁使用氧气通风。

(5)在容器内作业时，要做好绝缘防护工作，最好垫上绝缘垫，以防止触电等事故。

3. 露天或野外焊接作业

(1)夏天在露天工作时，必须有防风雨棚或者临时凉棚。

(2)露天作业时应注意风向，不要让吹散的铁水及焊渣伤人。

(3)雨天、雪天或雾天时，不准露天作业。

(4)夏天露天气焊、气割时，应防止氧气瓶、乙炔瓶直接受烈日暴晒，以免气体膨胀发生爆炸。冬天如遇瓶阀或减压器冻结时，应用热水解冻，严禁火烤。

4. 水下焊接作业

水下焊接是水下工程结构安装、维修施工中不可缺少的重要工艺手段，它主要用于水下救捞、海洋能源、海洋采矿等海洋工程和大型水工设施的施工过程中。水下焊接一般采用直流电，交流电不稳定。电流应比在空气中焊接高10%~25%，以补偿水的冷却作用。

水下焊接作业致险因素与大气中焊割或一般的潜水作业相比，具有更大的危险性。其作业安全特点如下：

（1）电击。由于绝缘损坏、漏电或直接触及电极等带电体引起触电事故，或因触电痉挛引起溺水二次事故。

（2）爆炸。由于被焊割物内存有化学危险品、弹药等，或未经安全处理的燃料容器与管道，或焊割过程形成爆炸性混合气体等原因引起的爆炸事故。

（3）灼伤。焊割作业中产生的炽热钨熔滴或回火，不仅会造成烧伤事故，而且还由于会烧坏供气管、潜水服等潜水装置而造成潜水病或窒息事故。

（4）物体打击。水下作业，水下结构物件的倒塌坠落而造成操作人员挤伤、压伤、砸伤等机械性的伤亡事故。

（5）其他。作业环境的不安全因素如风浪等引起的溺水事故等。

水下焊接前准备工作的安全要求：

（1）调查作业区气象、水深、水温、流速等环境情况。水下作业时，水面风力应小于6级，作业点水流流速小于0.1~0.3 m/s，否则，应禁止水下焊接作业。

（2）焊割作业前应排除焊割物内易燃、易爆及有毒物质。对有可能坠落、倒塌的物体应固定，以免砸伤或损坏供气管及电缆。

（3）下潜前在水上应对焊割设备及工具、潜水装备、供气管和电缆、通讯联络工具等的绝缘、水密、工艺性能进行检查，并作试验。供气管、电缆等每隔0.5 m应捆扎牢固，以免互相绞缠；胶管可采用1.5倍工作压力的蒸汽或水进行泄漏检查，内外不得粘附油脂。

（4）在作业点上方，半径相当于水深的区域内，不得同时进行其他作业。水下焊割作业过程中会有未燃尽的可燃物或有毒气体逸出，并上浮至水面，水上工作人员应作好防火准备，应将供气泵置于上风处，以防水下人员吸入有毒气体。

（5）操作前，潜水人员应对工作情况进行了解，并对作业地点进行安全处置，严禁在悬浮状态下进行操作。潜水焊割工可停留在构件上工作，或事先安装设置操作平台，操作时就不必为保持自身处于平衡状态而分神。否则，某种事故的征兆可能引起潜水焊割工仓促行动，造成身体触及带电体，或误使割枪、电极（电焊条）触及头盔等事故。

（6）潜水焊割工应备有话筒，以便随时同水面上的支持人员取得联系。不允许在没有任何通信联络的情况下进行水下焊割作业。

（7）在水下焊割开始操作前应仔细检查整理供气胶管、电缆、设备、工具和信号绳等，在任何情况下，都不得使这些装具和焊割工本身处于熔渣溅落和流动的范围内，应当移去操作点周围的障碍物，将自身置于有利的安全位置上，然后向支持人员报告，取得同意后方可开始操作。

（8）一切准备工作就绪，在取得监护人员同意后，潜水人员方可进行焊割作业。

1.3.4　焊工安全防护与装备

1. 弧光防护

（1）设置防护屏。防护屏应选用不燃材料（如薄钢板）制成。其表面应涂上黑色或深灰色油漆，其高度应不低于1.8 m，下部留有25 cm流通空气的空隙。

（2）采用不反光且能吸收光线的材料作内墙饰面，以减少弧光的反射。

（3）隔离防护。采用埋弧焊代替明弧焊或对焊接弧光强烈的焊接区采用密闭罩加以隔离，以减少或避免弧光伤害。

（4）个体防护。主要包括穿工作服，戴面罩、护目镜等。

2．热污染防护

焊接电弧及预热工件的高热，会造成施焊场所的热污染，尤其在容器、狭小舱室等的内部焊接时更甚。其主要防护措施是：通风；改革工艺；隔热；采用送风面罩等。

3．射线防护

在一般的焊接方法中，不存在放射性防护问题。只有当采用射线探伤及电子束焊接时，才应重点防护射线对人体的伤害。其主要防护措施是屏蔽防护。在钨极氩弧焊和等离子弧焊作业时，如果采用不含放射性钍的钨棒，就可以防止射线的危害。在集中存放钨棒时，要装入有盖的铅盒内；打磨钨棒时要防止吸入放射性粉尘而引起内照射。

4．高频防护

当焊接或切割采用高频振荡器引弧时，可能产生高频电磁辐射的危害，其主要防护措施是：

（1）工件必须良好接地，以降低电磁辐射强度，接地点与工件愈近，接地作用愈显著。

（2）正确选择振荡频率，从安全卫生学角度看，引弧性能最佳的频率是 20～60 kHz。

（3）减少高频电作用时间。通常在引弧后的瞬间（10 s 以内）切断振荡器电路，可以使高频电磁辐射减少到"危害性不大"的程度。

（4）降低作业现场的温、湿度。

5．噪声防护

焊接作业中噪声主要来自等离子弧、旋转式直流弧焊机、碳弧气刨、风铲铲边、锤击钢板及振动消除应力等。其防护措施首先是隔离噪声源，如采用专门的工作室等；其次是改进工艺，如采用矫正机代替锤击钢板；第三是采用个人防护用品，如耳塞、耳罩等。

6．焊工防护用品

焊工所需各类防护用品应选用符合有关国家标准技术性能规定的产品。常用焊工防护用品主要要求及用途见表 1－12。

表 1－12　常用焊工防护用品主要要求及用途

品　名	主　要　要　求	用　　途
护目镜	紫外线、红外线的透过率合格	保护眼睛不受弧光及飞溅物伤害
头盔、面罩	质轻、难燃、绝缘、耐热	保护眼、鼻、口及面部不受弧光伤害，同时能减少焊接烟尘及有害气体的危害
工作服	常用白帆布制作，有臭氧产生的作业应用粗毛呢或皮革面料制作	保护躯干和四肢，以防焊接时被烫伤及体温升高
手套	由耐磨、耐热辐射的皮革制作，在可能触电场所用绝缘材料制作	防止焊接时触电及烫伤
防护鞋	绝缘、抗热、不易燃、耐磨损、防滑	防止触电、烫伤
鞋盖	耐热、不易燃	防止脚部烫伤
口罩	防尘	减少烟尘吸入

7. 改善安全卫生条件的焊接技术措施

改善安全卫生条件的焊接技术措施见表 1 – 13。

表 1 – 13　改善安全卫生条件的焊接技术措施

目　　　的	措　　　施
全面改善安全和卫生条件	(1) 提高焊接机械化和自动化水平 (2) 对重复性生产的产品，设计程控焊接生产自动线 (3) 采用各种焊接机械手与机器人
取代手工焊，以消除焊工触电的危险和电焊烟尘的危害	(1) 优先选用安全卫生性能优良的埋弧自动焊和摩擦焊、电阻焊等压焊工艺 (2) 对适宜的焊接结构，推广采用重力焊工艺 (3) 选用电渣焊
避免焊工进入狭小空间(如狭小的船舱、容器、管道等)焊接，以减少触电和电焊烟尘对焊工的危害	(1) 对薄板和中厚板的封闭和半封闭结构，应优先采取利用各类衬垫的埋弧自动焊单面焊双面成型工艺 (2) 对适宜结构，推广采用躺焊工艺 (3) 对管道接头，选用能单面焊双面成型的各种焊条，如低氢型打底焊条、纤维素型打底焊条和管接头立向下焊条等
避免手工焊触电	每台手弧焊机均应安装防电击节能装置
杜绝乙炔发生器爆炸	逐步淘汰各种乙炔发生器，采用溶解乙炔气瓶
降低氩弧焊的臭氧发生量	在氩气中加入 0.3% 的一氧化氮，可使臭氧的发生量降低 90%(西欧称此种混合气为 Mison 气体，已推广使用)
降低等离子切割烟尘和有害气体	(1) 采用水槽式等离子切割工作台 (2) 采用水弧等离子切割工艺
降低电焊烟尘	(1) 采用发尘量较低的焊条 (2) 采用发尘量较低的焊丝

注意此为辅助措施，选用焊接材料首先应保证其工艺性能和力学性能，在连续焊接生产中积累的电焊烟尘，仍需靠通风除尘解决。

【小结】

知识点
1. 焊接的本质；
2. 焊接方法分类与特点。

能力点
焊接生产的安全技术和防护。

【综合训练与思考】

一、填空题

1. 按照焊接过程中金属所处的状态不同，可以把焊接分为 ＿＿＿＿＿＿、＿＿＿＿＿＿、＿＿＿＿＿＿ 三类。

2. 钎焊是采用比 _____ 熔点低的金属材料作 _____ ，将 _____ 和 _____ 加热到高于 _____ 熔点，但低于 _____ 熔点的温度，利用 _____ 润湿母材，填充接头间隙并与母材相互扩散实现连接焊件的方法。

3. 电弧辐射主要包括 _____ 、_____ 和 _____ 。

4. 焊接过程中，对焊工有危险和有害因素主要包括 _____ 、_____ 、_____ 、烟尘、有害气体、噪音等六种。

5. 特殊环境焊接作业包括：_____ 、_____ 、_____ 、_____ 、_____ 、_____ 、_____ 。

二、判断题

1. 为了防止火灾和爆炸的发生，在焊接作业场地15 m范围内严禁存放易燃易爆的物品。
（　　）

2. 带压设备焊接或切割前，卸不卸压无所谓。（　　）

3. 铆接不是永久性连接方式。（　　）

4. 水下焊接不属于特殊环境焊接，不需要进行特殊防护。（　　）

5. 通常噪音不需要防护，因为它对焊工的身体没有伤害。（　　）

三、问答题

1. 如何区分熔焊与钎焊？

2. 改善焊工工作环境安全卫生条件的焊接技术措施有哪些？

3. 如何防止焊工工作环境的火灾和爆炸危险？

4. 作为一名焊工，如何在工作过程中保护自己？

模块二

焊条电弧焊

[学习指南]

1. 掌握与焊接有关的电弧基础知识；
2. 掌握焊条电弧焊的特点及主要工艺参数的选择方法；
3. 掌握焊条电弧焊的基本操作技法。

重点：焊接电弧的力学性能及其对熔滴、熔池的影响；焊接成形缺陷的特征及影响因素；焊条电弧焊的主要工艺参数的影响及选择。

难点：焊条电弧焊的主要工艺参数的影响及选择；焊条电弧焊基本操作技法的掌握。

[相关链接]

焊接电弧是气体放电现象。在现实生活中会遇到很多气体放电的现象，如下雨时的闪电、开关电器的打火、无轨电车双导线脱轨的瞬间打火等。其实气体放电是一门既古老又年轻的学科。

气体放电的形式和现象多种多样，其影响因素有：①所加电压的幅值及波形，如直流电压、交流电压、脉冲电压等。②通过电流的大小，如计数管中的电流（微安级），冲击大电流（兆安级）。③所加电压的频率，如直流电压、工频电压等。④气体的压力，从 10^{-4} Pa 的真空直至几兆帕的高气压。⑤电极形状，决定电场的分布，从而影响带电粒子的运动。⑥容器与电极材料，高气压与高真空的气体击穿会受电极材料及表面状态的影响。⑦气体的性质，如负电性气体可以提高气体的击穿电压。不同条件下，气体放电的物理过程各异，主要形式有暗放电、辉光放电、电弧放电、火花放电、高频放电等。

辉光放电最早用于制作霓虹灯。霓虹灯是一种低气压冷阴极辉光放电发光的光源。作为指示用的氖管、数字显示管，以及一些保护用的放电管，也是利用辉光放电。在气体激光器中，毛细管辉光放电是获得激光的基本条件。近代微电子技术中的等离子体涂覆、等离子体刻蚀，也是利用辉光放电技术。辉光放电还被成功地用于制作白光激光器。

电弧可作为强光源，碳极电弧就是最早的强光源。各种高气压放电灯如高气压汞灯、氙灯、钠灯，是在管泡内进行电弧放电的光源。工业上电弧不仅广泛用于焊接、切割，还可作为电炉的热源。

　　火花放电使电极材料受到严重的烧蚀，利用这一现象制成的电火花加工设备能对金属进行切割、抛光等加工。火花放电时，不仅击穿气体，还能击穿其通路上的薄片绝缘材料，电火花打孔的加工技术就是利用这一现象的。依据火花放电现象制成的触发管和火花放电器，常用于脉冲调制电路中。

　　气体放电有许多效应，如导电效应，光效应，热效应，力学效应，化学效应等。在电力系统及电工制造业中，研究气体放电主要是为了改进气体绝缘性能，防止气体放电的破坏作用及其对环境的电磁干扰，如研究雷闪放电，长间隙放电，污秽表面放电，负电性气体放电，电晕放电等。同时还研究电弧放电，以改善断路器等设备切断电流的能力。利用气体放电的光效应可以制造各种电光源。在磁场作用下，很强的电磁力（洛伦兹力）会使电离气体加速到每秒数百千米的高速度，电磁激波管就是这种力学效应应用的例子。高密度的电离气体通过大电流时，气体可以被加热到几万 K，气体加热器就是利用这种热效应产生高温气体。利用电晕放电可以制造电除尘器，还可以产生臭氧（O_3）净化水源，这成为改善环境的重要技术手段之一。

　　一般短路时，短路电流很大，可认为短路点已熔化，不必考虑短路时产生的电弧电压，作为金属性短路。接地故障时，短路电流小，接地点的电弧电压必须考虑。这种电弧电压所产生的危害严重，国内已有不少的事例，在国外也有类似的事例，例如：美国纽约市的一座公寓大厦，由于电弧事故烧毁了所有的低压配电开关屏及 2 个 5000A 的进线母线槽，由于开关设备对电弧事故没有反应，因而不能保护用户侧的电力系统，只能等待地区电网保护设备动作，才切断电源，但已酿成大祸。美国波士顿一座大型商业建筑的地下室内，由于一只开关柜发生电弧事故，致使一列开关柜全部烧毁。可见电弧事故检测困难，其所造成事故的危害甚大，轻则损坏设备，造成局部停电，重则事故扩大，酿成火灾或造成大片停电，威胁生命和财产的安全。

　　工业中应用的电弧通常可分为长弧和短弧两类。根据电弧所处的介质不同又分为气中电弧和真空电弧两种。液体（油或水）中的电弧实际在气泡中放电，也属于气中电弧。真空电弧实际是在稀薄的电极材料蒸气中放电。这两种电弧的特性有较大差别。

> **小知识**
>
> 　　当开关通断时，只要动、静触头之间的电压超过 10V，它们行将接触或者开始分离时就会在间隙内产生放电现象。如果电流小，就会发生火花放电；如果电流大于 100mA，就会发生弧光放电，即电弧。

　　19 世纪初，英国的戴维斯发现电弧和氧乙炔焰两种能局部熔化金属的高温热源；1885—1887 年，俄国的别纳尔多斯发明碳极电弧焊钳。

　　20 世纪初，碳极电弧焊和气焊得到应用，同时还出现了薄药皮焊条电弧焊，这种电弧比较稳定，焊接熔池受到熔渣保护，焊接质量得到提高，使手工电弧焊进入实用阶段。电弧焊从 20 年代起成为一种重要的焊接方法。

2.1 焊条电弧焊基础知识

焊接电弧是所有电弧焊方法的能源，即使到了新的能源技术和控制手段不断被应用于焊接技术领域的今天，电弧焊方法仍然在各种焊接方法中占主要地位，其中一个重要的原因就是电弧能有效而简便地把弧焊电源输送的电能转换成焊接过程中所需要的热能和机械能。

2.1.1 焊接电弧

1. 焊接电弧产生的条件

焊接所使用的电弧能够放出强烈的光和大量的热，看上去像一团火，工程上又常常称其为燃弧。但它不是一般的燃烧现象，没有燃料，也不存在燃烧过程中的那些化学反应，而是在一定条件下的气体放电现象。

通常，气体的分子和原子呈电中性，没有带电粒子，不会在电场的作用下产生定向运动，因此不能导电。有带电粒子，在电场作用下就会定向运动，形成电流。所以，两电极之间形成气体放电的必备条件是：①两电极之间有带电粒子；②两电极之间有电场。

焊接电弧与常见的气体放电相比不但能量大，而且连续持久。我们把由焊接电源供给一定电压的两电极间或电极与母材间，在气体介质中产生的强烈而持久的放电现象称之为焊接电弧(Welding Arc)，简称电弧。

焊接电弧沿电弧方向的电场强度(电压降)分布如图 2 – 1 所示。从图中可以看出，沿电弧长度方向的电场强度分布并不均匀。按电场强度分布的特点可将电弧分为三个区域：靠近阴极的区域为阴极区，阴极区很窄，为 $10^{-5} \sim 10^{-4}$ mm，其电压 U_k 称为阴极压降；中间部分为弧柱区，其电压 U_c 称为弧柱压降；靠近阳极附近的区域为阳极区，也很窄，为 $10^{-3} \sim 10^{-2}$ mm，其电压 U_a 称为阳极压降。

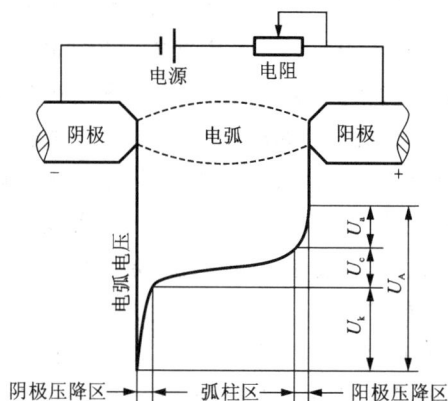

图 2 – 1　焊接电弧各区域电压降分布

电弧放电的主要特点是电流大、电压低、温度高、发光强。

2. 电弧中带电粒子的产生

电弧中的带电粒子主要是依靠电弧中气体介质的电离和电极的电子发射的两个物理过程而产生的。

(1)气体的电离与激励

气体分子或原子常态下由数量相等的正电荷(原子核)和负离子核(电子)构成一个稳定系统，

> **小知识**
>
> 电弧按电流种类可分为：交流电弧、直流电弧和脉冲电弧；按电弧的状态可分为：自由电弧和压缩电弧；按电极材料可分为：熔化极电弧和不熔化极电弧。

对外呈中性。当气体受到热能、电场能或光能等外加能量的作用，会使电子获得足够的能量而克服原子核对它的束缚成为自由电子，同时中性的原子由于失去了带负电荷的电子而成为正离子。这种在外加能量作用下，使中性的气体分子或原子释放电子并形成正离子的过程称为气体电离。

不同气体电离所需外部能量的大小不同，见表2-1。气体中性粒子失去第一个电子所需的最小外加能量称为第一电离能；要使中性气体粒子失去第二个电子则需要更大的能量，称为第二电离能；依此类推还会有第三电离能等。普通焊接电弧的焊接电流较小时只存在一次电离，只有在大电流或压缩电弧中，且电弧温度达几万度时才可能出现二次、三次电离，所以一次电离占主要地位。

电离能也称电离功，通常以电子伏（eV）为单位。1 eV 就是指的 1 个电子通过电位差为 1 V 的两点间所做的功，其数值为 1.6×10^{-19} J。为了便于计算，常把以电子伏为单位的能量转换为数值上相等的电离电压来描述。电离电压低，表示气体容易被电离，带电粒子容易产生，有利于电弧导电。电弧介质往往是由多种气体物质组成，即使气体纯度较高的氩弧焊，其电弧气氛中也含有一定量由于蒸发而产生的金属原子。从表2-1中可以看出金属元素的电离电压普遍低于气体元素。电弧空间存在电离电压不同的几种气体，有受外界能量作用时电离电压低的首先被电离。焊条药皮或焊剂中以化合物的形式加入一些 Cs、K、Na、Ca、Al、Ti 等，焊接过程中产生金属元素，对电弧引燃和稳定电弧有利。

表 2-1　常见气体粒子的电离电压

气体粒子	电离电压/V	气体粒子	电离电压/V
H	13.5	W	8
He	24.5 (54.2)	H_2	15.4
Li	5.4 (75.3, 122)	C_2	12
C	11.3 (24.4, 48, 65.4)	Na	15.5
N	14.5 (29.5, 47, 73, 97)	O_2	12.2
O	13.5 (35, 55, 77)	Cl_2	13
F	17.4 (35, 63, 87, 114)	CO	14.1
Na	5.1 (47, 50, 72,)	NO	9.5
Cl	13 (22.5, 40, 47, 68)	OH	13.8
Ar	15.7 (28, 41)	H_2O	12.6
K	4.3 (32, 47)	CO_2	13.7
Ca	6.1 (12, 51, 67)	NO_2	11
Ni	7.6 (18)	Al	5.96
Cr	7.7 (20, 30)	Mg	7.61
Mo	7.4	Ti	6.81
Cs	3.9 (33, 35, 51, 58)	Cu	7.68
Fe	7.9 (16, 30)		

注：括号内的数字依次为第二次，第三次，……电离电压。

当中性气体粒子受外加能量作用不足以使电子脱离原子核的束缚，但可能使电子从原来的能级跃迁到较高的能级，这种现象称为激励。处于激励状态的气体粒子再接受能量就很容易电离。

（2）电离种类

电弧中气体粒子的电离按外加能量的种类不同，通常分为：热电离、场致电离和光电离三种类型。

①热电离　气体粒子因受到热的作用而产生电离的过程称为热电离。这是由于气体粒子在热能的作用下剧烈运动，形成频繁而激烈的碰撞所产生的一种电离过程。

②场致电离　当气体空间有电场作用时，带电粒子除了做无规则的热运动外，还产生一个受电场影响的定向加速运动，由于加速运动而将电场给予的电能转换为动能。带电粒子的动能增加到足够大时，则可能与中性粒子发生非弹性碰撞使之电离，这种电离称为场致电离。在同一电场作用下电子可获得4倍于正离子的动能，且电子质量小得多，它与中性粒子发生非弹性碰撞时，可将全部动能转换为中性粒子的内能。因此场致电离也是电子起主导作用。

弧柱区的温度较高，一般在 5000 ~ 30000 K，而电场强度较低，仅为 10 V/cm 左右，电子由电场强度的作用所获得的动能较小，以热电离为主。阴极区和阳极区，电场强度远高于弧柱区，因而会产生显著的场致电离现象。

③光电离　中性气体粒子吸收了光的能量而产生的电离称为光电离。焊接电弧气氛中除 K、Na、Ca、Al 等金属蒸气外的其他气体不能直接引起光电离，但这些气体如果处于激励状态，则可能受到光辐射作用而引起电离。实际上光电离只是电弧中产生带电粒子的一种次要途径。

（3）阴极的电子发射

电弧中的带电粒子除依靠气体电离产生外，还能从电极中发射出来。电极中的自由电子在外加能量作用下，冲破电极表面的束缚而逸出到电弧空间的现象，称为电极的电子发射。阴极和阳极都可能发生电子逸出的现象，但只有从阴极逸出来的电子在电场力的作用下参加导电过程，阳极逸出的电子受电场力的约束不能参加导电过程。

电子从阴极表面逸出需要一定的能量，1 个电子从金属表面逸出所需的最低外加能量称为逸出功，用 W_w 表示，单位是电子伏（eV）。因电子的电量 e 是一个常数，故通常用逸出电压 U_w 来表示逸出功的大小，$U_w = W_w/e$，单位为伏特（V）。

逸出功或逸出电压的大小标志着电子逸出的难易程度。各种金属原子核对自由电子的约束力不同，逸出功的大小也不同。金属电极及有关物质的逸出电压见表 2-2 和表 2-3。

表 2-2　几种金属及其氧化物的逸出电压 U_w

金属种类		Fe	Al	Cu	K	Ca	Mg
U_w/V	纯金属	4.48	4.25	4.36	2.02	2.12	3.78
	金属氧化物	3.92	3.90	3.85	0.46	1.80	3.31

表 2-3　纯钨和某些复合钨阴极的逸出电压 U_w

阴极材料	W	W-Cs	W-Ba	W-Th	W-Zr	W-Ce
U_w/V	4.50	1.36	1.56	2.63	3.14	2.70

金属的逸出电压不但与材料种类有关,还与表面状态有关。金属表面存在氧化物或渗入某些微量元素时逸出电压会减小。

金属内部的自由电子只有接受外加能量大于或等于逸出电压时,才能逸出金属表面实现发射。根据外加能量的形式和发射机制的不同,阴极电子发射可分为:热发射、场致发射、粒子碰撞发射和光发射等四种形式。

①热发射　阴极表面因受热的作用而使内部的自由电子热运动速度加大,动能增加。部分电子的能量达到或超出逸出电压时,脱离电极对它的束缚,在阴极产生的电子发射,称为热发射。

②场致发射　当阴极表面附近空间存在较强的正电场时,阴极内部的自由电子受到电场力的作用,此力达到一定值时电子便会逸出阴极表面,这种电子发射现象称为场致发射,也叫电场发射。电场强度越强,则阴极的电子越容易逸出,而且发射的电子数量也越多。

场致发射电子的密度不仅与电场强度有关,还与阴极温度及电极材料种类有关。当采用钢、铜、铝等低沸点材料作阴极时,提供电子的主要方式是场致发射,但是电弧焊时纯粹的场致发射不存在,冷阴极时以场致发射为主,热发射为辅。

③粒子碰撞发射　电弧焊中高速运动的带电粒子主要是正离子,在阴极被加速,从外面撞击阴极表面,将能量传递给阴极表面的电子,使电子能量增加而逸出阴极的现象称为粒子碰撞发射。当阴极区存在强电场时,这种电子发射形式成为重要的发射形式。

④光发射　当阴极表面受到光辐射作用时,阴极内自由电子的能量达到逸出功而逸出阴极表面的现象称为光发射。电弧焊时弧光表现强烈,但能够用于光发射的部分不多,实际上光发射在阴极电子发射中居次要地位。

实际焊接过程中,上述几种电子发射形式常常是同时存在的,不同条件下其作用各不相同。

3. 电弧温度的分布

电弧温度的分布沿轴向和径向分别进行比较。

(1)轴向

阴极区和阳极区的温度因受到电极材料熔点与沸点的限制,通常较低。C、W、Fe、Ni、Cu 几种材料作电极时,加热温度不会超过其沸点,并且阳极温度高于阴极温度。用铝作电极时阳极与阴极的温度高于铝的沸点,这是由于铝的氧化膜(Al_2O_3)的沸点很高(2970K)。常用焊接方法阴阳极的温度有所不同,见表 2-4。

表 2-4　常用焊接方法阴极与阳极的温度比较[①]

焊接方法	焊条电弧焊	钨极氩弧焊	熔化极氩弧焊	CO_2 气保焊	埋弧焊
温度比较	阳极温度>阴极温度			阴极温度>阳极温度	

注:①指酸性焊条,若为碱性焊条,结论相反。

弧柱的介质是气体或含有金属蒸气时加热温度不受电极材料沸点的限制，故有较高的温度。对于焊接电弧，随焊接方法与焊接参数的不同，焊接电流在 1～1000 A 变化，弧柱温度可在 5000～30000 K 变化。弧柱的温度与弧柱区气体介质的成分、金属蒸气的成分、焊接参数及弧柱的拘束状态等因素有关。

（2）径向

电弧径向温度分布的特点是：弧柱轴线温度最高，沿径向出中心至周围温度逐渐降低。

4. 电弧的力学特性

焊接电弧中存在机械力的作用，其力学特性直接影响焊件的熔深、熔滴过渡、熔池的搅拌、焊缝成形，还会影响到金属飞溅及某些焊接缺陷的产生等。电弧力主要包括电磁收缩力、等离子流力、电极斑点力等。除此之外电弧中还有一些其他力的存在。

（1）电磁收缩力

当电流流过相距不远的两根平行导线时，如果电流方向相同则产生相互吸引力，方向相反则产生排斥力，这个力是由电磁场产生的，称为电磁力。它的大小与导线中流过的电流大小成正比，与两导线间的距离成反比。

焊接时，电流可看成是由许多相距很近的平行同向电流线组成，这些电流线之间将产生相互吸引力，使导体受到从四周向中心方向的压缩作用。固体导体不能显现出其影响，但对于可以自由变形的流体（如：液体、气体）导体，则可以使其截面产生收缩，如图 2-2 所示。这种现象称为电磁收缩效应，这种力称为电磁收缩力。

电磁收缩力是形成其他电弧力的力源，电磁收缩效应在电弧中产生的收缩力表现为电弧内的径向压力，弧柱中心所受的径向压力最大。

实际的自由焊接电弧的截面由焊丝向焊件方向逐渐扩大，通常可以近似看成是一圆锥形，图 2-3 所示。

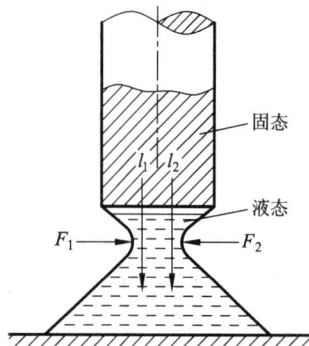

图 2-2　流体导体中
电磁力引起的收缩效应

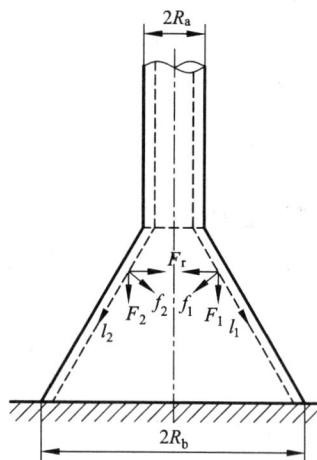

图 2-3　圆锥形电弧及电磁力示意图

不同直径处的电流密度不同，电磁收缩力的大小不同，在电弧中就产生了轴向压力差，形成由小直径端指向大直径端的电弧轴向推力。在焊件上此力表现为对熔池形成的压力，称为电磁静压力。焊接电流密度越大，形成的推力越大，往往造成电弧正下方中心区域的弧坑深度较大。

电磁收缩力的作用：作用在熔池上，则形成不同熔深形状的焊缝；对熔池产生搅拌，有利于细化晶粒，排出气体及熔渣，使焊缝的质量得到改善；轴向推力可在熔化极电弧焊中促使熔滴过渡；束缚电弧的扩展，使弧柱能量更集中，电弧更具挺直性。

（2）等离子流力

对于圆锥形电弧来说存在轴向推力，在这个力的作用下，有连续气流进入电弧区，新加入的气体被加热并部分电离后，受轴向推力作用继续冲向焊件，对熔池形成附加的压力，如图 2-4 所示。熔池这部分附加压力是由高

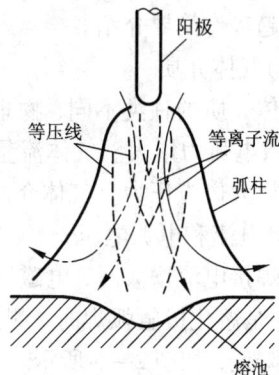

图 2-4 电弧中等离子流流动示意图

温气流（等离子流）的高速运动引起的，所以称为等离子流力，又称电弧的电磁动压力。等离子气流具有很大的速度和加速度，可以达到每秒数百米。同样在电弧中心线上最强，电流越大，中心线上的动压力幅值越大，而分布的区间越小。

等离子流是由电极与焊件的几何尺寸差异引起的，因而不论采用哪种电源或极性都会产生，并且等离子流的运动方向总是由电极指向焊件。

等离子流力较大时易形成指状熔深。等离子流力可增大电弧的挺直性，熔化极电弧焊时促进熔滴轴向过渡，增大熔深并对熔池形成搅拌作用。在保护气体流量不足的情况下，导致气体保护效果变差。

（3）斑点力

如前所述，电极上会有某些地方电流密度大、温度高，从而形成电极斑点。阴极斑点既有氧化物的特性，也有纯金属的特性。电极上形成斑点时，斑点处受到带电粒子的撞击或金属蒸发的反作用而对斑点产生的压力，称为斑点压力或斑点力。

阴极斑点由于承受正离子的轰击，其质量远远大于电子的质量，而且一般情况下阴极压降大于阳极压降。电极斑点的电流密度很大，局部温度可能达到电极材料的沸点而蒸发，对斑点形成一定的反作用力。通常阴极斑点比阳极斑点的电流密度高，发射更加强烈，也使得阴极斑点力大于阳极斑点力。

斑点力方向与熔滴过渡方向相反，所以斑点力总是阻碍熔滴过渡。某些焊接条件下，通过采用直流反接法来减小斑点力对熔滴过渡的影响。

（4）细熔滴的冲击力

熔滴过渡时具有一定的冲击力，在大电流熔化极氩弧焊时，细小的熔滴呈射流过渡，在通过电弧空间时又被等离子流力加速，熔滴便以极大的速度连续轴向射向熔池，对熔池产生较大的冲击。因此射流过渡时，在熔滴的冲击力、等离子流力及电磁力的综合作用下熔池易形成指状熔深。

（5）短路爆破力

电弧焊采用短路过渡时，电弧瞬间熄灭，焊接电流迅速上升，熔滴温度急剧增加，靠近焊丝端部的短路液柱小桥温度急剧升高，汽化爆断，即产生较大的冲击力。爆破力使焊丝端部液体金属和熔池受到冲击，易造成金属飞溅，应尽量减小。

5. 影响电弧力的主要因素

电弧力本身由多种力联合构成，影响电弧力的因素更为复杂多样，在此就主要影响因素

及影响趋势作简要介绍。

（1）气体介质

气体介质的种类不同，物理性能存在差异。导热性强或多原子气体皆有利于弧柱的收缩，导致电弧力增大。气体流量和气体压力增加，也会引起电弧收缩使电弧压力增大，同时进一步增大斑点压力。气体介质有时会影响熔滴过渡，CO_2气体保护焊的这种现象特别明显。

（2）电流和电弧电压

当焊接电流增大时，电磁压缩力和等离子流力都按指数关系增加，故电弧力明显增大。图2-5是熔化极氩弧焊时，测出的电弧力与电流的关系。而电压升高亦即电弧长度增加时，电弧力降低，如图2-6所示。

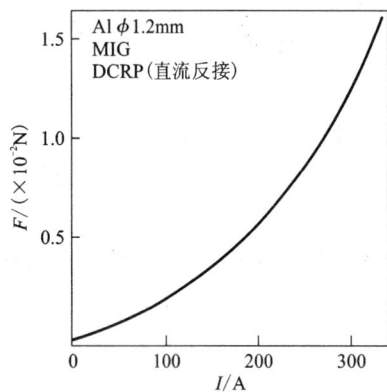

图2-5 电弧力与焊接电流的关系

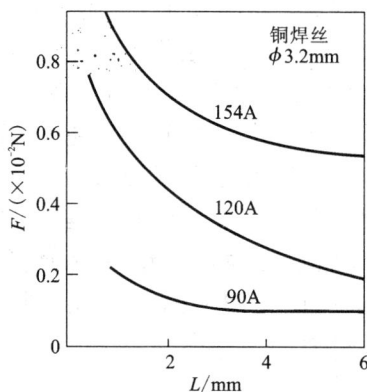

图2-6 电弧力与电弧电压的关系

（3）焊丝直径

焊接电流一定时，焊丝越细，电流密度越大，造成电弧锥形越明显，电磁力及等离子流力越大，导致电弧力增大。

（4）电极的极性

焊件接正极称为正极性，焊件接负极称为负极性。不同焊接方法的影响并不一致，图2-7为钨极氩弧焊时的情况。熔化极气体保护焊的情况与钨极氩弧焊时情况有所不同，如图2-8所示。

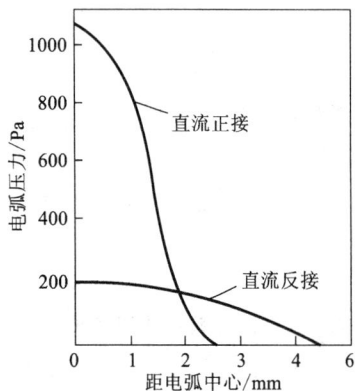

图2-7 TIG焊时电弧压力与极性的关系

（$I=100$ A，钨极 $\phi 4$ mm）

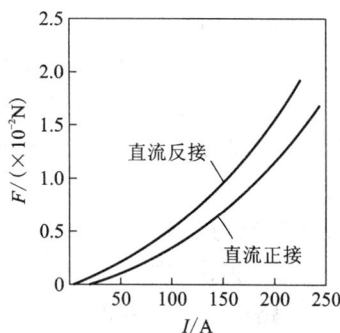

图2-8 MIG焊时电弧压力与极性的关系

（铝焊丝，$\phi 1.6$ mm）

（5）钨极形状的影响

钨极端头的尖角减小，电弧力加大，达到一定程度反而减小。有关内容还将在钨极氩弧焊一节中详细介绍。

2.1.2 焊接电弧燃烧的稳定性

焊接电弧的稳定性是指电弧燃烧过程中，在电弧电压和电流为一定值时，能保持一定的弧长、不断弧、不飘移和偏吹等。电弧的稳定性对焊接质量影响很大。

电弧不稳定除与操作人员技术熟练程度有关外，还与以下因素有关：

（1）焊接电源的特性

焊接电源的特性符合电弧稳定燃烧的要求，存在与电弧静特性相匹配的外特性。从焊接电源的种类上看，采用直流电源，比采用交流电源稳定；具有较高空载电压的焊接电源不仅引弧容易，而且电弧燃烧也稳定。

（2）焊条药皮或焊剂

焊条药皮或焊剂中有少量的低电离能的物质（如 K、Na、Ca 的氧化物），能增加电弧气氛中的带电粒子，电弧稳定性提高。酸性焊条药皮中都含有云母、长石、水玻璃等低电离能的物质，能保证电弧的稳定燃烧。焊条药皮或焊剂中含有电离能比较高的氟化物（CaF_2）及氯化物（KCl、NaCl）时，降低了电弧气氛的电离程度，会降低焊接电弧的稳定性。

厚皮优质焊条比薄皮焊条电弧稳定性好。焊条药皮偏心和焊条局部脱落等会导致药皮套筒和电弧气体分布不均，电弧稳定性下降。焊条受潮或变质也会降低电弧稳定性。

（3）焊接电流

焊接电流大，电弧的温度升高，电弧气氛中的电离程度和热发射作用增强，电弧燃烧稳定。随着焊接电流的增大，电弧的引燃电压降低。随着焊接电流的增大，自然断弧的最大弧长也增大。

（4）气流的影响

在露天，特别是在野外大风中进行电弧焊时，空气流速快，对电弧的稳定性影响比较明显，严重时无法进行焊接，故应采取必要的防风措施。

（5）焊接处的清洁程度

焊接处有铁锈、水分及油污等杂物存在时，由于吸热分解减少电弧的热能，影响电弧的稳定性，也影响焊接质量，应在焊接前清理干净。

（6）磁偏吹

正常焊接时，电弧在其自身磁场作用下具有一定的挺直性，使电弧尽量保持在焊丝（条）的轴线方向上，如图 2-9(a)、(b)所示。由于多种因素的影响，电弧周围磁力线均匀分布的状况被破坏，使电弧偏离焊丝（条）轴线方向，这种现象称为磁偏吹。

磁偏吹使电弧轴线难以对准焊缝中心，导致焊缝成形不规则，影响焊接质量，也影响焊接电弧的稳定性，严重时还会使电弧熄灭，无法进行焊接。因此，在焊接过程中必须注意防止产生磁偏吹。

①引起磁偏吹的原因　采用直流焊接时，焊接电流通过工件、电极与电弧时，自身周围产生磁场。电流线在该磁场受到力的作用，若周围磁场分布不均匀，便会导致电弧偏移，造成磁偏吹。磁偏吹的方向从磁通密度大处向磁通密度小处偏移，如图 2-9(c)、(d)所示。

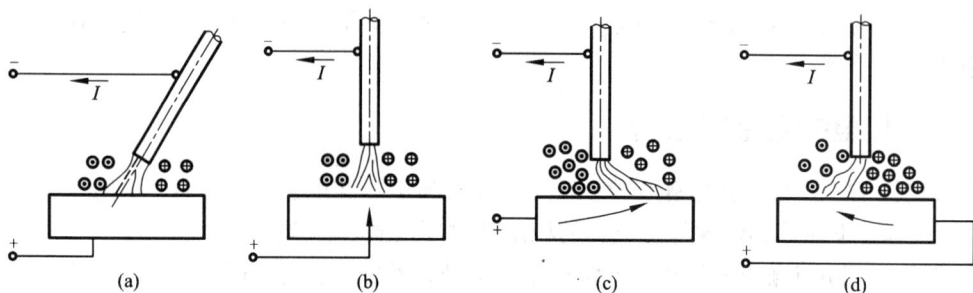

图 2-9　正常焊接电弧与电弧的磁偏吹现象

(a)(b)正常电弧；(c)(d)磁偏吹现象

最常见的是焊接过程中，电弧附近有铁磁物质时，磁力线会集中在铁磁性物质中通过，使电弧周围的磁力线分布不均匀，如图 2-10 所示。导线接线位置都在被焊工件的同一方向引入和引出，也会造成电弧周围磁力线分布不均匀。这些情况在焊接中经常出现，会引起磁偏吹，严重时给焊接工作带来困难。

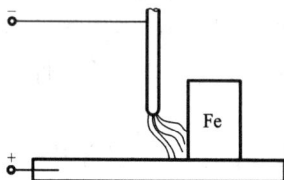

图 2-10　靠近铁磁性物质引起的电弧偏吹

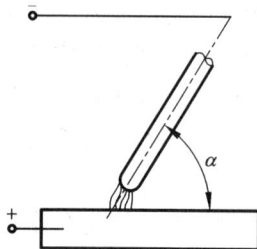

图 2-11　倾斜焊条减小电弧偏吹的方法

②减小磁偏吹的措施　在实际生产过程中，为减弱磁场偏吹的影响可优先选用交流电源。在使用交流弧焊电源时磁场方向的迅速周期变化，使得电弧偏吹的方向变化很快，这样就能明显减少磁偏吹现象。

直流电源在焊件两端同时接地线，可以消除导线接线位置不对称所带来的磁偏吹；在可能的条件下尽可能使电线的一端接在焊缝的中心部位，使坡口两侧的磁力线分布趋于对称，但这一方法焊接时经常难以实现。焊接时一旦出现了磁偏吹现象，操作上要适当调节焊条或焊丝的倾角，指向与偏吹相反的方向，如图 2-11 所示。尽可能采用低电压和小电流，也可以有效减小磁偏吹。焊接时尽可能在周围没有铁磁物质的地方施焊。还可以利用外加磁场来控制焊接电弧。

2.1.3　焊丝的熔化与熔滴过渡

熔化极电弧焊的焊丝(芯)具有两个作用：一是作为电极与焊件之间产生电弧；二是其本身被加热熔化作为填充金属过渡到熔池中去，焊丝(芯)熔化和过渡是熔化极电弧焊的重要物理现象，其过渡方式及特性直接影响焊接质量和焊接生产率。

1. 焊丝的加热和熔化特性

焊丝（包括焊条）的实际受热段，是从焊丝与焊接电源的接通点 A 到焊丝的端点 B，如图 2-12 所示。为了便于观察、测量和分析，通常将焊丝从导电嘴端部伸出的那一长度称为伸出长度，作为焊丝受热和熔化的分析对象。

（1）焊丝的热源

电弧焊时，对于伸出部分的加热和熔化的热能来源，主要是电弧热和电阻热。熔化极

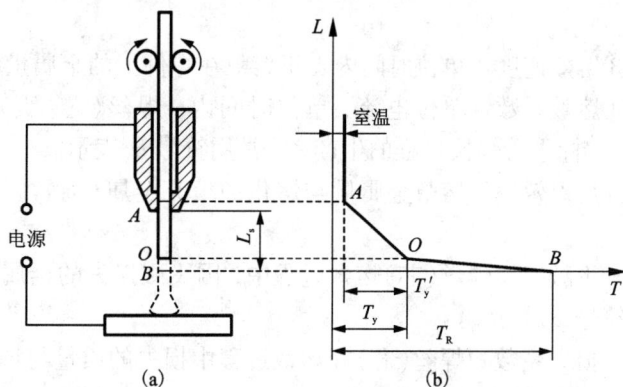

图 2-12　焊丝金属的加热及熔化

(a)焊丝伸出长度及导电点；(b)焊丝伸出长度上的温度分布

电弧焊时，焊丝的熔化主要靠阴（阳）极产生的热量和焊丝伸出长度上的电阻热，弧柱区产生的热量对焊丝的加热熔化作用较小。非熔化极电弧焊的填充焊丝主要靠弧柱区产生的热量。

①电弧热　不论焊丝（芯）作为阴极还是阳极，它的受热和熔化都与焊接电流 I 成正比。而其他各参数（U_k、U_w、U_a 等）的影响则要根据焊丝（芯）所属极性、焊接方法等具体条件来定，影响因素往往是多方面的。

电弧焊时，当弧柱温度为 6000 K 左右时，U_t 小于 1 V；当电流密度较大时，U_a 近似为零，故阴极区和阳极区两个区域的产热功率为：

$$P_k = IU_k - IU_w \qquad (2-1)$$
$$P_a = IU_w \qquad (2-2)$$

焊接过程中，细丝熔化极气体保护焊及使用含有 CaF_2 焊剂的埋弧焊和使用碱性焊条时，用同样大小的焊接电流焊接同一种材料，焊丝作为阴极时的热功率比作为阳极时的热功率大，也就是说在相同条件下，焊丝作阴极比作阳极时熔化速度快。

②电阻热　焊丝（芯）在伸出的全长范围内温度看成是相同的，焊丝（芯）所产生的电阻热为：

$$P_k = I^2 R_s t = I^2 \rho \frac{L_s}{S} t \qquad (2-3)$$

式中：R_s——焊丝伸出长度段的电阻值；

　　　t——电流的作用时间；

　　　ρ——焊丝的电阻率；

　　　L_s——焊丝的伸出长度；

　　　S——焊丝的横截面积。

熔化焊丝的电阻热对于铝、铜等良导体可忽略不计。对电阻率高的不锈钢等材料，作用较大，不可忽视。

（2）焊丝与焊条的熔化参数

①熔化速度　在单位时间内熔化的焊丝（芯）的长度或质量。常用单位是 m/h 或 mm/min 及 kg/h。常用符号 v_m 来表示。

②熔化系数　单位电流、单位时间内，焊丝(芯)的熔化量[g/(A·h)]。常用符号 α_m 表示。

③熔敷速度　单位时间内真正熔敷在焊件上的金属量(kg/h)。

④熔敷系数　单位电流、单位时间内，焊丝(芯)真正熔敷在焊件上的金属量[g/(A·h)]。它标志着焊接过程的生产率，常用符号 α_y 表示。

⑤熔敷效率　熔敷金属量与熔化的填充金属(通常指焊丝或焊芯)量的百分比(质量分数)。

⑥飞溅率　焊丝(芯)熔敷过程中，因飞溅损失的金属质量与熔化的焊丝质量的百分比。常用符号 φ_s 表示。

⑦损失系数　焊丝(芯)在熔敷过程中损失的质量与焊丝(芯)熔化质量的百分比。

(3)焊丝(芯)的熔化特性

焊丝(芯)的熔化特性是指焊丝(芯)的熔化速度 v_m 和焊接电流 I 之间的关系，主要与焊丝(芯)材料及直径有关。焊丝(芯)材料不同，物理性能(包括电阻率、熔化系数等)不同，焊丝(芯)的电阻率和熔化系数越大，焊丝(芯)熔化速度越快；反之，熔化速度越慢。对于一定成分和直径的焊丝，其熔化速度也随焊接电流与焊丝伸出长度的变化而改变。

熔化极电弧焊多属冷阴极，通常当焊丝为阴极时熔化速度比焊丝为阳极时快一些。在不同的气体介质中阴极压降不同，一般直流正极性时不同的气体介质对焊丝的熔化速度有影响。而在直流反极性时影响不大。

熔化极电弧焊焊接时必须使焊丝的熔化速度等于送丝速度，才能保证焊接的正常进行。

2. 熔滴上的作用力

熔滴上的作用力是影响熔滴过渡及焊缝成形的主要因素。熔滴上的作用力包括：重力、表面张力、电弧力、熔滴爆破力和电弧气体的吹力等(图2-13)。

(1)重力

焊丝末端的金属加热熔化后形成熔滴，受到自身重力的作用。重力对熔滴过渡的影响随焊接位置的不同而不同。平焊时，其重力促使熔滴与焊丝末端脱离，即促进熔滴过渡。其他位置则阻碍熔滴过渡。熔化极气体保护焊时生成的熔滴尺寸很小，只有在熔滴尺寸较大时才不可忽视重力对熔滴过渡的影响。

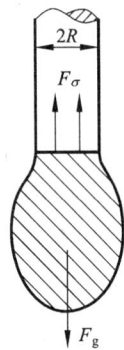

图2-13　熔滴承受重力和表面张力示意图

(2)表面张力

表面张力是在焊丝端头上保持熔滴的主要作用力，如图2-13所示。焊丝半径为 R，这时熔滴上的表面张力为：

$$F_\sigma = 2\pi R\sigma \qquad (2-4)$$

式中：σ——表面张力系数，与材料成分、温度、气体介质等因素有关。

熔滴上有少量表面活性物质时可以大大降低表面张力系数。熔滴温度升高，会减小表面张力系数，有利于形成细颗粒熔滴过渡。

表面张力对熔滴过渡的影响与焊接位置有关。平焊时，表面张力阻碍熔滴过渡，使用小直径及表面张力系数小的焊丝有利于熔滴的平稳过渡。其他位置焊接时，表面张力对熔滴过渡有利。

（3）电弧力

在熔化极电弧焊电流大时，电磁收缩力形成的轴向推力、等离子流力，对熔滴产生很大的推力，使熔滴沿焊丝轴线方向运动，促进熔滴过渡。而斑点力总是阻碍熔滴过渡，只有当电弧根部面积笼罩整个熔滴时其作用可以减小。

电弧力只有在焊接电流较大时才对熔滴过渡起主要作用。焊接电流较小时起主要作用的是重力和表面张力。

（4）熔滴爆破力

当熔滴内部因冶金反应而生成气体或含有易蒸发金属时，在电弧高温作用下将使气体积聚、膨胀而产生较大的内压力，致使熔滴爆破，这一内压力称为熔滴爆破力。熔滴爆破力在促进熔滴过渡的同时也产生飞溅。

（5）气体吹力

焊条电弧焊中，药皮的熔化滞后于焊芯，焊条的端头形成套筒，此时药皮中造气剂（如木粉、纤维素及大理石等）产生的气体和高温时反应生成的气体（如 CO、CO_2 等），在高温作用下急剧膨胀，从焊条末端套筒中喷出作用于熔滴，使熔滴迅速进入熔池。

电流密度越大，电弧空间温度越高，气体吹力就越大，伴随有飞溅时损失加重。气体吹力是保证熔滴过渡的重要因素，任何位置的焊接，电弧气体吹力总是促进熔滴过渡的。

3. 熔滴过渡的主要形式及特点

电弧焊的方法种类很多，焊接工艺条件及参数变化多样，并且焊接规范参数变化时各种过渡形式能够进行转化。所以熔滴过渡的情况也十分复杂，熔滴过渡过程影响电弧的稳定性，对焊缝成形、冶金过程也有很大的影响。熔滴过渡形式主要有：自由过渡、接触过渡和渣壁过渡三种。

（1）自由过渡

自由过渡是指熔滴经电弧空间有自由飞行的过程，焊丝端头和熔池之间不发生直接接触的过渡形式。如果过渡的熔滴直径比焊丝直径大，称为滴状过渡；过渡的熔滴直径比焊丝直径小，则称为喷射过渡。

①滴状过渡 滴状过渡通常出现在弧长较长时，当熔滴长大到一定程度，便脱离焊丝末端，通过电弧空间落入熔池。

在电流密度较小和电弧电压较高时，熔滴与焊丝之间的电磁力不易使熔滴形成缩颈，随着焊丝熔化，熔滴不断长大，造成大滴状过渡，如图 2-14 所示。这种过渡形式熔滴存在时间长，尺寸大、飞溅大、电弧的稳定性及焊缝质量都较差。

焊接电流的增加使熔滴细化，但熔滴尺寸一般也大于焊丝直径。电流再增加时，它的电弧形态与过渡形式没有突然变化，这就形成了细滴过渡。此时电流较大，相应的电磁收缩力增大，表面张力减小，熔滴存在时间缩短，熔滴细化，过渡频率增加，电弧稳定性较高，飞溅较少,焊缝质量提高。气体介质不同或焊接材料不同时,细滴过渡特点又有不同。在 CO_2 焊和酸性焊条焊中,熔滴呈非轴向过渡,如图 2-15(a)所示。在铝合金熔化极氩弧焊或较大电流活性气体保护焊焊钢件时,呈轴向过渡,如图 2-15(b)所示。前者比后者飞溅大。

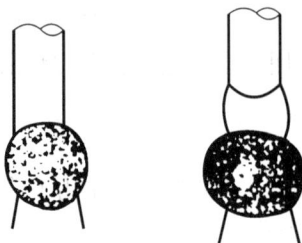

图 2-14 粗滴过渡过程示意图

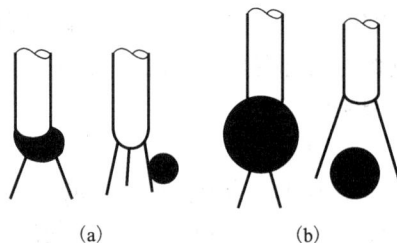

(a)   (b)

图 2-15 轴向过渡与非轴向过渡示意图

(a)非轴向过渡;(b)轴向过渡

②喷射过渡 在纯氩弧焊或富氩弧焊中,进行直流负极性熔化极电弧焊时,若采用的电弧电压较高,电流超过一定值(还与焊丝材料、伸出长度和保护气体的成分等因素有关)会出现喷射过渡。这种过渡形式使熔滴直径接近焊丝的直径,在焊丝末端的熔滴大部分被弧根所笼罩,如图 2-16 所示。

这种过渡形式的特点是细小的熔滴从焊丝端部连续不断地以高速度冲向熔池,过渡频率快、飞溅少、电弧稳定、热量集中,对焊件的穿透力强,易出现指状焊缝。射流过渡适合焊接厚度 >3 mm 的焊件,不适合焊接薄板。

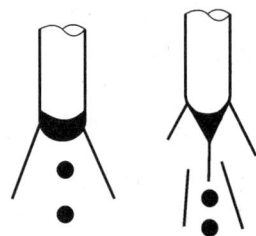

图 2-16 喷射过渡

③亚射流过渡 通常铝合金 MIG 焊时可能出现一种介于短路过渡和射滴过渡的一种亚射流过渡形式。详见模块四,熔化极气体保护焊。

(2)接触过渡

接触过渡指焊丝(芯)端部的熔滴与熔池表面有接触时间的过渡形式。通常有短路过渡和搭桥过渡两种形式。一般短路过渡时熔滴细小,搭桥过渡熔滴较大。

①短路过渡 短路过渡是碱性焊条及细丝(直径 <1.6 mm)气体保护电弧焊的主要熔滴过渡形式。这种过渡形式电弧燃烧是不连续的,焊丝加热形成熔滴并长大后与熔池短路,电弧熄灭,在表面张力和电磁收缩力的作用下形成缩颈小桥并爆断,再重新燃弧,完成一个短路过程。

短路过渡是在焊接电流较小,电弧电压较低,弧长较短时产生的。短路过渡的特点是:燃弧、熄弧交替进行,可以通过调节燃烧及熄灭时间,调节对焊件的热输入量,控制焊缝形状。平均焊接电流较小,电流峰值又相当大,既可避免薄板的焊穿,又可保证熔滴过渡的顺利进行,有利于薄板或全位置焊接。一般使用小直径的焊丝或焊条,电流密度较大,热量集中,熔化速度快,焊接速度快。电弧弧长较短,焊件加热区较小,可减小接头热影响区宽度和焊接变形量。

②搭桥过渡 在非熔化极填丝电弧焊或气焊中,焊丝不通电,不形成短路过渡。搭桥过渡时,焊丝在电弧热作用下熔化形成熔滴并与熔池接触,在表面张力、重力和电弧力作用下,

进入熔池。

（3）渣壁过渡

渣壁过渡是指熔滴沿着熔渣壁流入熔池的一种过渡形式，只出现在埋弧焊和焊条电弧焊中。

埋弧焊的熔滴过渡频率及熔滴尺寸与极性、电弧电压和焊接电流有关。直流反接时，电弧电压较低、气泡小、形成的熔滴较细小，沿渣壁以小滴状过渡，频率较高，每秒可以达几十滴；直流正接时，以粗滴过渡，频率较小，每秒仅 10 滴左右。熔滴过渡频率随电流的增加而增大。

焊条电弧焊时，熔滴过渡形式有四种：渣壁过渡、粗滴过渡、细滴过渡和短路过渡。过渡形式取决于药皮成分和厚度、焊接参数、电流种类和极性等。采用厚药皮焊条焊接时，焊芯比药皮熔化快，使焊条端头形成有一定角度的药皮套筒，熔滴沿套筒壁落入熔池，形成渣壁过渡。

2.1.4　母材熔化与焊缝形成

1. 焊缝的形成过程

电弧焊时，在电弧热的作用下，被焊金属材料的焊口处发生局部熔化，与焊丝过渡来的熔滴混合，在焊件上形成具有一定形状和尺寸的液态金属，称为熔池。对于非熔化极电弧焊，且无填充金属时，熔池仅由局部熔化的母材金属组成。随着电弧的移动，熔池前端的焊件不断被熔化进入熔池中，熔池后部则不断冷却结晶形成焊缝。熔池在电弧力、液态金属自身的重力和表面张力等共同作用下保持一定形状，如图 2-17 所示。

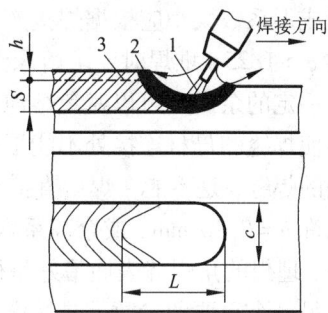

图 2-17　焊接熔池示意图
1—电弧；2—熔池；3—母材

对一定的焊件来说，熔池的体积主要由电弧的热作用确定。熔池的形状主要决定于电弧对熔池的作用力，如电弧的静压力、动压力、熔滴过渡的冲击力、液体金属的重力、表面张力等。焊接工艺方法和焊接参数不同，则熔池的体积和熔池的形状不同，对焊接的质量影响不同。

2. 焊缝的几何参数与焊接质量的关系

焊缝的几何参数主要有熔深 H、焊缝宽度 c 和余高 h，它们直接影响到焊缝的质量。焊接接头的形式有多种，仅以单道焊的对接接头和角接接头为例来说明主要几何参数及意义，如图 2-18 所示。

焊缝的熔深 H，也是母材的熔化深度，它既标志着电弧的穿透能力，也影响焊缝的承载能力。合理的焊缝形状要求 H、c 和 h 之间有适当的比例。生产中将熔宽 c 与熔深 H 的比叫做焊接成形系数 φ，即 $\varphi = c/H$。把焊缝宽度 c 与余高 h 的比叫做余高系数。H 是焊缝质量优劣的主要指标，c 和 h 则应与熔深有合理的比例。

焊缝成形系数 φ 越小，焊缝深而窄，可缩小焊缝宽度方向的无效加热范围，提高热效率和减小热影响区，有利于热利用率的提高。小的焊缝成形系数需要热量集中的热源，但焊缝截面过窄，不利于气体逸出，易产生气孔，并使结晶条件恶化，增大产生夹渣和裂纹倾向。

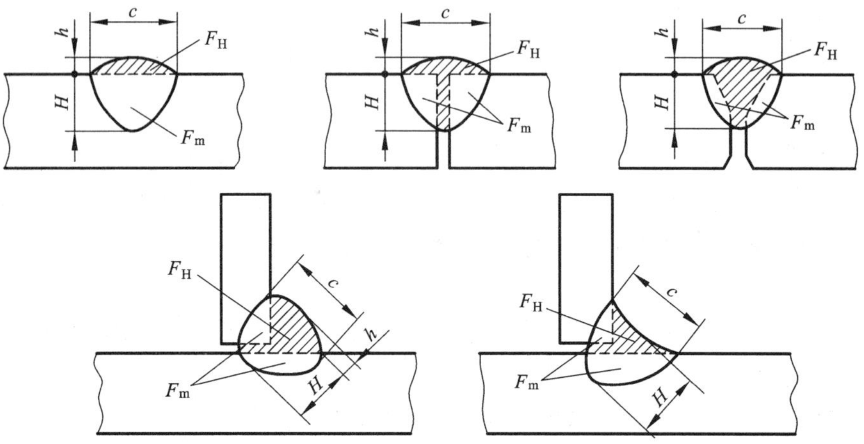

图 2-18 对接接头和角接接头的焊缝尺寸

焊缝成形系数大小应根据焊接产生裂纹和气孔的敏感性来确定。埋弧焊时一般要求焊缝成形系数 $\varphi > 1.25$；堆焊时要求熔深浅，焊缝宽度大，焊缝成形系数 φ 可达 10。

一定的余高 h 可以避免熔池金属凝固收缩时形成缺陷，还能增加焊缝的承载面积。h 过高会使焊缝和母材连接处不能平滑过渡，有应力集中或使疲劳寿命下降。理想的无余高又无凹陷的焊缝，是不能在焊后直接获得的。所以，一般焊缝允许具有适当的余高，通常对接接头允许 $h = 0 \sim 3$ mm、或余高系数 $(c/h) = 4 \sim 8$。但焊件对疲劳寿命要求较高时，焊后应去除余高，理想的角焊缝表面最好呈微凹形，可在焊后进行磨削。

另一个重要的参数就是熔合比 γ，γ 是指单道焊时，在焊缝横截面上母材熔化部分所占的面积与焊缝全部面积之比。

$$\gamma = \frac{F_m}{F_m + F_H} \qquad (2-5)$$

式中：F_m——熔化母材所占的面积；

F_H——填充金属所占的面积。

熔合比 γ 越大，则焊缝的化学成分越接近于母材本身的化学成分。显然焊接方法、焊件的坡口形式、焊接工艺参数都会影响焊缝的熔合比。

在焊接材料已经确定好以后，可以通过调整焊缝的熔合比来控制焊缝化学成分，改善焊缝的组织和性能，这是防止焊接缺陷和提高焊缝力学性能的重要手段。

3. 焊接工艺参数对焊缝几何尺寸的影响

影响焊缝几何尺寸的因素很多，也很复杂，不同的焊接方法影响的程度也不尽相同。这里以埋弧焊为例介绍主要工艺参数对焊缝几何尺寸的影响规律。

对焊缝几何尺寸及焊接质量影响较大的一些能量参数有：焊接电流、电弧电压、焊接速度等；工艺因素包括：焊丝直径、电流种类与极性、电极和焊件倾角、保护气体的种类等；焊件的结构因素如：坡口形状、间隙、焊件厚度等。

36

（1）焊接能量参数的影响

①焊接电流　焊接电流主要影响焊缝的熔深，在其他条件不变的条件下，焊接电流增大，热输入量增大，热源的作用位置下移，熔深增大，熔宽、余高、成型系数及熔合比随之变化，如图 2-19 所示。

②电弧电压　电弧电压主要影响焊缝的熔宽。电弧电压增大，电弧功率增大，但弧长拉长，电弧在焊缝上覆盖的面积明显增大使熔宽增加，同样使熔深、成型系数、余高及熔合比相应变化，如图 2-20 所示。

③焊接速度　焊接速度决定母材的能量输入。提高焊接速度，焊接的热输入量（q/v）减小，

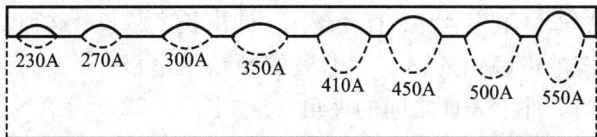

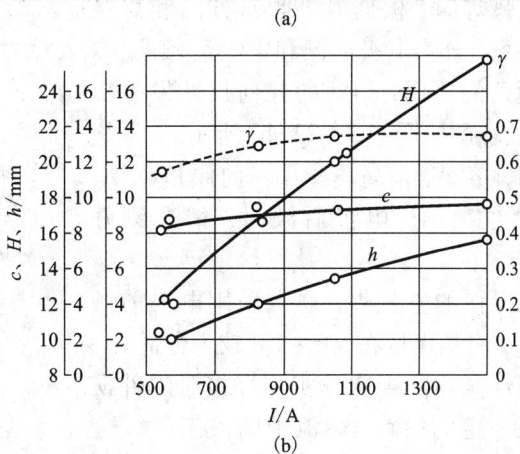

图 2-19　焊接电流对焊缝尺寸的影响

（a）焊缝断面形状；（b）影响规律

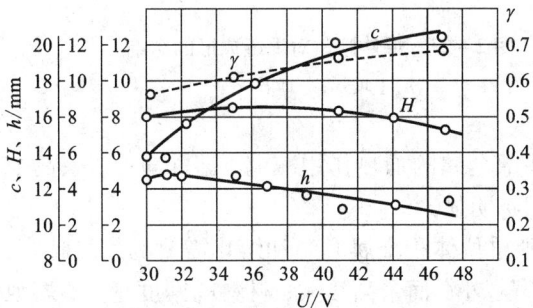

熔宽 c、熔深 H 都明显减小，余高 h 也减小，而熔合比 γ 近似不变，如图 2-21 所示。

图 2-20　电弧电压对焊缝尺寸的影响

（交流埋弧焊，800 A，焊丝直径 5 mm，焊速 40 m·h^{-1}）

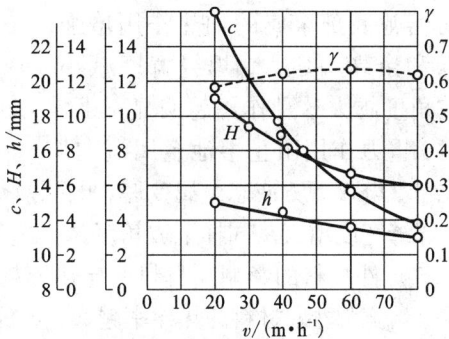

图 2-21　焊接速度对焊缝尺寸的影响

（交流埋弧焊，800 A，36～38 V，焊丝直径 5 mm）

焊接速度是决定焊接生产率的重要指标。在保证必要的能量输入的条件下要尽可能提高焊接速度，就要相应提高焊接电流和电弧电压。焊接速度、焊接电流和电弧电压三个参数优化匹配可得到满意的焊接效果。

（2）其他工艺因素的影响

①电流种类和极性　电流种类和极性影响的规律与焊接方法、电弧介质的种类有关，将在相关模块里具体介绍。

②焊丝直径和伸出长度的影响　焊丝直径越细（钨极端部几何尺寸越小），电流密度越大，对焊件加热越集中；电磁收缩力增大，焊丝熔化量增多，使得焊缝熔深、余高均增大。焊

丝伸出长度增加，电阻增大，电阻热增加，焊丝熔化速度加快，余高增加，焊缝熔深略有减小。焊丝电阻率越高，直径越细，伸出长度越长，这种影响越大。

③电极倾角的影响　电极的倾角指电极轴线与焊件上表面之间的夹角 α，如图 2-22 所示。电弧焊时，根据电极倾斜方向和焊接方向的关系，分为电极前倾和电极后倾两种。随电极倾角的不同，熔池的几何尺寸发生变化。电极前倾时[图中 2-22(b)所示]，焊缝宽度增加，熔深、余高均减小。前倾角越小，这种现象越突出。电极后倾时，情况刚好相反。

手工操作的电弧焊，通常采用电极前倾法，倾角 α 自然保持在 60°~75°较为合适。

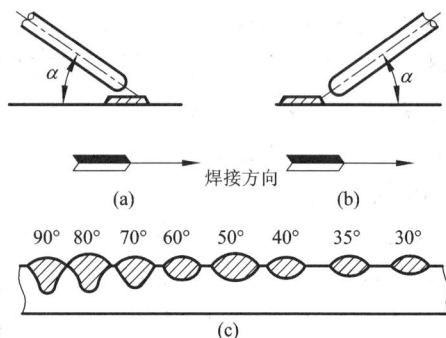

图 2-22　电极倾角对焊缝成型的影响

(a)后倾；(b)前倾；(c)前倾时倾角影响

④焊件倾角的影响　实际焊接时焊件摆放常存在一定的倾斜，熔池中的液态金属在重力的作用下有向下流动的趋势。此时焊缝的几何尺寸有明显不同。上坡焊时，如图 2-23 所示，熔池金属在重力及电弧力的作用下流向熔池尾部，电弧正下方液体金属层变薄，电弧对熔池底部金属的加热作用增强，熔深和余高均增大，焊缝宽度减小。上坡角度越大这种作用越明显。下坡焊时，重力作用阻止熔池金属流向熔池尾部，电弧下方液态金属变厚，电弧对熔池底部金属的加热作用减弱，熔深减小，余高减小、焊缝宽度增大。同样下坡角度越大这种作用越明显。

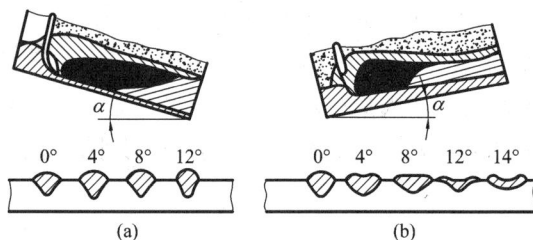

图 2-23　焊件倾角对焊缝成形的影响

(a)上坡焊；(b)下坡焊

⑤焊件材料的影响　材料的比热容越大，则单位体积金属升温和熔化需要的热量越多，熔深、熔宽都小；材料的热导率越大，熔深、熔宽越小，而余高较大；材料的密度越大，熔池金属的排出、流动困难，熔深减小。

(3)焊件结构因素的影响

①焊件厚度　焊件越厚散失的热量越多，熔深、熔宽都减小。

②坡口和间隙　焊接薄板时不留间隙，也不需开坡口。板厚较大时，为了焊透焊件需留一定间隙或开坡口，此时余高和熔合比随坡口或间隙尺寸的增大而减小，焊接时常采用开坡口来控制余高和熔合比，如图 2-24 所示。

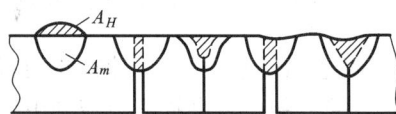

图 2-24　工件的坡口和间隙对焊缝成形的影响

2.1.5 焊缝成形缺陷及产生原因

根据 GB/T 6417.1—2005 规定，金属熔化焊焊缝缺欠分为裂纹、孔穴、固体夹杂、未熔合及未焊透、形状和尺寸不良、其他类缺陷共六类，每一类中又包括若干种具体缺陷。我们把不符合焊接结构要求的缺欠称之为缺陷。电弧焊时，会产生不同类型的缺陷，现主要介绍焊缝成形缺陷及产生的原因。

（1）形状和尺寸不良

形状和尺寸不良主要有焊缝表面高低不平、焊缝波纹粗劣、纵向宽度不均匀、余高过高或过低等，如图 2 - 25 所示。

这类缺陷除造成焊缝成形不好外，还影响焊缝与母材金属的结合强度。余高过高，易引起应力集中；余高过低，则焊缝承载面积减小，降低接头的承载能力。

这类缺陷产生的主要原因有：焊缝所开坡口角度不当、装配间隙不均匀、焊接参数选择不合适及操作人员技术不熟练

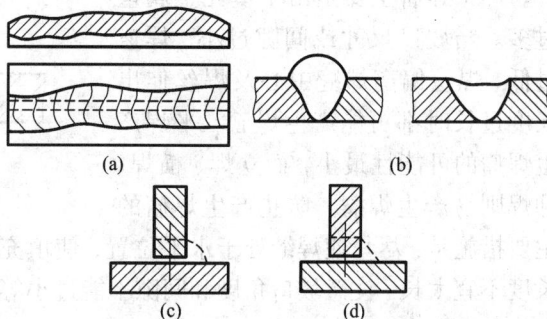

图 2 - 25　焊缝的形状尺寸不良
（a）焊缝高低不平、宽度不均匀、波纹粗劣；
（b）余高过高或过低；（c）余高过高；（d）过渡不圆滑

等。为防止上述缺陷，应正确选择坡口角度、装配间隙及焊接参数，熟练掌握操作技术，严格按设计规定进行施工。

（2）咬边

焊接参数选择不当，操作方法不正确，沿焊趾的母材部位产生的沟槽或凹陷称为咬边（咬肉），如图 2 - 26 所示。它是电弧将焊缝边缘熔化后，没有得到充分填充而留下的缺陷。咬边使

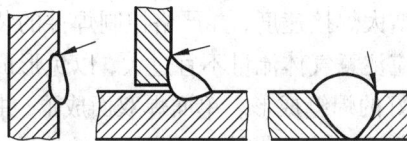

图 2 - 26　咬边

接头承载面积减小，强度降低。咬边处应力集中，接头承载后易引起裂纹。

咬边产生的主要原因有：采用大电流高速焊接或角焊缝一次焊接的焊脚尺寸过大，电压过高或焊枪角度不当。正确选择焊接参数，熟练掌握焊接操作技术是防止咬边的有效措施。

（3）未焊透和未熔合

焊接时，焊接接头根部未完全熔透的现象称为未焊透；焊道金属与母材金属之间或焊道金属与焊道金属之间未能完全熔合的现象，称为未熔合，如图 2 - 27 所示。未焊透和未熔合处易产生应力集中，使接头力学性能下降。

形成未焊透和未熔合的主要原因是焊接能量输入太小，如焊接电流过小、焊速过高及坡口尺寸不合适、焊丝偏离焊缝中心，或受磁偏吹影响，焊件清理不良等。防止产生未焊透和未熔合，应正确选择焊接参数、坡口形式及装配间隙，并确保焊丝对准焊缝中心。同时，注意坡口两侧及焊道层间的清理，使熔敷金属与母材金属或焊道之间充分熔合。

（4）未焊满

由于填充金属不足，在焊缝表面连续、断续的沟槽或单个凹坑，叫做未焊满。

（5）焊瘤

焊接过程中，熔化的金属流淌到焊缝未熔化的母材上所形成的金属瘤称为焊瘤，也称满溢。焊瘤会影响焊缝的外观成形，造成焊接材料的浪费。焊瘤部位往往还存在夹渣和未焊透。

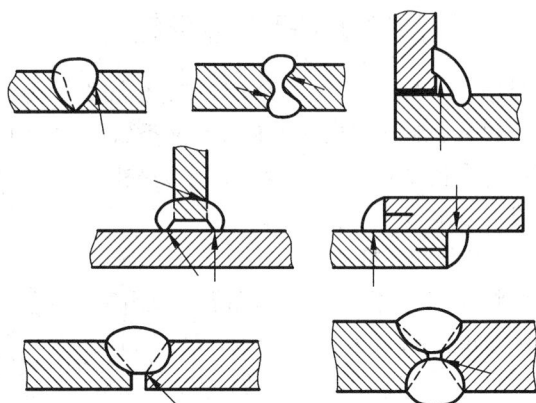

图 2-27　未熔合与未焊透

产生焊瘤主要是由于填充金属量过多。当坡口尺寸或间隙过小、焊速过低、焊丝偏离焊缝中心及焊丝伸出长度过长时都可能产生焊瘤。平焊产生焊瘤的可能性最小，而立焊、横焊、仰焊则易产生焊瘤。防止产生焊瘤的主要措施是：尽量使焊缝处于水平位置，使填充金属量适当，焊接速度不能过低、焊丝伸出长度不宜太长、注意坡口角度和间隙不能过小等。

（6）焊穿及塌陷

熔化金属自焊缝背面流出而形成穿孔的现象称为焊穿。熔化的金属从焊缝背面漏出，使焊缝正面下凹、背面凸起的现象称为塌陷，如图 2-28 所示。焊接电流过大，焊接速度低，装配间隙过大，气体保护电弧焊时气体流量过大都可能导致焊穿。为防止焊穿及塌陷，应使焊接电流与焊接速度适当配合，增大焊接速度，并严格控制焊件的装配间隙。气体保护焊时，应注意气体流量不宜过大，以免形成切割效应。平焊易获得良好的焊缝成形。单面焊双面成形、曲面焊缝、垂直和横向焊缝以及全位置焊接时，获得好的焊缝成形较困难些。

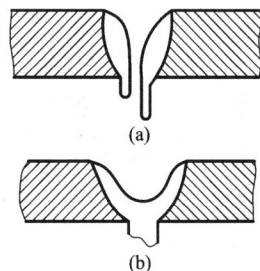

图 2-28　焊穿及塌陷
（a）焊穿；（b）塌陷

2.2　焊条电弧焊的原理与特点

2.2.1　焊条电弧焊的原理

用手工操纵焊条进行焊接的电弧焊方法的原理是：焊条末端和工件之间燃烧的电弧所产生的高温使焊条药皮与焊芯及工件熔化，熔化的焊芯端部迅速形成细小的金属熔滴，通过弧柱过渡到局部熔化的工件表面，熔合一起共同形成熔池。焊接过程中，药皮不断熔化产生和分解出气体和熔渣，不仅使焊条的端部、熔池和电弧周围的空气隔绝，而且和熔化的焊芯、母材发生一系列冶金反应，保证所形成焊缝的成分和性能。随着电弧以适当的弧长和速度在工件上不断地前移，熔池后边缘的液态金属逐步冷却结晶，液态金属以母材坡口处未完全熔化的晶粒为核心生长出焊缝金属的枝状晶并向焊缝中心部位发展，直至彼此相遇而最后凝固，最终形成一条连续的焊缝。

2.2.2　焊条电弧焊的特点

1. 焊条电弧焊的优点

(1)设备简单。可以使用交流或直流焊机进行焊接，结构简单、移动、维护方便、价格便宜，一些新型焊机已经做成便携式，可非常方便的应用于野外、施工工地等。

(2)操作灵活。电缆长、焊把轻，广泛应用于平焊、立焊、横焊、仰焊等各种空间位置的各种接头形式，在任何结构内部的焊缝，只要焊条能够到达的地方，都可以进行焊接。可达性好，操作十分方便灵活。单件、非定型结构的制造，可以不用辅助工装、变位器、胎夹具等就可以焊接。

(3)待焊接头装配要求低。由于是手工操作，焊接过程易于控制和调节，对待焊工件的装配要求降低。

(4)可焊金属材料广。选用合适的焊条，不仅广泛应用于低碳钢、低合金结构钢的焊接，而且可以进行不锈钢、耐热钢等高合金钢及有色金属的焊接；不仅可以焊接同种金属，而且可以焊接异种金属；还可对铸铁、铜合金、镍合金以及耐磨损、耐腐蚀等特殊使用要求的构件进行表面层堆焊等。

2. 缺点

(1)对焊工技术要求高。焊条电弧焊的质量除注意选用合适的焊条、焊机及工艺参数外，还要靠焊工的操作技能和生产经验来保证，在完全相同的工艺设备条件下，技术水平不同的操作者可获得完全不同的结果。

(2)劳动条件差。操作时焊工一直手脑并用，精神处于高度集中状态，还要受到高温烘烤，在有毒的烟尘及金属蒸气、氧化物蒸气环境中工作，比较容易受到伤害，须加强劳动保护。

(3)生产效率低。焊条表面包覆有药皮，焊芯不可能太粗，焊接电流受到限制，电流密度较低，焊接时还需频繁更换焊条和敲渣，因此，生产效率低。

2.3　焊条电弧焊设备及工具

2.3.1　焊条电弧焊对设备的要求

弧焊电源是电焊机的核心部分，从经济角度出发，要求结构简单轻巧、制造容易、消耗材料少、节省电能、成本低；从使用角度出发，要求方便、可靠、安全性能好和容易维修；从焊接质量上，还要求弧焊电源具有陡降的外特性，以保证因弧长变化引起的焊接电流的变化最小；要求弧焊电源有适当的空载电压，以保证引弧容易、电弧稳定，并具有好的安全性。一般交流弧焊电源50～70 V；直流弧焊电源45～85 V；空载电压不得超过100 V，特殊情况下，超过100 V，必须具有自动防触电装置；要求有适当的短路电流，在引弧和短路过渡时不发生困难。要求有良好的调节特性，很好的适应焊件材质、厚度、焊接位置、焊条牌号和直径的变化。要求具有良好的动态特性，从而很好地适应焊接电流及电弧电压的瞬态变化。

2.3.2　常用焊机

目前，我国焊机主要有两大类：弧焊变压器和弧焊整流器。两类电弧焊机的性能比较见表 2 - 5。

表 2 - 5　两类电弧焊机的性能比较

性　能	弧 焊 变 压 器	弧 焊 整 流 器
电弧的稳定性	较差	较好
受电网波动的影响	较小	小
噪音	较小	较小
结构与维修	简单	较简单
磁偏吹的影响	很小	较大
空载电压	较高	较低
触电危险	较大	较小
设备成本	低	较低
供电	一般单相	一般三相
电源质量	轻	较轻
极性可更换性	无	有

（1）弧焊变压器也称交流弧焊机。与普通电力变压器相比，其区别是：为保证电弧引燃并稳定燃烧和得到陡降的外特性，必须具有较大的漏感。根据增大漏感的方式和其结构特点分，有动铁心式、动绕组式和抽头式等类型。优点是结构简单、使用可靠、维修容易、成本低、效率高。缺点是电弧稳定性差、功率因数低。

（2）弧焊整流器。目前使用较多的直流弧焊电源是硅弧焊整流器、晶闸管式弧焊整流器。弧焊整流器比直流弧焊发电机制造方便、空载损耗小、噪音低，大多数可以远距离调节。能自动补偿电网波动对电弧电压、焊接电流的影响，具有一定的优势。

（3）弧焊逆变器。弧焊逆变器是一种较新型的弧焊电源。高效节能，效率可达 80% ~ 90%。功率因数可提高到 0.99，空载消耗小。另外它质量轻、体积小，非常便于携带。同时还具有良好的动特性和焊接工艺性，是一种最具有发展前途的普及型弧焊电源。

（4）直流弧焊发电机。直流弧焊发电机是由一台电动机和一台弧焊发电机组成的机组。其特点是：耗电量大，用材料多，噪音大。国家规定停止生产该类焊机。目前，在生产现场还有少量在应用。

2.3.3　焊条电弧焊常用工具

（1）电焊钳

电焊钳的主要作用是夹紧焊条并传导焊接电流，它应具有良好的导电性，不易发热、质量小、夹持焊条紧固，并更换焊条容易、安全。通常有 300 A 和 500 A 两种。其构造见图 2 - 29。

（2）面罩和护目镜

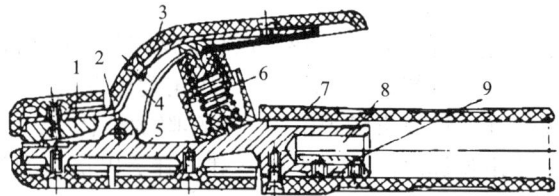

图 2 - 29　电焊钳的构造

1—钳口；2—固定销；3—弯臂罩壳；4—弯臂；5—直柄；
6—弹簧；7—胶木手柄；8—焊接电缆压板；9—电缆

它们是用来防止焊接飞溅、弧光及高温对焊工面部及颈部灼伤，同时，还能减轻烟尘和有害气体对呼吸器官的伤害。

面罩一般分为手持式和头盔式两种。选用耐燃或不燃的绝缘材料制作,罩体应遮住焊工的整个面部。结构牢固不漏光。

护目镜按亮度的深浅分为 6 个型号(7~12 号),号数越大颜色越深。

焊接护目镜和面罩的有关性能和技术指标应符合国家标准 GB/T 3609.1—2008 职业眼、面部防护。

(3)焊条保温筒

使用低氢型焊条进行焊接,易于吸潮,使用前必须进行烘干,现场没有烘干箱时,可将已烘干的焊条用保温桶承装带到施工现场。

(4)焊缝接头尺寸检测器

焊缝接头尺寸检测器用以测量坡口角度、间隙、错边以及余高、焊缝宽度、角焊缝厚度等,由直尺、探尺和角度规等组成。

(5)敲渣锤

敲渣锤是清除焊渣的一种尖锤,可以提高清渣效率。

(6)钢丝刷

钢丝刷用来清除焊件表面的铁锈、油污等氧化物等。

(7)高速角向砂轮机

高速角向砂轮机主要用来清渣、焊缝修整及坡口准备等。高速角向砂轮机是一种小型电动磨光机,在焊接现场应用较多,根据砂轮片的直径分型号有,ϕ100 mm、ϕ125 mm、ϕ150 mm、ϕ180 mm 四种。如果换上同直径的杯形钢丝轮,还可用来刷锈,使用非常方便。

2.3.4 焊条电弧焊设备

1. 弧焊电源的选用

弧焊电源在焊接设备中是关键部分,必须根据具体工作条件正确选择弧焊电源,确保焊接过程的顺利进行,提高生产效率,并获得良好的焊接接头。

一般焊接普通低碳钢、低合金钢、民用建筑钢等产品,由于交流弧焊电源比直流弧焊电源具有结构简单、制造方便、使用可靠、维修容易、效率高及成本低等一系列优点,通常选用交流弧焊电源即可。要求使用直流电源才能施焊的才使用直流电源。

有时电网电源容量小,要求三相均衡用电,宜选用直流弧焊电源。在小单位或实验室,设备数量有限而焊接材料种类又较多时,可选用交、直流两用弧焊电源。

2. 焊条弧焊机的外部接线

焊条弧焊机的外部接线主要包括开关、熔断器、动力线(电网到弧焊电源)和电缆(电源到焊钳、电源到焊件)的连接。通常焊机的接线和安装应由专门的电工负责或按设备使用说明书进行。

3. 焊条弧焊机的使用与维护

正确使用和维护弧焊电源,不仅能使其保持正常工作,而且能延长使用寿命。

使用前必须按焊机说明书或有关标准对电源进行检查,并尽可能了解清楚基本原理。焊接时,仔细检查各部分接线是否正确,接头是否拧紧,防止接头接触不良,避免元件发热或烧损。弧焊电源必须在铭牌规定的电流调节范围内和相应的负载持续率下工作,以免温升过高或因焊机过载而被损坏,影响正常工作。使用硅整流弧焊整流器时,注意硅元件的保护和冷却,风扇是否正常鼓风,磁放大器是否振动或受到撞击,以免影响性能的稳定性。电源移动时,必须停止焊接,并切断电源,轻抬轻放,严禁倾翻、摔倒。机内要保持清洁,定期用压缩空气吹净灰尘,定期通电和检查维修。电焊机应放置于干燥地点,严防雨淋及潮湿。

调节焊接电流时应轻轻旋转电流调节旋钮,到达最小和最大挡位时应停止旋转,注意不要损坏挡位。电焊机在工作期间严禁调节电流。当焊钳和焊件短路时,不得启动焊机,以免启动电流过大烧坏焊机。暂停工作时不准将焊钳直接放在焊件上,防止短路,工作时也不允许有长时间短路。当焊机发生故障时,应立即切断电源及时进行检查和修理。

4. 焊机常见故障的排除

当焊机发生故障时,须及时处理以保证其完好和生产的正常进行。无论是哪种焊机在现场,常见故障归纳起来主要有:外壳带电;强烈震动嗡嗡响,空载电压过低;焊机过热,内部冒烟并伴有焦糊味;输出电流过小,不引弧或电弧不稳;送电时保险瞬间熔断;噪音过大等。电焊机常见故障及排除方法见表2-6。

表2-6　电焊机常见故障及排除方法

故　障	可能产生的原因	排除方法
焊机过热,内部冒烟并伴有焦糊味	焊机过载	减小使用的焊接电流 按铭牌上规定的负载持续率使用
	变压器线圈短路	消除短路现象
	变压器线圈与铁芯或外壳接触	清除接触处
焊接电流不稳	焊接电缆与焊件接触不良	使之良好接触
	可动铁芯随焊机振动而移动	清除可动铁芯的移动
	电流调节螺杆、螺母有磨损	更换已磨损的螺杆、螺母
	控制电路板有损坏	检修控制电路板,更换损坏的元器件
噪音过大	可动铁芯的制动螺丝或弹簧太松	旋紧螺丝,调整弹簧拉力
	铁芯活动部分的移动机构损坏	检查修理移动机构
	控制电路板有损坏	检修控制电路板,更换损坏的元器件
焊机外壳带电	初级绕组或次级绕组碰壳	检查并消除相碰处
	初级绕组或次级绕组与铁芯相碰	检查并消除相碰处
	焊接电缆线与壳体短路	检查并消除短路处
焊接电流过小,不引弧或电弧不稳	焊接电缆线过长,压降太大	减小电缆线长度,加粗电缆线
	电缆线成盘状,电感太大	打开电缆线
	电缆与焊件或弧焊电源输出端接触不良	认真检查排除接触不良处
	输入电压过低或不平稳	调节输入电压到额定值,增大电源容量
	换挡开关接触器接触不良或螺栓有松动	更换接触器,拧紧相应螺栓
送电时保险瞬间熔断	初级绕组匝间短路	消除短路或更换绕组
	保险容量太小	更换保险
	主电路连接线间或与外壳短路	消除短路
	功率过大使电器元件损坏	认真检查,更换相应元件

2.4　焊条电弧焊的工艺

2.4.1　焊缝、坡口、接头

1. 焊缝

焊缝是指焊件经焊接后形成的结合部分。

焊缝按不同分类方法可分为下列几种形式。按焊缝在空间位置的不同可分为平焊缝、立焊缝、横焊缝及仰焊缝四种形式,如图 2-30 所示。按焊缝结合形式不同可分为对接焊缝、角接焊缝及塞接焊缝三种。按焊缝断续情况可分为连续焊缝和断续焊缝两种。断续焊缝又可分为交错式焊缝和链状式焊缝两种。

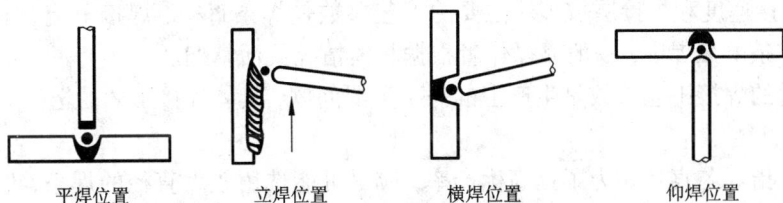

平焊位置　　　立焊位置　　　横焊位置　　　仰焊位置

图 2-30　对接焊缝的焊接位置示意图

焊缝的形式及相关要求执行 GB/T 324—2008《焊缝符号表示法》。它主要由基本符号、辅助符号、补充符号、焊缝尺寸和引出线等组成。

2. 坡口

坡口是根据设计或工艺需要,将焊件的待焊部位加工成一定几何形状并经装配后构成的沟槽。

坡口加工的方法有机械、火焰或电弧等,加工坡口的过程称为开坡口。开坡口的目的是为保证电弧能深入到焊缝根部使其焊透,并获得良好的焊缝成形以及便于清渣等。坡口还能调节熔合比,达到调节焊缝的化学成分和性能的目的。常见坡口形式见图 2-31。

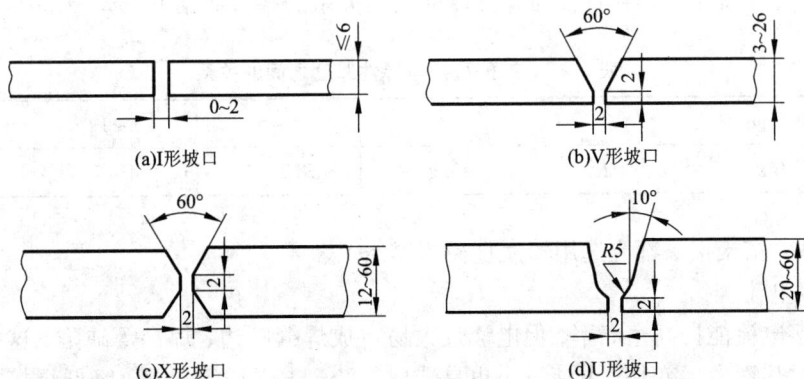

(a)I形坡口　　　　　　　　(b)V形坡口

(c)X形坡口　　　　　　　　(d)U形坡口

图 2-31　对接接头的坡口形状

3. 接头

接头是指用焊接的方法进行连接的结合部位。

常用的接头形式有：对接接头、搭接接头、角接接头和T形接头等，如图2-32所示。对接接头受力均匀、节省金属，但对下料尺寸和组装的要求比较严格。T形接头很多情况下只承受较小的切应力或仅作为联系焊缝。搭接接头对装配要求不高，也易于装配，但其熔透能力差，接头承载能力低，一般用在不重要的结构中。

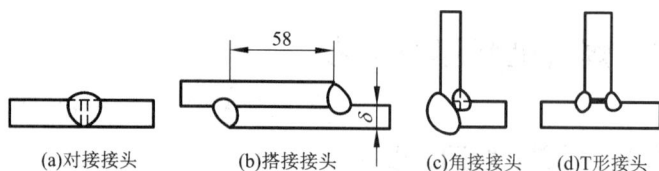

图 2-32 常见接头形式

(a)对接接头　(b)搭接接头　(c)角接接头　(d)T形接头

2.4.2 焊接工艺参数

焊条电弧焊的焊接工艺参数通常包括焊条牌号、焊条直径、电源种类与极性、焊接电流、电弧电压、焊接速度和焊接层数等。主要的工艺参数是焊条直径、焊接电流、电弧电压和焊接速度。在焊条电弧焊中，一般靠操作者根据具体情况灵活掌握。

选择合适的焊接工艺参数是生产上的一个重要问题，具体焊接工艺的选择如下。

(1)焊条直径

焊条直径指焊芯直径。为了提高生产率，应尽可能选用较大直径的焊条，但是用直径过大的焊条焊接，会造成未焊透和焊缝成形不良，因此必须正确选择焊条的直径。焊条直径大小的选择与下列因素有关。

①焊件的厚度　焊条直径一般根据焊件厚度选择。厚度较大的焊件应选用直径较大的焊条；反之，薄焊件的焊接则应选用小直径的焊条。

②焊缝位置　焊接平焊缝用的焊条直径应比其他位置的大一些，立焊最大不超过5 mm，而仰焊、横焊最大直径一般不超过4 mm，这是为了造成较小的熔池，减少熔化金属的下淌。

③焊接层数　在进行多层焊时，为了防止根部焊不透，对多层焊的第一层焊道应采用直径较小的焊条进行焊接，以后各层可以根据焊件厚度，选用较大直径的焊条。

在焊接中厚钢板的低碳钢及16Mn等普通低合金钢的多层焊缝时，若每层焊缝过大，对焊缝金属的塑性(主要表现在冷弯角上)稍有不利的影响。要求较高时每层厚度最好不大于4~5 mm。一般情况下，焊条直径与焊件厚度之间关系的参考数据见表2-7。

表 2-7　焊条直径与焊件厚度之间的关系

焊件厚度/mm	2	3	4~5	6~12	>13
焊条直径/mm	2	3.2	3.2~4	4~5	4~6

T形接头、搭接接头都应选用较大直径的焊条。

(2)焊接电流

增大焊接电流能提高生产率，但电流过大易造成焊缝咬边、焊穿等缺陷，这会同时金属组织也会因过热而发生变化；电流过小也易造成夹渣、未焊透等缺陷，降低焊接接头的机械性能，所以必须适当地选择焊接电流。焊接时决定电流强度的因素很多，如焊条类型、焊条直径、焊件厚度、接头形式、焊缝位置和层数等，但主要因素是焊条直径和焊缝位置。

①焊接电流和焊条直径的关系　当焊件厚度较小时，焊条直径要小些，焊接电流也应小

些,并且焊条直径小时选择较大的焊接电流会使药皮发红,影响焊接质量甚至导致不能正常焊接,反之则应选择较大直径的焊条和大的焊接电流。焊条直径越大,熔化焊条所需要的电弧热能也越大,电流强度也相应要大。一般可根据下面的经验公式来选择:

$$I = Kd \tag{2-6}$$

式中:I——焊接电流(A);

 d——焊条直径(mm);

 K——经验系数。

焊条直径 d 与经验系数 K 的关系如表 2-8 所示。焊接电流和焊条直径的关系见表 2-9。

表 2-8 焊条直径与经验系数的关系

焊条直径 d/mm	1~2	2~4	4~6
经验系数 K/(A·mm^{-1})	25~30	30~40	40~60

表 2-9 焊接电流和焊条直径的关系

焊条直径/mm	1.6	2.0	2.5	3.2	4	5	6
碳钢焊条/A	25~40	40~70	50~80	90~130	150~210	190~270	260~310
不锈钢焊条/A		25~50	50~80	80~110	110~160	160~200	

根据以上公式所求得的焊接电流只是一个大概数值,在实际生产中还要考虑其他一些因素的影响。

②焊接电流和焊缝位置的关系 在焊接平焊缝时,由于运条和控制熔池中的熔化金属都比较容易,因此可以选择较大的电流进行焊接。但在其他位置焊接时,为了避免熔化金属从熔池中流出来,要使熔池尽可能小些,所以电流相应要比平焊小一些。一般在使用碱性焊条时,焊接电流要比酸性焊条小一些。

(3)电弧电压

电弧电压主要由弧长决定。电弧长,电弧电压高;电弧短,电弧电压低。在焊接时,电弧不宜过长,否则电弧燃烧不稳定,增加熔化金属的飞溅,减小熔深及易产生咬边、气孔等缺陷,应尽量使用短弧焊接。一般横焊、立焊、仰焊时弧长应比平焊更短些,碱性焊条比酸性焊条短些。

(4)焊接速度

焊接速度就是焊条沿焊接方向移动的速度,直接影响焊接生产率。应该在保证焊缝质量的基础上采用较大的焊条直径和焊接电流,同时根据具体情况适当加大焊接速度,提高焊接生产率。但焊接速度过快,熔化温度不够,易造成未熔合、焊缝成形不良等缺陷;速度过慢,使高温停留时间增长,热影响区宽度增加,焊接接头的晶粒变粗。焊接较薄焊件时,易形成焊穿。

(5)焊接电源种类和极性

交流电源焊接时,焊接电流及电弧电压总是周期性变化的,电弧稳定性较差。直流电源焊接时,电弧稳定、飞溅少,但电弧磁偏吹较交流严重。

通常低氢型焊条稳弧性差,必须采用直流弧焊电源,且一般用反接法,电弧比较稳定。

焊接薄板时，选用的焊接电流小，电弧稳定性差，不论用碱性焊条还是用酸性焊条，都常用直流弧焊电源，也用反接法。

（6）焊缝层数

焊件厚度较大时，需要进行多层焊。焊接低碳钢和强度等级较低的低合金钢，每层焊缝厚度过大时，对焊缝合金的塑性有不利影响，所以每层焊缝厚度最好不大于 4～5 mm。焊接层数主要根据焊件厚度、焊条直径、坡口形式和装配间隙等来确定。近似计算公式如下：

$$n = \delta/d \qquad\qquad (2-7)$$

式中：n——焊接层数；

δ——焊件厚度（mm）；

d——焊条直径（mm）。

2.5 技能训练：焊条电弧焊操作实训

2.5.1 焊条电弧焊的基本操作

1. 引弧

电弧焊时，在焊丝（芯）末端和焊件间建立电弧的过程叫做引弧。通常引弧的方法有两种：一种是不接触引弧，是利用高频电压或高压脉冲使焊丝（芯）末端与焊件间的气体击穿产生电弧。另一种是接触引弧，有直击引弧法和划擦引弧法两种方式。焊条电弧焊采用接触引弧法。

（1）直击引弧法

将焊条末端对准焊缝，手腕快速放下，轻碰焊件，随后立即将焊条提起 2～4 mm，产生电弧后迅速将手腕放平，使弧长也保持在与所用焊条的直径相适应的范围内，如图 2-33 所示。

（2）划擦引弧法

动作类似划火柴，先将焊条末端对准焊缝迅速扭转焊条，使焊条在焊件表面上轻微划擦（划擦长度为 20 mm，并应落在焊缝范围内），并将焊条提起 2～4 mm，然后手腕扭平，使弧长保持在与所用焊条直径适应的范围内，如图 2-34 所示。

碱性焊条焊接时，引弧一般采用划擦法，用直击法易产生气孔。通常引弧点应选在离焊缝起点 8～10 mm 的焊缝上，待电弧引燃后，再引向焊缝起点开始施焊，这样引弧点产生的气孔可以因再次熔化而消除。

对初学者来说划擦法易于掌握，但掌握不当，容易损坏焊件表面，特别是在狭窄的地方焊接或焊件表面不允许损伤时，就不如直击法好。初学直击法一般容易发生药皮大块脱落、电弧熄灭或焊条粘住焊件的现象。

引弧时，如果发生焊条粘住焊件，不要慌乱，只要将焊条左右摆动几下，就可以脱离焊件。如果焊条还不能脱离焊件，就应该使焊钳脱离焊条，待焊条冷却后，再用手将焊条扳下。

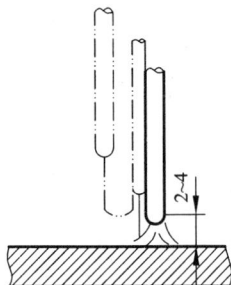

图 2-33 直击法引弧

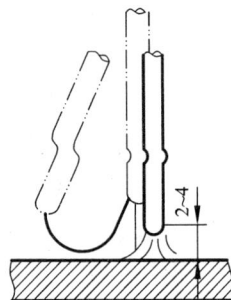

图 2-34 划擦法引弧

2. 运条

电弧引燃后，焊条要有三个基本方向的运动才能使焊缝良好成形。朝着熔池方向作逐渐送进动作、作横向摆动、沿着焊接方向逐渐移动，如图2-35所示。

焊条朝着熔池方向逐渐送进，主要是用来维持所要求的电弧长度。为了达到这个目的，焊条送进的速度应该与焊条熔化的速度相适应。

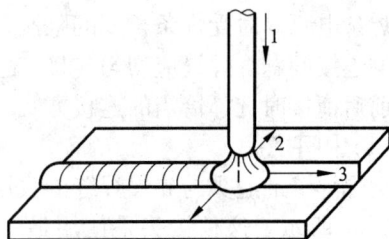

图2-35 运条的基本动作

电弧的长短对焊缝的质量有极大的影响，电弧的长度超过了焊条的直径称为长弧，小于焊条直径称为短弧。用长弧焊接时所得的焊缝质量较差，一般在碱性焊条施焊时一定要采用短弧焊接。

焊条的横向摆动主要是为了获得一定宽度的焊缝，并保证焊缝两侧很好熔合。其摆动范围与焊缝要求的宽度、焊条直径有关。摆动的范围越宽，则得到焊缝宽度越大。

焊条沿着焊接方向移动的速度即为焊接速度。它对焊缝的质量和焊接生产率有很大影响，应根据电流大小、焊条直径、焊件厚度、装配间隙以及焊缝位置来适当控制。

在焊接生产实践中，依据不同的焊缝位置，不同的接头形式，以及考虑焊条直径、焊接电流、焊件厚度等各种因素，有许多摆动方法。几种常见的运条方法及适用范围，见表2-10。

表2-10 常见运条方法及适用范围

运条方法		运条示意图	适用范围
直线形运条法			(1)3~5 mm厚度I形坡口对接平焊 (2)多层焊的第一层焊道 (3)多层多焊道
直线往返形运条法			(1)薄板焊 (2)对接平焊(间隙较大)
锯齿形运条法			(1)对接接头(平焊、立焊、仰焊) (2)角接接头(立焊)
月牙形运条法			同锯齿形运条法
三角形运条法	斜三角形		(1)角接接头(仰焊) (2)对接接头(开V形坡口横焊)
	正三角形		(1)角接接头(立焊) (2)对接接头
圆圈形运条法	斜圆圈形		(1)角接接头(平焊、仰焊) (2)对接接头(横焊)
	正圆圈形		对接接头(厚焊件平焊)
八字形运条法			对接接头(厚焊件平焊)

3. 焊缝的连接

焊条电弧焊时受焊条长度的限制，不可能一根焊条完成一条焊缝，因此出现了焊缝前后两段的连接问题。焊缝应均匀连接，避免产生接头过高、脱节和宽窄不一致等缺陷，这就要求在前后衔接时选择恰当的连接方式。焊缝的连接一般有以下几种情况，如图 2 - 36 所示。

（1）中间接头

后焊焊缝的起头与先焊焊缝的收尾相接，如图 2 - 36(a) 所示。这种接头是使用最多的一种。接头方法是在弧坑稍前（约 10 mm）处引弧，电弧可比正常焊接时略微长一些（低氢型焊条电弧不能长，否则产生气孔），然后将电弧后移到原弧坑的 2/3 处，填满弧坑后即向前进入正常焊接。此种接头法适用于单层焊及多层焊的表层接头。

（2）相背接头

后焊焊缝的起头与先焊焊缝的起头相接，如图 2 - 36(b)。要求先焊焊缝的起头处要略低一些，这样接头时，在先焊焊缝的起头的略前处引弧，并稍微拉长电弧，将电弧引向起头处，并覆盖前焊缝的端头，待起头处焊缝焊平后，再向焊接方向移动。

（3）相向接头

后焊焊缝的收尾与先焊焊缝的结尾相接，如图 2 - 36(c)。后焊焊缝收尾时，焊接速度应略慢些，以填满前焊缝的弧坑，然后以较快的焊接速度再略向前焊一些然后熄弧。

（4）分段退焊接头

后焊焊缝的结尾与先焊焊缝的起头相接，如图 2 - 36(d)。这种情况与第三种情况基本相同，只是前焊缝的起头处与第二种情况一样，应略低些。

接头连接的平整与否，不仅和焊工操作技术有关，同时还和接头处的温度高低有关。温度越高，接头处越平整。中间接头要求电弧中断的时间要短，换焊条动作要快。多层焊时，层间接头处要错开，以提高焊缝的致密性。中间焊缝接头焊接时可不清理焊渣，其余接头连接处必须先将焊渣打掉，必要时还可将接头处先打磨成斜面后再接头。

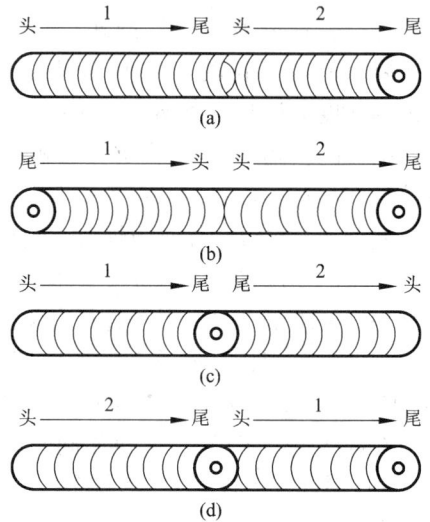

图 2 - 36　焊缝接头的四种情况
(a)中间接头；(b)相背接头；
(c)相向接头；(d)分段退焊接头
1—先焊焊缝；2—后焊焊缝

4. 收尾（熄弧）

一条焊缝焊完时，应把收尾处的弧坑填满，如果收尾时立即拉断电弧，则会形成低于焊件表面的弧坑。过深的弧坑使焊缝收尾处强度减弱，并容易造成应力集中而产生裂纹。所以焊缝收尾时不允许有较深的弧坑存在，焊缝的收尾动作不仅是熄弧，还要填满弧坑，一般收尾有以下几种：

（1）划圈收尾法

焊条移至焊缝终点时，作圆圈运动，直到填满弧坑再拉断电弧，适用于厚板收尾。

（2）反复断弧收尾法

焊缝移至焊缝终点时，在弧坑处反复熄弧，引弧数次，直到填满弧坑为止。一般适用于薄板和大电流焊接，但碱性焊条不宜使用此法，容易产生气孔。

（3）回焊收尾法

焊条移至焊缝收尾处即停住，并且改变焊条角度回焊一小段。此法适用于碱性焊条。

（4）转移收尾法

焊条移至焊尾终点时，在弧坑处稍做停留，将电弧慢慢抬高，引到焊缝边缘的母材坡口内，这时熔池会逐渐缩小，凝固后一般不出现缺陷。适用于换焊条或临时停弧时的收尾。

2.5.2 各种位置的焊接实训

焊接时，由于焊缝所处的位置不同，操作方法和焊接规范的选择也不同。但它们也存在着共同的规律，应很好的掌握。

首先，保持正确的焊条角度和掌握好运条的三个动作，严格控制熔池温度的范围，就能使熔池金属的冶金反应较完全，气体、杂质排除得较彻底，并与母材金属很好熔合，得到优良的焊缝质量和美观的焊缝成形。焊接时熔池温度不容易直接判断，但是经验证明，熔池温度与熔池的形状和大小有关，而熔池的大小又与焊接规范及运条手法有关。

下面介绍不同焊接位置的操作方法。

1. 平焊

平焊时，由于焊缝处在水平位置，熔滴主要靠自重自然过渡，操作比较容易。但规范参数选择及操作不当，也容易形成未焊透、咬边、焊穿和焊瘤等缺陷。运条及焊条角度不正确时，还可能形成气孔和夹渣。

平焊又分为对接平焊和角接平焊两种。

（1）对接平焊

①不开坡口的对接平焊　当焊件厚度小于6 mm时，一般不开坡口（重要构件除外）。焊接正面焊缝时，亦用直径3~4 mm的焊条，采用短弧焊接，第一道焊时熔深达到板厚的2/3，焊缝宽

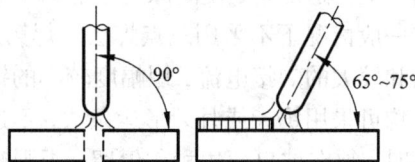

图2-37　对接平焊的焊条角度

度为5~8 mm，余高应小于1.5 mm。不重要的焊件，在焊接反面的封底焊缝前，可不铲除焊根，但需要将正面焊缝下边的熔渣清除干净，然后用直径3.2 mm焊条进行焊接，电流可以稍大些。推荐焊接参数见表2-11。焊接时运条方法均为直线型，焊条角度如图2-37所示。

在焊接正面焊缝时，运条速度应慢些，以获得较大的熔深和宽度。焊反面封底焊缝时，则运条速度要稍快些，以获得较小的焊缝宽度。运条时，若发现熔渣和铁水混合不清，可将电弧稍微拉长一些，同时焊条向前倾斜，并做往熔池后面推送熔渣的动作，这样可以将熔渣推送到熔池后边。

表2-11　推荐对接平焊的焊接参数

焊缝横断面形式	焊件厚度/mm	第一层焊缝		其他各层焊缝		盖面焊缝	
		焊条直径/mm	焊接电流/A	焊条直径/mm	焊接电流/A	焊条直径/mm	焊接电流/A
	2	2	50~60	—	—	2	55~60
	2.5~3.5	3.2	80~110	—	—	3.2	85~120
	4~5	3.2	90~130	—	—	3.2	100~130
		4	160~200	—	—	4	160~210
		5	200~260	—	—	5	220~260

焊缝横断面形式	焊件厚度/mm	第一层焊缝		其他各层焊缝		盖面焊缝	
		焊条直径/mm	焊接电流/A	焊条直径/mm	焊接电流/A	焊条直径/mm	焊接电流/A
	5～6	4	160～200	—	—	3.2	100～130
						4	180～210
	>6	4	160～200	4	160～210	4	180～210
				5	220～280	5	220～260
	≥12	4	160～210	4	160～210	—	—
				5	220～280	—	—

②开坡口的对接平焊 当焊件厚度等于或大于 6 mm 时，电弧的热量很难使焊缝的根部焊透，应开坡口。可采用多层焊法或多层多道焊法。多层焊时，对第一层的打底焊道应选用直径较小的焊条，运条方法应视间隙大小而定，当间隙小时，可选用直线型，间隙较大时，则采用直线往返型，以免焊穿。当间隙很大而无法一次焊成时就采用三点焊法，即先将坡口两侧各焊上一道焊缝，使间隙变小然后再进行中焊缝的敷焊，从而共同组成的一个整体焊缝。但在一般情况下不采用三点焊法。焊第二层时，先将第一层熔渣清除干净，再用直径较大的焊条和较大的焊接电流，用幅度较小的锯齿型或月牙形运条方法并采用短弧焊接。以后各层焊接均可采用锯齿或月牙形运条法，不过其摆动幅度应随焊接层数的增加而逐渐加宽。焊条摆动时，须在坡口两边稍作停留，否则容易产生边缘熔合不良及夹渣等缺陷。为了保证质量和防止变形，应使层与层之间的焊接方向相反，焊缝接头也应相互错开。多层多道焊的焊接方法与多层焊相似。

（2）角接平焊

角接平焊主要是指 T 形接头平焊和搭接接头平焊，搭接接头平焊与 T 形接头平焊的操作方法相类似，这里不单独介绍。

T 形接头平焊在操作时易产生咬边、未焊透、焊角下偏（下垂）、夹渣等缺陷。为了防止上述缺陷，操作时除了正确选择焊接规范外，还必须根据两板的薄厚来调节焊条的角度。焊

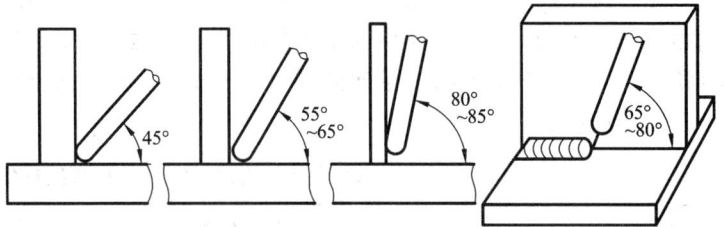

图 2－38 T 形接头平角焊时的焊条角度

接两板厚度不同的焊缝时，电弧要偏向于厚板的一边，使两板的温度均匀。常用焊条角度如图 2－38 所示，推荐 T 形接头平角焊的焊接参数见表 2－12。

焊脚尺寸小于 8 mm 的焊缝，通常用单层焊来完成，焊条直径根据钢板厚度不同在 3～5 mm 内选择。焊脚小于 5 mm 的焊缝，可采用直线形运条法和短弧进行焊接，焊接速度要均匀。焊脚尺寸在 5～8 mm 时，可采用斜圆圈形或锯齿形运条法进行焊接。焊脚尺寸在

8~10 mm 时可采用两层两道的焊法。焊第一层时，可采用直径为 3~4 mm 的焊条，焊接电流稍大些，以获得较大的溶深，并采用直线型运条法。在焊第二层之前，必须将第一层的熔渣清除干净，可采用直径为 4 mm 的焊条，焊接电流不宜过大，电流过大会产生咬边现象。用斜圆圈形或锯齿形运条法焊接。当焊接焊脚尺寸大于 10 mm 的焊缝时，多采用多层多道焊。

表 2-12　推荐 T 形接头平角焊的焊接参数

焊缝横断面形式	焊件厚度或焊脚尺寸/mm	第一层焊缝		其他各层焊缝		盖面焊缝	
		焊条直径/mm	焊接电流/A	焊条直径/mm	焊接电流/A	焊条直径/mm	焊接电流/A
	2	2	55~65	—	—	—	—
	3	3.2	100~120	—	—	—	—
	4	3.2	100~120				
		4	160~200				
	5~6	4	160~200				
		5	220~280				
	≥7	4	160~200	5	220~280	—	—
		5	220~280				
		4	160~200	4	160~200	4	160~200
				5	220~280		

在 T 形接头平焊的焊接中，要特别注意在收弧时，一定要保证弧坑填满，以防止出现裂纹。

在实际生产中，如果焊件能翻动时，应尽可能把焊件转动一定角度，呈船形位置进行焊接，如图 2-39 所示。船形焊能避免产生咬边、下垂等缺陷，并且操作方便，易获得平整美观的焊缝，同时，有利于使用大直径焊条和大电流，这样不但能获得较大的熔深，而且能一次焊成较大断面的焊缝，大大提高生产率。船形焊时，运条采用月牙形或锯齿形运条法。焊接第一层采用小直径焊条及稍大电流，其他各层与开坡口平对接焊相似。

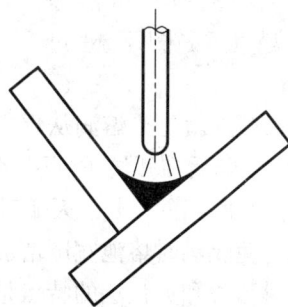

图 2-39　船形焊

2. 立焊

立焊有两种方式，一种是由下向上施焊，另一种是由上向下施焊。由上向下施焊的立焊要求有专用的向下焊焊条才能保证焊缝成形。目前生产中多用的仍是由下向上施焊的立焊方法，这里主要讨论这种方法。

立焊时，由于熔化金属受重力的作用容易下淌，使焊缝成形困难，为此应采取以下措施：

立焊时，焊条与焊件的角度如图 2-40 所示。用较小的焊条直径和较小的焊接电流，电流一般比平焊小 12%~15%，以减小熔滴的体积，降低重力的影响，有利于熔滴的过渡。采用短弧焊接，缩短熔滴过渡到熔池中去的距离，形成短路过渡。根据焊件接头形式的特点和焊接过程中熔池温度的情况，灵活运用运条方法。

（1）不开坡口的对接立焊

不开坡口的对接立焊，常用于薄件的焊接，焊接时除采用上述措施外，还可以适当的采用跳弧法、灭弧法以及幅度较小的锯齿形或月牙形运条法。

跳弧法就是当熔滴脱离焊条末端过渡到熔池后，立即将电弧向焊接方向提起，使熔化金属有凝固机会，随后将提起的电弧拉回熔池，到熔滴过渡到熔池后，再提起电弧。具体运条法如图 2 - 41 所示。必须注意，电弧移开熔池的距离应尽可能短些，最大弧长不超过6 mm。

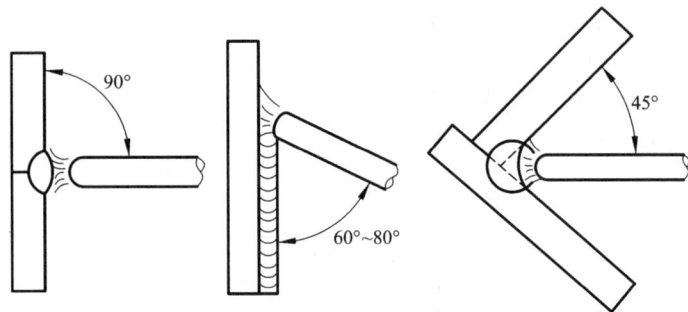

图 2 - 40　立焊时的焊条角度

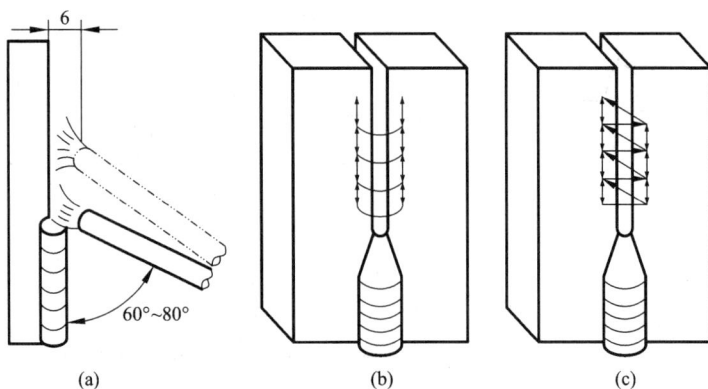

图 2 - 41　I 形坡口对接立焊时各种运条方法

（a）直线形跳弧法；（b）月牙形跳弧法；（c）锯齿形跳弧法

灭弧法就是当熔滴从焊条末端过渡到熔池后，立即将电弧熄灭，使熔化金属有瞬时凝固的机会，随后在弧坑重新引燃电弧，这样交错进行。开始时焊件温度较低，灭弧时间要短些，随着焊接时间的增长，灭弧时间也要稍有增加。通常灭弧法在立焊缝的收尾时用的比较多，可以避免收尾时熔池宽度增加和产生焊穿及焊瘤等现象。

跳弧法和灭弧法的特点是：在焊接薄钢板、接头间隙较大的立焊缝及采用大电流焊接立焊缝时，能避免产生焊穿、焊瘤等缺陷。施焊过程中，根据熔池温度的情况，用跳弧法与其他运条法配合，解决由于采用大电流而易产生焊穿及焊瘤的问题，从而提高了生产率。

立焊的接头是比较困难的，容易产生焊瘤、夹渣等缺陷。因此更换焊条要迅速，采用热接法。先用较长电弧预热接头处，预热后将焊条移至弧坑一侧进行连接。接头时，往往有铁水拉不开或熔渣、铁水混在一起的现象，此时必须将电弧稍微拉长一些，并适当延长在接头处的停留时间，同时将焊条角度增大（与焊缝成90°），这样熔渣就会自然落下去，便于接头。收尾方法可采用灭弧法。

在焊接反面封底焊缝时，可适当增大焊接电流，保证获得较好的溶深，运条可采用月牙形或锯齿形跳弧法。

（2）开坡口的对接立焊

钢板厚度大于 6 mm 时，一般要开坡口，其层数多少，可根据焊件厚度来决定。

根部焊接是关键，要求熔深均匀，没有缺陷。一般选用直径为 3.2 mm 或 4 mm 的焊条。施焊时，在熔池上端要熔穿一个小孔，以保证焊透。运条法有三种，对厚板焊件可采用小三角形，运条时在每个转角处需作停留，中等厚度或稍薄的焊件可采用小月牙形、锯齿形或跳弧法，如图 2－42 所示。无论采用哪一种运条法，焊接第一层时除了避免产生各种缺陷外，焊件表面还要求平整，避免凸起，否则在焊第二层焊缝时，易产生未焊透和夹渣。

其余各层焊法，先要将前一层的熔渣清除干净，焊瘤铲平。焊接时可采用锯齿形或月牙形运条法，如图 2－42 所示。为了获得平整美观的焊缝，除了要求保持较小的余高外，应适当减小电流。

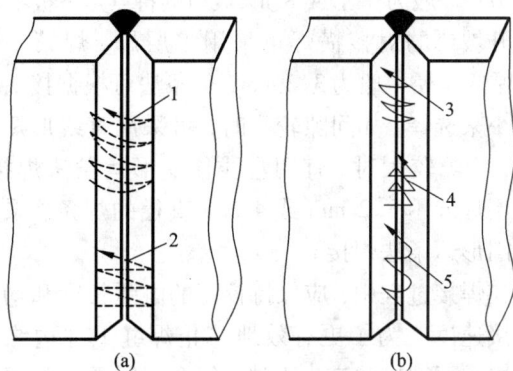

图 2－42　V 形坡口对接立焊常用的各种运条方法

（a）填充及盖面焊道；（b）打底焊道

1—月牙形运条；2—锯齿形运条；3—小月牙形运条；

4—三角形运条；5—跳弧运条

（3）T 形接头立焊

T 形接头立焊最容易产生的缺陷是焊缝根部未焊透，焊缝两旁咬边。因此，在施焊时，焊条角度向下与焊缝成 60°～90°，左右成 45°，焊条运至焊缝两边应稍做停留，并采用短弧焊接。可采用的运条方法有跳弧法、三角形运条法、锯齿形运条法和月牙形运条法等，如图 2－43 所示。

3. 横焊

横焊时，由于熔化金属重力的作用，容易下淌而产生咬边、焊瘤及未焊透等缺陷。因此，应采用短弧、较小直径的焊条以及适当的焊接电流和运条方法。

（1）不开坡口的对接横焊

板厚为 3～5 mm 的不开坡口的横对接焊应采取双面焊接。焊接正面焊缝时，宜采用直径为 3.2 mm 或 4 mm 的焊条。焊条角度如图 2－44 所示。较薄焊件采用直线往返形运条法焊接，可以利用焊条向前移动的机会使熔池冷却，以防止熔滴下淌及产生焊穿等缺陷。较厚焊件可采用直线形，电弧尽量短，或采用斜圆圈形运条法以得到适当的熔深。焊接速度稍快些，且速度要均匀。封底焊，焊

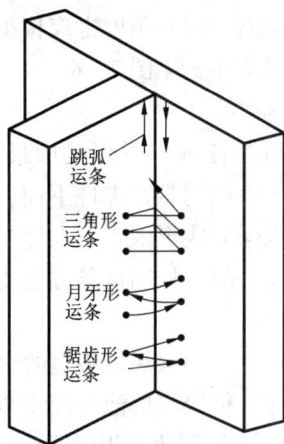

图 2－43　T 形接头立焊的运条方法

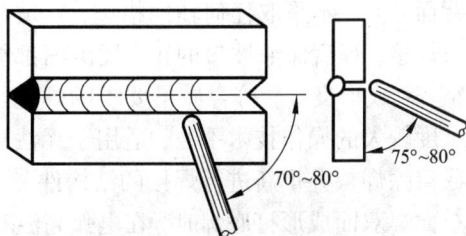

图 2－44　I 形坡口对接横焊时焊条角度

条直径一般为 3.2 mm，焊接电流可稍大些，采用直线形运条法。

（2）开坡口的对接横焊

坡口一般为 V 形或 K 形,坡口的特点是下板不开坡口或坡口角度小于上板,有利于焊缝成形。

开坡口的对接横焊可采用多层焊,焊第一层时,焊条直径一般为 3.2 mm,运条法可根据接头间隙大小来选择,如间隙较小时,可采用直线形短弧焊接;间隙较大时,宜用直线往返形运条法焊接。第二层焊缝用 3.2 mm 或 4 mm 直径的焊条,采用斜圆圈形运条法焊接。

在焊接过程中,应保持较短的电弧长度和均匀的焊接速度。为了更有效地防止焊缝上部边缘产生咬边和下部熔化产生下淌,每个斜圆圈形与焊缝中心的斜度不大于 45°,见图 2-45。当焊条末端运到斜圆圈形上面时,电弧应更短些,并稍作停留,使较多量的熔化金属过渡到焊缝上去,然后缓慢地将电弧引到熔池下边,这样往复循环运条,可获得成形良好的焊缝。

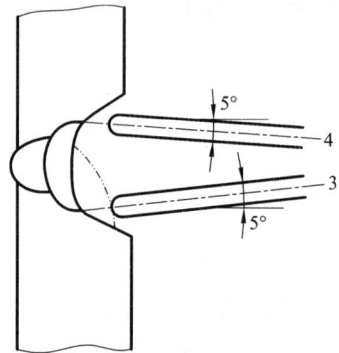

图 2-45　焊第二层焊道时焊条的角度

当焊接板厚度超过 8 mm 的横焊缝时,应采用多层多道焊,焊条角度也应根据各层、道的位置不同相应地调节,见图 2-46。

4. 仰焊

仰焊是各种位置焊接中最困难的一种焊接方式,由于熔池倒悬在焊件下面,没有固体金属的承托,所以焊缝成形困难。在施焊中,常发生熔渣越前的现象,故在控制运条方面要比平焊和立焊困难得多。

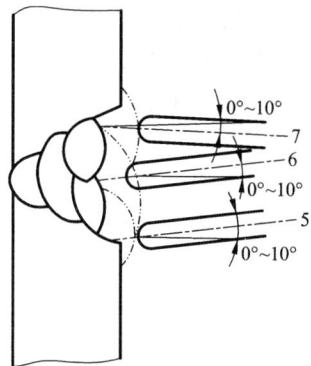

图 2-46　盖面焊道的焊条角度

仰焊时,必须保持最短的电弧长度,使熔滴在很短的时间内过渡到熔池中,在表面张力的作用下,很快与熔池的液体金属汇合,促使焊缝形成。为了减小熔池面积,焊条直径和焊条电流的选择要比平焊时小些。

5. 单面焊双面成形技术

单面焊双面成形焊法是一种特殊的操作方法。坡口背面悬空,不采取任何辅助措施,在坡口的正面进行焊接,焊后保证坡口的正、反两面都能获得均匀整齐,成形良好,符合质量要求的焊缝。这是一种难度较大的操作技术手法,适用于无法从背面施焊或清除焊根并重新进行焊接的结构件。

小知识

重要的结构件用TIG焊或MIG焊进行打底,焊接质量更容易保证,效率及经济价值更高。

单面焊双面成形打底焊时,在电弧高温和吹力作用下,坡口根部熔化形成金属熔池,熔池前沿会产生一个略大于坡口装配间隙的孔洞,叫做熔孔。焊条药皮熔化时产生的部分熔渣及气体通过熔孔对焊缝背面有所保护。工件背面焊道的质量由熔孔大小、形状、移动均匀程度决定，因此，单面焊双面成形的操作要领是要控制熔孔。为此一般采用无钝边的 V 形坡口、合适的装配间隙、较细的焊条和较小的焊接电流，单面焊双面成形焊接参数见表 2 - 13。

表 2 - 13　单面焊双面成形焊接参数

焊接层次	焊条直径/mm	焊接电流/A
打底焊	3.2	80 ~ 90
填充焊	4.0	160 ~ 175
盖面焊		150 ~ 165

进行单面焊双面成形的关键是焊好打底焊道，这里主要介绍其操作技术。

（1）控制引弧位置

通常在定位焊缝的开始处引弧，电弧引燃后稍作停顿，预热后横向摆动施焊，焊过定位焊边缘时电弧下压稍作停顿，以便形成熔孔。

（2）熔孔大小的控制

打底焊焊条角度的控制见图 2 - 47。电弧击穿形成熔孔后，应立即提起焊条至熔池距离大约 1.5 mm 后正常施焊，如图 2 - 48 所示。

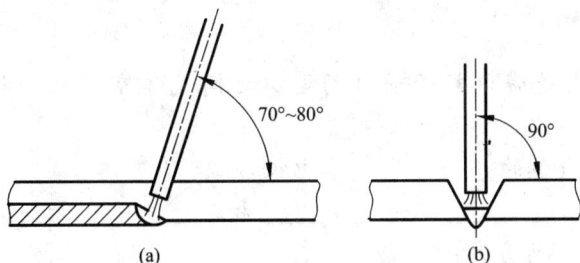

图 2 - 47　平焊打底焊焊条角度

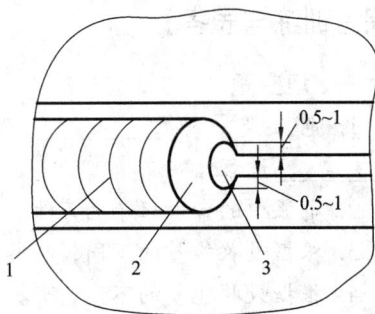

图 2 - 48　平板对接平焊时的熔孔
1—焊缝；2—熔池；3—熔孔

为保证良好的背面成形，焊接电弧一定要控制的短些，运条要均匀，焊速不能过快。注意将焊接电弧的 2/3 盖在熔池上，1/3 用来形成熔孔。注意保持熔孔的大小一致，如能看见明显的熔孔，背面可能出现焊穿或焊瘤。通常熔孔直径比间隙大 0.5 ~ 1 mm 为好。

（3）控制铁水和熔渣的流动方向

焊接过程中电弧要在铁水的前面，通常熔池前方稍有下凹，液体比较平静，有颜色较深的线条在熔池中浮出，并逐渐向熔池后上部集中，铁水和熔渣流动正常。如果深池超前，即电弧在熔池的后方时，很容易产生夹渣。还要必须看到坡口面熔化并与焊条熔敷金属混合形成熔池，否则不能很好熔合。

（4）焊缝接头　当焊条即将焊完需更换时，要将焊条向焊接的相反方向拉回 10 ~ 15 mm［如图 2 - 49（a）所示］，并迅速提起焊条拉长熄弧。这样有利于熄弧时形成斜面焊道［如图 2 - 49（b）所示］。

更换焊条要快，位置要准，并掌握好电弧下压时间。当由于一些原因焊件已经冷却，在进行继续焊接时接头处需要打磨成缓

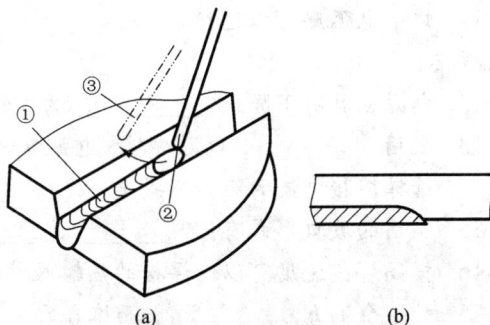

图 2 - 49　焊缝接头前的焊道
（a）换焊条前的收弧位置；（b）焊缝接头前的焊道

坡形,并在接头处前约 10 mm 引弧进行预热回焊。

【小结】

知识点

1. 焊接电弧的形成及特点;电弧力及对焊缝成形的影响;
2. 焊接成形缺陷的主要特征及影响因素;
3. 焊条电弧焊的特点、设备及主要工具;
4. 焊条电弧焊主要工艺参数的选择及影响。

能力点

1. 正确选择焊条电弧焊的主要工艺参数;
2. 焊条电弧焊的基本操作及几种典型位置的操作技法。

【综合训练与思考】

一、填空题

1. 电弧是一种 _____ 现象,它是带电粒子通过两电极之间气体空间的一种 _____ 过程。

2. 电弧中的带电粒子的产生,主要有气体的 _____ 和电极的 _____ 。

3. 根据吸收能量的不同,电离可分为: _____ 、_____ 和 _____ 等。

4. 根据吸收能量的不同,阴极电子发射可分为: _____ 、_____ 、_____ 和粒子碰撞发射。

5. 不论焊丝(芯)作为阴极还是阳极,它的受热和熔化都与 _____ 成正比。

6. 熔滴上的作用力根据其来源分为: _____ 、_____ 、_____ 、熔滴爆破力和电弧气体的吹力等。

7. 电弧力随焊接电流的增大而 _____ ,随电弧电压的增加而 _____ 。

8. 熔滴的主要过渡形式有 _____ 、_____ 和 _____ 三种。

9. 实际焊接时焊件摆放常常存在一定的倾斜,分为 _____ , _____ 。

10. 阴极斑点压力比阳极斑点压力要 _____ ,所以为提高熔滴过渡的稳定性,气体保护焊多使用 _____ 。

11. 焊条电弧焊可以进行 _____ 、_____ 、_____ 、_____ 等各种位置的焊接。

12. 电源应具有下降或 _____ 的外特性。

13. 采用 _____ 电源焊接,电弧燃烧比 _____ 电源稳定。

14. 选择焊接电流的经验公式是: _____ 。

15. 常用的坡口形式有: _____ 、_____ 、_____ 等。

16. 提高焊接速度可以使焊接的热输入量(q/v) _____ ,熔宽 c _____ 、熔深 H _____ ,余高 h _____ ,而熔合比 γ 近似不变。

17. 电弧力主要包括 _____ 、_____ 、_____ 等。

18. 电弧电压主要影响焊缝的 _____ 。

19. 焊机在使用前必须按焊机 _____ 或有关标准对电源进行检查,并尽可能了解其基本原理。

20. 在狭小的容器内进行焊接操作时，四周都是金属导电体，触电的危险性_____。

21. 在施焊过程中，当电焊机发生故障而需要检查电焊机时，必须_____后才能进行。

22. 电弧的长度超过了焊条的直径称为_____，小于焊条直径称为_____。

23. 一条焊缝焊完时，应把收尾处的弧坑填满，其方法有_____；_____；_____和_____等。

24. 立焊缝的接头比较困难，容易产生焊瘤、夹渣等缺陷。因此接头时更换焊条要_____。

25. 横焊时，由于熔化金属重力的作用，容易下淌而产生咬边、焊瘤及未焊透等缺陷。因此，应采用_____、较小直径的焊条以及适当的电流强度和运条方法。

二、单选题

1. 焊条的横向摆动，主要是为了获得一定(　　)的焊缝，其摆动范围与焊缝要求的宽度、焊条直径有关。
   A. 高度　　　　　　　B. 宽度　　　　　　　C. 厚度　　　　　　　D. 余高

2. 造成咬边的主要原因是焊接时选用了大的(　　)，电弧过长及角度不当。
   A. 焊接电源　　　　B. 焊接电压　　　　C. 焊接电流和焊接速度D. 焊接电阻

3. 焊接过程中，熔化金属自坡口背面流出，形成穿孔的现象称为(　　)。
   A. 焊穿　　　　　　　B. 焊瘤　　　　　　　C. 咬边　　　　　　　D. 凹坑

4. 焊接时，接头根部未完全熔透的现象称为(　　)。
   A. 气孔　　　　　　　B. 焊瘤　　　　　　　C. 未焊透　　　　　　D. 凹坑

5. 焊接时电流太小，易引起(　　)缺陷。
   A. 咬边　　　　　　　B. 焊穿　　　　　　　C. 夹渣　　　　　　　D. 焊瘤

6. 严格控制熔池温度(　　)是防止产生焊瘤的关键。
   A. 不能太高　　　B. 不能太低　　　C. 可能高些　　　　D. 可能低些

7. 焊条电弧焊在焊接结构生产中(　　)，但它灵活性好，适应性强。
   A. 生产效率高　　B. 生产效率低　　C. 生产效率一般　　D. 生产效率很高

8. 仰焊时，不利于熔滴过渡的力是(　　)。
   A. 重力　　　　　　　B. 表面张力　　　　C. 电磁力　　　　　　D. 气体吹力

9. 焊接薄板时的熔滴过渡的主要形式是(　　)过渡。
   A. 粗滴　　　　　　　B. 细滴　　　　　　　C. 喷射　　　　　　　D. 短路

10. 在其他条件不变的情况下，增大电弧电压，气孔倾向(　　)。
    A. 减小　　　　　　　B. 增大　　　　　　　C. 无影响　　　　　　D. 影响不大

11. 焊条电弧焊时操作者的(　　)直接影响焊接质量的好坏。
    A. 姿势　　　　　　　B. 技术水平　　　　C. 操作习惯　　　　D. 工作时间

12. 焊接时主要根据被焊工件的(　　)选择焊条的直径。
    A. 材料种类　　　　B. 坡口形式　　　　C. 强度要求　　　　D. 厚度

13. 焊接时主要根据(　　)选择坡口形式。

A. 焊件的材料种类　　　　　　　　　B. 设计或工艺需要

C. 焊件的厚度　　　　　　　　　　　D. 接头的强度要求

14. 焊接较薄焊件时,焊接速度(　　)易形成焊穿。

A. 过慢　　　　　B. 过快　　　　　C. 适当　　　　　D. 变化

15. 焊条电弧焊最重要的参数是(　　),也是焊接操作时需要调节的。

A. 电弧电压　　　　B. 焊接电流　　　　C. 焊条种类　　　　D. 焊条直径

16. 焊条直径是指焊条的(　　)。

A. 外径　　　　　　　　　　　　　　B. 药皮的厚度

C. 焊芯直径与药皮厚度之和　　　　　D. 焊芯直径

17. (　　)时必须采用短弧焊接,并使用较小的焊条直径和小的焊接规范。

A. 平焊、立焊、仰焊　　　　　　　　B. 平焊、横焊、仰焊

C. 平焊、立焊、横焊、仰焊　　　　　D. 立焊、横焊、仰焊

18. 阴极斑点压力比阳极斑点压力要(　　)。

A. 大　　　　　B. 小　　　　　C. 与焊接方法有关　　　　D. 差不多

19. 电弧能有效而简便地把电能转换成焊接过程所需要的(　　)和机械能。

A. 结合力　　　　B. 温度　　　　C. 动能　　　　D. 热能

20. 电离电压低,表示带电粒子(　　)产生,有利于电弧导电。

A. 不容易　　　　B. 容易　　　　C. 不稳定　　　　D. 结合

21. 焊机的空载电压高有利于(　　)。

A. 引弧　　　　B. 焊接时调节　　　C. 人身安全　　　D. 提高焊机寿命

22. 焊条发红,甚至是脱落通常是由于(　　)。

A. 电弧电压高　　　B. 焊接电流过大　　　C. 焊接电流过小　　　D. 操作不平稳

23. 在使用碱性焊条时,一般引弧方法采用(　　)。

A. 脉冲引弧　　　B. 高频引弧　　　C. 直击法　　　　D. 划擦法

24. 当电弧引燃后,焊条要有(　　)基本方向的运动才能使焊缝良好成形。

A. 两个　　　　B. 三个　　　　C. 一个　　　　D. 多个

三、判断题

1. 在同一平面上两板件相对端面焊接而形成的接头叫做对接接头。　　　　　　(　　)

2. 所有焊条在使用前都必须进行烘干。　　　　　　　　　　　　　　　　　(　　)

3. 为了提高生产率,可以尽可能拉长电弧,提高电弧电压。　　　　　　　　　(　　)

4. 焊条烘干主要是为了防止气孔出现,而不是为了防止裂纹出现。　　　　　　(　　)

5. 任何焊接位置,电磁压缩力的作用方向都促进熔滴向熔池中过渡。　　　　　(　　)

6. 任何焊接位置,斑点力的作用方向都阻碍熔滴向熔池中过渡。　　　　　　　(　　)

7. 任何焊接位置,电弧气体的吹力的作用方向都促进熔滴向熔池中过渡。　　　(　　)

8. 熔滴的重力对熔滴的过渡是有利的。　　　　　　　　　　　　　　　　　(　　)

9. 交流电源比直流电源可能引起磁偏吹的倾向大。　　　　　　　　　　　　(　　)

10. 粗颗粒过渡易引起飞溅。　　　　　　　　　　　　　　　　　　　　　(　　)

11. 熔合比 γ 越大,则焊缝的化学成分越接近于母材本身的化学成分。　　(　　)

12. 焊缝结晶从熔池边缘的母材开始，沿着熔池散热的相反方向进行，直至熔池中心。
（　　）

13. 正确使用和维护弧焊电源，不仅能保持其正常工作，而且能延长使用寿命。（　　）

14. 为了提高生产率，应尽可能选用较大直径的焊条，但是用直径过大的焊条焊接，会造成未焊透和焊缝成形不良。（　　）

15. 熔池在电弧力和重力的共同作用下保持一定形状。（　　）

16. 直线形运条法能获得较大的溶深，但焊缝的宽度较窄。（　　）

17. 接头连接的平整与否，不仅和焊工操作技术有关，同时还和接头处的温度高低有关。
（　　）

18. 焊接时，由于焊缝所处的位置不同，因而操作方法和焊接规范的选择也不同。
（　　）

19. 平焊时，不允许用较大直径的焊条和较大的焊接电流，生产率低。（　　）

20. 当焊件厚度小于 6 mm 时，一般采用不开坡口对接。（　　）

21. 如果焊件不能翻动时，适合进行船型位置焊接。（　　）

22. 薄板焊接的主要困难是容易焊穿、变形较大及焊缝成形不良等。（　　）

23. 进行单面焊双面成形的关键是焊好盖面焊道。（　　）

24. 连弧焊操作方法比断弧焊法更容易产生气孔。（　　）

四、简答题

1. 简述磁偏吹、等离子流力、熔敷系数、短路过渡、熔合比、成型系数等基本概念。
2. 电弧放电的主要特点是什么？
3. 焊接电弧中的机械力对焊接有哪些影响？
4. 等离子流力的作用有哪些？
5. 焊接电流一定时，阴极区和阳极区的热功率主要决定于哪些因素？
6. 焊条电弧焊简述的基本原理。
7. 焊条电弧焊有哪些主要特点？
8. 焊条电弧焊有哪些主要工艺参数？
9. 影响焊缝成型的主要因素有哪些？
10. 表面张力的大小对熔滴过渡有怎样的影响？
11. 焊接符号主要有哪些部分组成？
12. 简述交流焊机和直流焊机各自的主要特点及应用场合。

五、思考题

1. 试分析不同气体的电离电压的大小对焊接电弧稳定性的影响。
2. 试分析不同电极材料的逸出功及电极温度对焊接电弧稳定性的影响。
3. 试分析阴极斑点力比阳极斑点力大的原因，并说明为使焊接过程更平稳通常采用反接法的理由。
4. 总结减小磁偏吹的措施有哪些？
5. 分别分析造成焊缝外形尺寸不符合要求、咬边、未焊透和未熔合、焊瘤、焊穿及塌陷的原因。
6. 综合分析平焊、横焊、立焊及仰焊的特点及在焊接时应注意的事项。

模块三

埋弧焊

[学习指南]

1. 掌握埋弧焊的原理及特点、设备；
2. 掌握埋弧焊的冶金过程；
3. 掌握埋弧焊相关的操作技术；
4. 掌握埋弧焊焊接工艺参数的选择。

重点：埋弧焊的原理及特点；埋弧焊的冶金过程；埋弧焊相关的操作技术。

难点：埋弧焊的冶金过程；埋弧焊焊接工艺参数的选择。

[相关链接]

埋弧焊(SAW)是目前广泛使用的一种生产效率较高的机械化焊接方法。1930年美国国家地下铁道公司首先使用。它与焊条电弧焊相比，虽然灵活性差一些，但焊接质量好、效率高、成本低、劳动条件好。

埋弧焊通过保持在光焊丝和工件之间的电弧将金属加热，形成金属的连接。电弧由一层覆盖在焊接区上的颗粒状可熔材料层保护。焊缝金属由焊丝，有时由补加焊丝或其他的金属材料获得。

埋弧焊区别于其他电弧焊方法的特点是有覆盖焊接区的颗粒材料，通常这种材料被称为焊剂。焊剂在达到高熔敷率和高质量焊缝方面起重要作用，而这些正是埋弧焊方法在连接和表面堆焊应用中的特点。

3.1 埋弧焊概述

3.1.1 埋弧焊的焊接过程及原理

埋弧焊的焊接过程如图3-1所示。焊剂2从漏斗3流出后，均匀地堆敷在装好的焊件1上，焊丝4由送丝机构经送丝滚轮5和导电嘴6送入焊接电弧区。焊接电源的两端分别接在导电嘴和焊件上。送丝机构、焊剂漏斗及控制盘通常都装在一台小车上以实现焊接电弧的移动。焊接过程是通过操作控制盘上的按钮开关等来实现自动控制的。

埋弧焊的电弧是掩埋在颗粒状焊剂下面的（见图3－2）。当焊丝和焊件之间引燃电弧，电弧热使焊件、焊丝和焊剂熔化以致部分蒸发，金属和焊剂的蒸发气体形成了一个气泡，电弧就在这个气泡内燃烧。气泡的上部被一层熔化了的焊剂——熔渣所构成的外膜包围，这层渣膜不仅很好的隔离了空气跟电弧和熔池的接触，而且使有碍操作的弧光辐射不再散射出来。

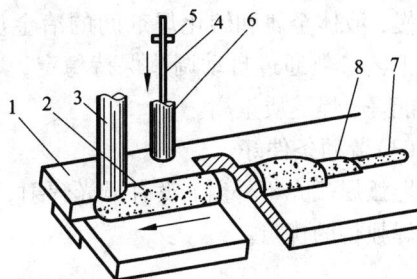

图3－1 埋弧焊的焊接过程

1—焊件；2—焊剂；3—焊剂漏斗；4—焊丝；
5—送丝滚轮；6—导电嘴；7—焊缝；8—渣壳

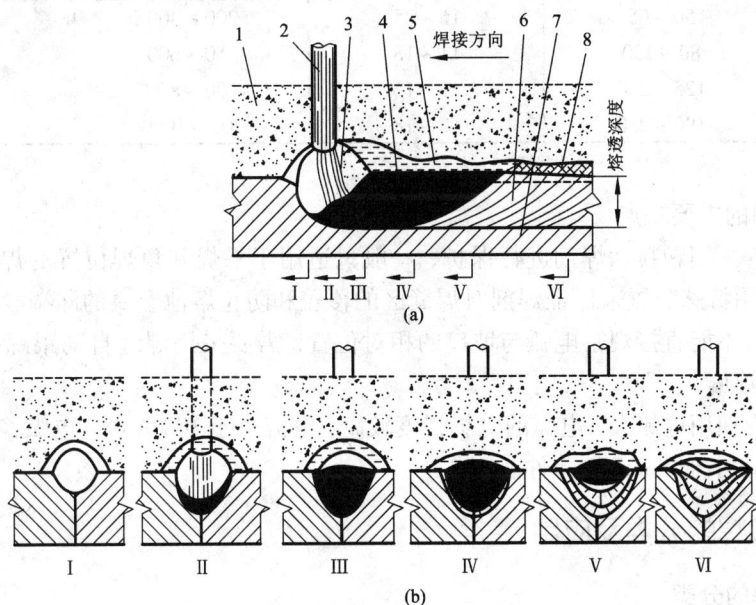

图3－2 埋弧焊时焊缝的形成过程

（a）纵向断面；（b）横向断面

1—焊剂；2—焊丝；3—电弧；4—熔池金属；5—熔渣；6—焊缝；7—焊件；8—渣壳

3.1.2 埋弧焊的特点

1. 埋弧焊的主要优点

（1）生产效率高

埋弧焊所用焊接电流大，相应电流密度也大，见表3－1。加上焊剂和熔渣的保护，电弧的熔透能力和焊丝的熔敷速度都大大提高。以板厚8～10 mm的钢板对接为例，单丝埋弧焊焊接速度可达30～50 m/h，若采用双丝和多丝焊，速度还可提高1倍以上，而焊条电弧焊接速度则不超过6～8 m/h。同时由于埋弧焊热效率高、熔深大，单丝埋弧焊不开坡口一次熔深可达20 mm。

（2）焊接质量好

因为有熔渣的保护，熔化金属不与空气接触，使焊缝金属中含氮量降低，且熔池金属凝固较慢，液体金属和熔化焊剂间的冶金反应充分，减少了焊缝中产生气孔、裂纹的可能性。焊接工艺参数通过自动调节保持稳定，焊工操作技术要求不高，焊缝成形好、成分稳定、力学性能好、焊缝质量高。

（3）劳动条件好

埋弧焊弧光不外露，没有弧光辐射，机械化的焊接方法减轻了手工操作强度，这些都是埋弧焊独特的优点。

表 3-1　手工电弧焊与埋弧自动焊的焊接电流、电流密度比较

焊条（焊丝）直径/mm	手工电弧焊		埋弧自动焊	
	焊接电流/A	电流密度/（A·mm^{-2}）	焊接电流/A	电流密度/（A·mm^{-2}）
2	50~65	16~25	200~400	63~125
3	80~130	11~18	350~600	50~85
4	125~200	10~16	500~800	40~63
5	190~250	10~18	700~1000	35~50

2. 埋弧焊的主要缺点

（1）埋弧焊采用颗粒状焊剂进行保护，一般只适用于平焊和角焊位置的焊接，其他位置的焊接则需采用特殊装置来保证焊剂对焊缝区的覆盖和防止熔池金属的漏淌。

（2）焊接时不能直接观察电弧与坡口的相对位置，需要采用焊缝自动跟踪装置来保证焊炬对准焊缝不焊偏。

（3）埋弧焊使用电流大，电弧的电场强度较高，电流小于 100 A 时，电弧稳定性较差，因此不适宜焊厚度小于 1 mm 的薄件。

3.1.3　埋弧焊的分类及应用

1. 埋弧焊的分类

埋弧焊按焊丝的移动方式可分为半自动和自动焊两类。半自动焊多采用细焊丝，由焊工操作焊枪使电弧相对于工件移动，并保持一定的电弧长度。半自动焊枪上装有焊剂漏斗，焊丝和焊剂同时向焊接区输送。因埋弧焊存在很多不方便，现已现已被 CO_2 焊代替，目前很少应用。

按照送丝方式，焊丝数目及焊缝成形条件等，自动埋弧焊分类及应用范围见表 3-2。

表 3-2　自动埋弧焊分类及应用范围

分类依据	分类名称	应用范围
按送丝方式	变速送丝方式	粗焊丝低电流密度
	等速送丝方式	细焊丝高电流密度
按焊丝数目或形状	单丝埋弧焊	常规对接，角接筒体纵环缝
	双丝埋弧焊	高生产率对接、角接
	多丝埋弧焊	螺旋焊管等超高生产率对接
	带极埋弧焊	耐磨蚀合金堆焊
按焊缝成型	双面埋弧焊	常规对接焊
	单面焊双面一次成形	高生产率对接焊，但难于进行双面焊时的对接焊

根据 GB/T 5185—2005《焊接及相关工艺方法代号》，埋弧焊的标注代号为 12，其中单丝极埋弧焊—121、带极埋弧焊—122、多丝埋弧焊—123、加金属粉埋弧焊—124、药芯焊丝埋弧焊—125。

2. 埋弧焊的应用

（1）焊接类型和焊件厚度

凡是焊缝可以保持在水平位置或倾斜度不大的焊件，不管是对接、角接和搭接接头都可以用埋弧焊焊接。

埋弧焊可焊接的焊件厚度范围很大。除了厚度 5 mm 以下的焊件容易烧穿，埋弧焊用的不多外，较厚的焊件都适于用埋弧焊焊接。

（2）焊接材料种类

适合埋弧焊的材料从碳素结构钢发展到低合金结构钢、不锈钢、耐热钢以及某些有色金属，如镍基合金、铜合金等。埋弧焊还可在基体表面堆焊耐磨腐蚀的合金层。但铸铁、铝、镁、铅、锌等低熔点金属材料都不适合用埋弧焊焊接。

（3）结构

埋弧焊适合焊接具有长而规则焊缝的大型结构，如船舶、压力容器、桥梁、起重机械等。埋弧焊在造船、锅炉、化工容器、桥梁、起重机械及冶金机械制造业中应用最为广泛。

3.1.4　埋弧焊的自动调节原理

1. 自动调节的必要性

为了获得良好的焊接接头，要求焊接过程能稳定进行，即要求焊丝熔化、熔滴过渡、母材熔化和冷却结晶等过程都是稳定的。为达此目的，首先必须依据焊件的实际情况（材质、板厚、接头形式及焊接位置等）和所选用的焊接材料（焊丝直径等）正确选择焊接参数，特别是决定焊缝输入能量的三个参数，即焊接电流 I、电弧电压 U，焊接速度 v。选定焊接参数后在实际焊接过程中要保持不变，这是保证焊缝成形和内部质量的一个关键。这要求埋弧焊机除了通过机械和电气装置完成自动连续送丝和电弧自动沿焊件接缝移动之外，还必须具有自动调节的功能，即保证当选的焊缝参数受到外界干扰发生变化时能自动调节，迅速恢复到选定的参数上来。

焊接过程中电弧的稳定状态，即电弧焊过程的两个最主要能量参数 I 和 U 的稳定值，是由电源的外特性和电弧的静特性曲线的焦点决定的（图 3-3 中的 O' 点）。凡是可以引起电源外特性和电弧静特性曲线位置发生变化的一切外界因素，都会对焊接参数造成干扰，破坏它的稳定性。

在电弧焊过程中，外界因素对电源外特性和电弧特性曲线位置干扰的原因，从焊接生产实践情况分析，主要可归纳成如下几个方面：

（1）外界对电弧静特性的干扰

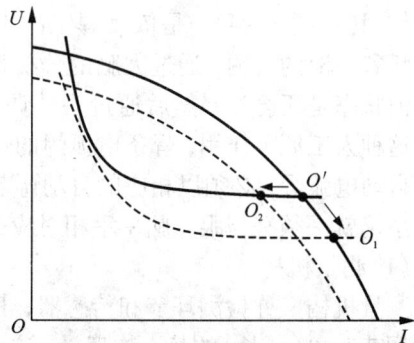

图 3-3　电弧静态工作点的波动

电弧静特性的变化将使电弧的稳定工作点沿电源的外特性曲线发生波动，由 O' 点移动到 O_1 点（如图 3-3 所示）。电弧静特性是由弧长、弧柱气体成分和电极条件等因素决定的，因此这方面的外界干扰主要是：①焊枪相对于焊缝表面距离的波动，这是由于焊件装配时的定位焊缝及装配质量不高，局部产生错边，或者坡口加工不均匀，或环缝焊接时筒体的椭圆度偏差等因素使焊缝表面高度波动而造成的。也可能是焊接小车行走轨道表面不平等因素而引起的。②送丝速度发生不正常的变动。例如绕焊丝盘时形成的折弯和扭曲都会造成送丝阻力的突变或送丝电动机转速波动。③焊剂、保护气体、母材和电极材料成分不均匀或有污物等。这些情况下均会引起弧柱气体成分和有效电离电压以及弧柱的电场强度产生波动，而导致电弧静特性发生变化。

（2）外界对电源外特性的干扰

电源外特性发生变化将使电弧的稳定工作点沿电弧的静特性曲线发生移动（图3-3，由 O' 点移到 O_2 点）。这主要是由于弧焊电源供电网络中的负载突变，使得网路电压波动，引起焊接电源外特性发生变化。例如其他电焊机等大容量用电设备突然启动或切断都会造成网压突变。此外，弧焊电源内部元器件，例如电阻元件阻值由于温升发生变化也会造成电源外特性的波动。

实践证明，上述各种干扰中，弧长的干扰对焊接过程稳定性的影响最为严重。在焊接过程中，弧长的数值仅为几到十几毫米，弧柱电场强度根据电极材料和保护条件不同一般为10~40 V/cm，所以只要弧长有1~2 mm的变化，就可能导致焊接参数发生较大波动，将对焊缝成形质量产生影响。因为埋弧焊均采用较大功率焊接，当电弧长度发生变化时，焊接电流变化很大，使焊接热输入改变，并且弧长和焊接电流的波动会使焊件上加热斑点的能量密度也发生变化，例如弧长增大，焊接电流就减小，焊件上的加热斑点扩大，能量密度减小；反之，弧长减小，焊接电流增大，焊件上加热斑点的能量密度提高。在碳素结构钢的埋弧焊生产中，要求焊接电流和电弧电压的波动分别不超过 $\pm(25~50)$ A 和 ±2 V，否则就难以保证焊缝成形和内部质量。为了避免焊接过程中因弧长波动而明显影响焊接参数，要求在弧长变化时能及时调整，使弧长尽快回复到原来长度，以保持焊接参数稳定，从而保证焊缝成形均匀稳定。

2. 自动调节系统的基本组成及调节方法

为了了解埋弧焊弧长自动调节系统的组成，首先分析焊条电弧焊的操作过程。焊条电弧焊时，焊工必须用眼睛观测电弧，当弧长变化时，随即调节焊条的送进，以保证理想的电弧长度和熔池状态。这是一种人工调节的作用（见图3-4），是依靠焊工的肉眼和其他感官对电弧和熔池的观测，通过大脑的分析比较，判断弧长和熔池状态是否合适，然后通过手臂调节动作来完成。

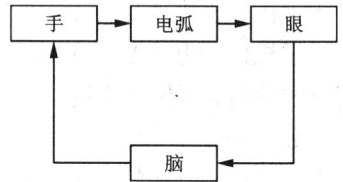

图3-4 焊条电弧人工调节系统

离开这种人工调节作用，焊条电弧焊的焊接质量无法保证。而以机械方式送进焊丝和移动电弧的自动电弧焊，必须以相应的自动调节作用来取代上述人工调节作用，因此埋弧焊机自动调节系统就必须有与眼-脑-手相对应的三个基本结构：

（1）测量机构

测量机构又称检测环节和传感器，其作用如同人的眼睛一样，能在整个焊接过程中连续检测调节对象（弧长）的某一物理量，这一物理量必须要转换为便于进行比较的检测量，通常被称为被调量（或被控量）。

（2）比较环节

比较环节能起到人脑的作用，它将测量环节测量出的被调量，通过与给定值进行比较后输出偏差信号。在人工调节系统中给定值储存在焊工的大脑中；在自动调节系统中，给定值须由操作者从外部预先设定。为此，比较环节都带有加入给定值的电器元件。

（3）执行机构

根据比较环节输出的偏差信号数值，改变调整对象的某个输入条件，完成调整动作。这个调整动作又称为操作量（或控制量）。

3. 埋弧焊的自动调节系统

埋弧焊分两种自动调节系统。

（1）电弧自身调节系统

自动调节思路：采用等速送丝系统，即焊接过程中保持送丝速度不变。当外部干扰使电弧长度（电弧电压）发生变化时（比如拉长），则促使焊接电流产生相应变化（变小）。由于送丝速度不变，焊丝的熔化就会变化（比原来变慢），最后电弧长度缩短（电弧电压降低）。

熔化极电弧焊只要满足电源外特性曲线斜率小于电弧静特性曲线的斜率就能产生这样的自动调节作用。其优点是设备简单，无须另加专门的调节机构；缺点是调节灵敏度取决于电流密度，粗丝时调节灵敏度低。适用于细丝（直径 0.8～3.0 mm）焊接，平（缓降）外特性电源的焊接场合。典型焊机为 MZ1-1000。

（2）电弧电压反馈自动调节系统

自动调节思路：焊接过程中保持电流（熔化速度）不变，同时把电弧电压反馈回送丝电机。当外部干扰使电弧长度（电弧电压）发生变化时（比如拉长/电弧电压增加），则反馈回送丝电机的电压产生相应变化（也升高），促使送丝速度变化（增加）。由于焊接电流（熔化速度）不变，最后电弧长度就会逐渐被压缩（电弧电压降低）。其优点是不论粗、细丝，调节灵敏度均高；缺点是须另加专门的调节机构，设备复杂；适用于粗丝（直径 3.0～6.0 mm）焊接/陡降外特性电源；典型焊机：MZ-1000。

3.2 埋弧焊设备

3.2.1 埋弧焊机的结构和分类

1. 埋弧焊机的结构

埋弧焊机的基本部件包括：①带动焊丝经焊枪、导电嘴到工件的送丝机构；②经导电嘴向焊丝供电的焊接电源；③按要求贮存和给送焊剂的器具；④转动焊接工件的装置；⑤从接头区真空抽吸，清理及贮存焊剂的回用装置。埋弧焊机主要由以下三部分组成。

（1）机械结构

机械结构即通称的焊接小车部分，由送丝机头，行走小车，机头调节机构，导电嘴以及焊丝盘，焊剂漏斗等部分组成，通常还装有操作控制盘。

（2）电源

埋弧焊机的电源分为交流和直流两种类型，应根据所焊产品的材质及焊剂类型进行选用。一般焊接碳素结构钢和低合金结构钢，选配 HJ430 或 HJ431 与焊丝 H08A 或 H08MnA 时均优先考虑采用交流电源。若用低锰、低硅焊剂，为保证埋弧焊过程电弧的稳定性，必须选用直流电源。采用直流电源时，其输出端一般为反接，以获得较大的熔深。

埋弧焊电源外特性依据送丝方式不同而不同。等速送丝或焊接电流反馈变速送丝式选用缓降或平特性电源；电弧电压反馈变速送丝式，则选用陡降外特性电源，空载电压一般为70～80V。电源的额定电流一般为500A，1000A和1500A。常用的埋弧焊交流电源有BX2－500型和BX－1000型；直流电源为ZXG－1000RG型和ZDG－1500型。

（3）控制系统

控制系统包括电源外特性控制，送丝和小车拖动控制及程序自动控制。一般埋弧焊机，为了便于操作，把主要操作按钮装在操作控制盘上，因此使用时必须按照制造厂提供的外部接线安装图把控制系统连接好。

此外，根据焊接生产的需要，还可配置其他辅助装置，如焊接胎夹具，焊件变位机，焊缝成形装置和焊剂回收装置等。

2. 埋弧焊机分类

埋弧焊机有以下几种分类方式：

（1）按送丝方式主要分为等速送丝式埋弧焊机和电弧电压调节式埋弧焊机两类。前者适用于细焊丝或高电流密度的情况，后者适用于粗焊丝或低电流密度的情况。

（2）按用途埋弧焊机可分为通用焊机，即广泛用于各种结构的对接、角接、环缝和纵缝等焊接的焊机；专用焊机，即专为焊接某些特定的结构或焊缝，例如埋弧角焊机、T形梁焊机、埋弧堆焊机、窄隙埋弧焊机及埋弧横焊机等。

（3）按行走机构形式可分为小车式、门架式、悬臂式。目前生产中应用的大都是单丝的，使用双丝或多丝焊机是进一步提高埋弧焊的生产率和焊接质量的有效途径。焊丝截面一般为圆形，但还有采用矩形（带状电极）的埋弧焊机，称为带极埋弧焊机。

国产埋弧焊机的主要技术数据见表3－3。

表3－3　国产埋弧焊机的主要技术数据

技术规格＼型号	NZA－1000	MZ－1000	MZ1－1000	MZ2－1000	MZ3－1500	MZ6－2×300	MU－2×300	MU1－1000
送丝形式	弧压自动调节	弧压自动调节	等速送丝	等速送丝	等速送丝	等速送丝	等速送丝	弧压自动调节
焊机结构特点	埋弧、明弧两用焊车	焊车	焊车	悬挂式自动机头	电缆爬行小车	焊车	堆焊专用焊机	堆焊专用焊机
焊接电流/A	200～1200	400～1200	200～1000	400～1500	180～600	200～600	160～300	400～1000
焊丝直径/mm	3～5	3～6	1.6～5	3～6	1～2	1.6～2	1.6～2	焊带宽30～80焊带厚0.5～1
送丝速度/(m·h^{-1})	30～360（弧压反馈控制）	30～120（弧压35V）	52～403	28.5～225	108～420	150～600	96～324	15～60
焊接速度/(m·h^{-1})	2.1～78	15～70	16～126	13.5～112	10～65	8～60	19.5～35	7.5～35
焊接电流种类	直流	直流或交流	直流或交流	直流或交流	直流或交流	交流	直流	直流
送丝速度调节方法	用电位器无极调速（用改变晶闸管导通角来改变直流电动机转速）	用电位器自动调整直流电动机转速	调换齿轮	调换齿轮	用自耦变压器无极调整直流电动机转速	用自耦变压器无极调整直流电动机转速	调换齿轮	用电位器无极调整直流电动机转速

焊机编号参见 GB/T 10249—1988《电焊机型号编制方法》(详见机械工程标准手册焊接与切割卷)。

3.2.2 MZ-1000 自动埋弧焊机

ZM-1000 自动埋弧焊机是根据电弧电压反馈变速送丝调节原理设计的,是在金属结构焊接生产中广泛使用的一种埋弧自动焊机。

1. 应用

这种埋弧焊机可以焊接位于水平位置与水平面倾斜≤15°坡口的对接焊缝和角接焊缝等;可采用辅助胎具进行圆形焊件内、外环缝的焊接;适于中厚板大型焊件的焊接。

2. 技术参数

型号	MZ-1000
电源电压	380 V
控制线路电压	AC:36V;DC:18V
焊接电流	400~1200 A
电源输出电压	69 V/78 V
送丝速度(当弧压=35 V 时)	0.5~2 m/min
焊丝直径	3~6 mm
焊接速度	15~70 m/h
焊丝盘容量	12 kg
焊剂斗容量	12 kg

3. 焊机主要组成

焊机主要是由焊接小车、控制箱和电源三部分组成。

(1)焊接小车:由机头、送丝电动机、小车拖动电动机、操作控制盘、焊丝盘及焊剂斗等组成。

(2)控制箱:控制箱安装有电动机-发电机组、中间继电器、接触器、控制变压器、整流器、镇定电阻、电流互感器及开关等。

(3)焊接电源:MZ-1000 型埋弧焊机配用交流电源时,电源为 BX2-1000 交流弧焊变压器,外特性的调节是通过三相异步电动机 M_1 的拖动机构使电抗器 L 铁心移动实现的;弧焊变压器的二次线圈有两个抽头,可得到 69V 和 78V 两种空载电压;变压器装有冷却用电风扇,以降低变压器的温升。

4. 电路工作原理

图 3-5 为 MZ-1000 型埋弧焊机配用交流电源时电路原理图。

(1)送丝驱动电路由送丝发电机 GF-电动机 MF 系统驱动送丝机构。GF 则由三相异步电动机 MASY 拖动。

(2)焊接小车驱动电路。焊接小车由行走发电机 GT-电动机 MT 系统驱动。GT 亦由 MASY 拖动。L_5 由控制变压器 TC_2 经 VC_1 整流后,通过调节焊接速度的电位器 RP_1 获得直流励磁电流。调节 RP_1 来改变 GT 输出电压的大小,使 MT 的转速相应变化,即调节了焊接小车的行走速度。调节 SA_3 的位置,可改变 MT 的电枢电流方向来改变小车的行走方向。

(3)电抗器铁心的拖动作用。电抗器 L 铁心的移动是由电动机 M_1 通过减速机构来驱动的。在此拖动电路中设置了继电器 KA_1、KA_2,它们分别由两对按钮开关 SB_3、SB_5 和 SB_4、

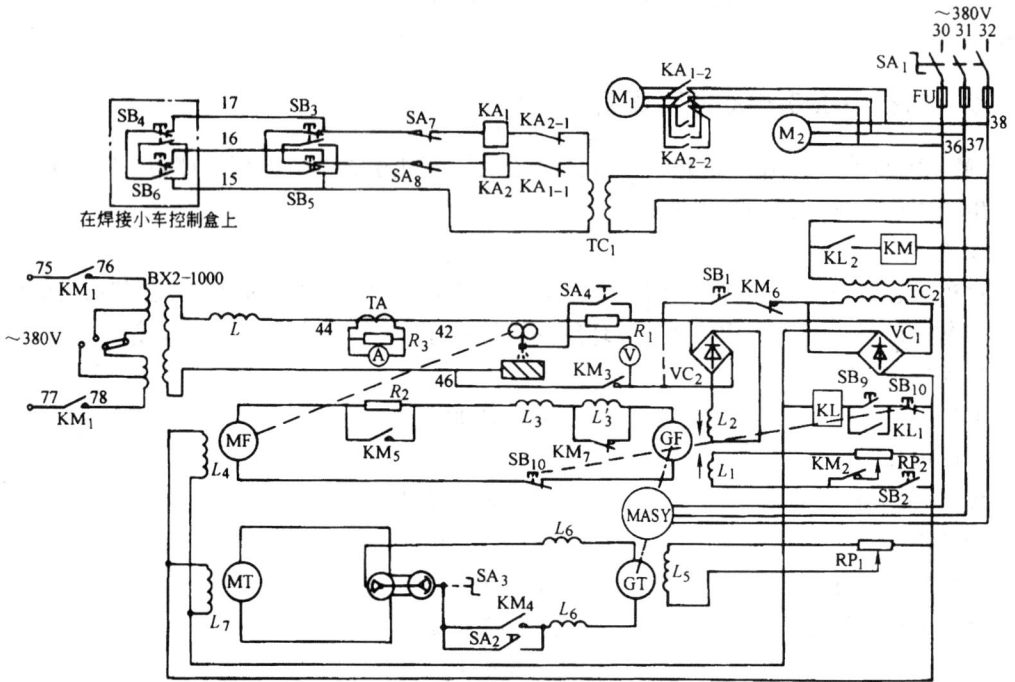

图 3-5 MZ-1000 型埋弧焊机配用交流电源时的电路原理图

SB_6 来控制。这两对按钮分别安装在电源外壳和焊接小车上的操作控制盘上。

当按下 SB_3 时，由控制变压器 TC_2 供电的继电器 KA_2 接通，KA_{2-2} 常开触点闭合，则 M_1 拖动 L 的铁芯向外移动，电抗器的间隙 δ 增大，焊接电流增大。按下 SB_5 时，KA_1 通，KA_{1-2} 闭合，铁芯的移动方向与按 SB_3 相反，电抗器的间隙 δ 变小，焊接电流减小。

5. 焊机操作

（1）焊前准备

①接通电源。接通 SA_1，冷却风扇的电动机 M_2 转动；MASY 启动，带动 GF 和 GT 自旋转；控制变压器 TC_1 和 TC_2 获得输入电压，整流器 VC_1 有直流输出。闭合电源开关，为 BX2-1000 通电准备。

②选定焊接方向和焊接速度。SA_3 旋在"向左"或"向右"的位置，选择焊接方向。将 SA_2 闭合，即放在"空载"位置，然后合上焊接小车的离合器，小车行走，调节 RP_1，调定焊接速度。选定焊接方向和焊接速度后，将小车离合松开并使小车回到起焊处。

③调节焊丝，若按下 SB_1，GF 输出电压使 MF 转子转动，焊丝下送。若按下 SB_2，使 GF 输出电压，则 MF 转动带动焊丝上抽，由此来调节焊丝端部与焊件的接触程度。焊前应将焊丝端部调节到与焊件轻微接触。需要注意的是 MF 的空载转速是不能调节的，为了使焊前焊丝下送或上抽的速度缓慢，以便于调整焊丝的位置，在 GF-MF 驱动系统回路中串联一个电阻 R_2；焊接时 R_2 由并联在其两端的接触器常开触点 KM_5 所短路。如果控制箱的三相进线相顺序不当，MASY 反转，即按下 SB_2 时焊丝下送，按下 SB_1 时焊丝上抽，此时应调换 MASY 接线相序，否则启动时焊机不能正常工作。

④调节焊接电流，按下 SB_3（SB_4）或 SB_5（SB_6），则 KA_2 或 KA_1 动作，M_1 正转或反转带动 L

铁心移动,用以调节电源外特性,即调节焊接电流。

⑤调节电弧电压反馈深度。SA_4 使 R_1 短路时电弧电压反馈深度增加,其他条件不变时,送丝速度增大,弧长缩短,电弧电压降低,以适用细直径焊丝的焊接。

⑥电弧电压的调节。调节 RP_2 改变送丝给定电压 U_g,就可以调节电弧电压。

(2)焊接

当按焊前准备所提示的各项操作方法调整 I、U、焊接速度 v_w 及焊接方向且焊丝已与焊件轻微接触后,将 SA_2 放在焊接位置,合上焊接小车的离合器,然后打开焊剂漏斗的阀门,使焊剂堆敷在起焊点。

按下 SB_9,焊机的控制系统将实现如图 3-6 所示的动作程序,焊接正常进行。

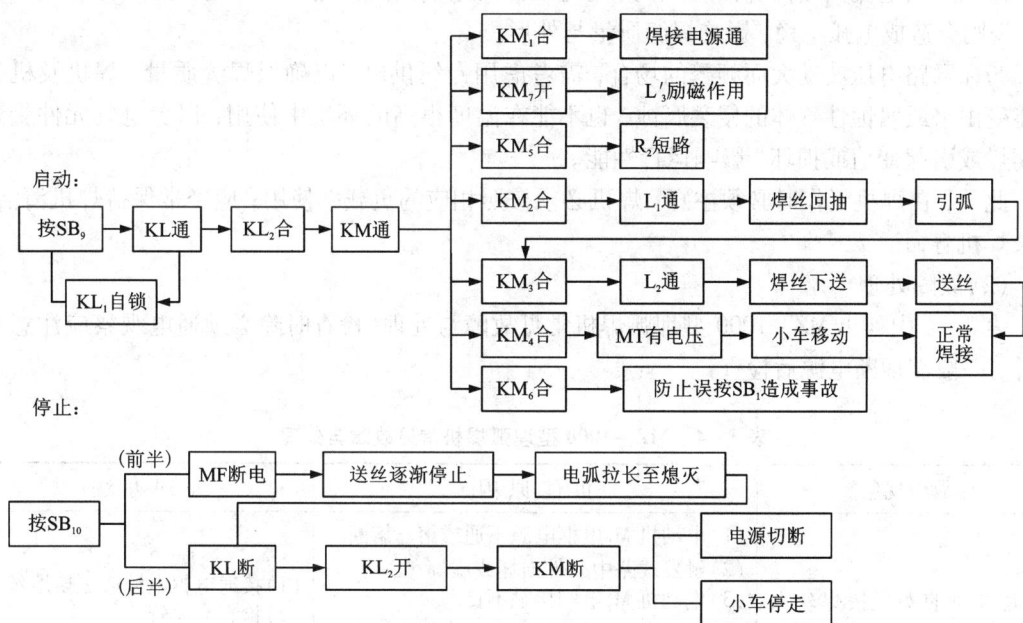

图 3-6 MZ-1000 型埋弧焊机动作程序框图

图 3-6 表示出了埋弧焊的引弧过程程序动作。在焊机启动后的瞬间,焊接电源及主回路已被接通,因为焊丝与焊件接触短路,故电弧电压为零,焊丝上抽,电弧引燃。当 $U_A > U_B$,而焊丝下送,则电弧稳定燃烧,此引弧过程称为回抽引弧。

(3)停止

要结束焊接过程需按下 SB_{10}。应特别注意,SB_{10} 是二次按钮,分两次按动才可实现图 3-6 的动作程序,停止焊接过程。如果未注意到 SB_{10} 是二次按钮,而将 SB_{10} 一次按下,便会出现焊丝插入熔池的"粘丝"现象。

6. 注意事项和故障处理

(1)使用注意事项

①按外部接线图正确接线,并注意网络电压与焊机名牌电压相等,电源要加接地线。

②焊接电源三相控制进线有相序关系,接线时应保证风扇为上吹风。

③必须经常检查焊机的绝缘电阻,与电网有联系的线路及线圈应不低于 0.5 MΩ,与电

网无联系的线圈及线路应不低于 0.2 MΩ。

④多芯电缆必须注意接头不能松动，避免接触不良影响焊接动作，并注意此电缆不能经常重复抽取，以免内部导线折断。

⑤焊机允许在海拔高度不超过 1000 m，周围介质温度不超过 40℃，空气相对湿度不超过 85％的场合使用。

⑥焊机在装运和安装过程中，切忌振动，以免影响工作性能。

⑦焊机的安置应使焊机背面具有足够的空间，以供焊机通风，此空间不小于 0.5 m。

⑧定期检查和更换焊车与送丝机构的减速箱内润滑油脂，定期检查焊丝输送滚轮与进给轮，如有磨损，需按易损件附图制造更换。

⑨在焊接电流回路内各接点，如焊丝与工件的电缆接头导电嘴与焊丝等必须保证接触良好，否则会造成电弧不稳，影响焊缝质量与外形。

⑩在网路电压波动大而频繁的场合，需考虑用专线供电，以确保焊缝质量。焊机及机头不能受雨水或腐蚀性气体的侵袭腐蚀，也不能在温度很高的环境中使用，以免电气元件受潮或腐烂或引起变值或损坏，影响运行性能。

此外，在焊机工作时必须注意：焊机必须按照相应的负载率使用；应经常保持焊机清洁，延长焊机寿命。

(2)故障处理

表 3-4 中列出 MZ-1000 型埋弧焊机常见故障与处理(检查时除必须通电观察应注意安全外，一般需切断电源后检查)。

表 3-4   MZ-1000 型埋弧焊机常见故障与处理

故 障 现 象	可 能 原 因	处 理 办 法
电源接通良好，按焊丝向上、向下按钮时，送丝不动作，送丝电机只上不下或只下不上	(1)电动机 M_1 电枢电源不通或熔丝熔断 (2)触发线路中元件损坏或虚焊 (3)电动机 M_1 电刷接触不良 (4)电动机 M_1 磁场供电不正常 (5)按钮开关或磁场绝缘损坏，电压窜入控制系统，击穿元件，尤其是送丝电机炭刷灰积存过多会使刷架与端盖绝缘失效	(1)接通电枢电源或更换熔丝 (2)检查晶体管 (3)修复或调换电刷 (4)检查或调换 (5)修复电机绝缘及损坏元件
按启动按钮后线路工作不正常，焊丝送给速度反常或不能引弧	(1)送丝速度不正常，电机有故障 (2)晶体管中有损坏不能上抽或翻转	(1)检查并修复 (2)更换损坏件
线路工作正常，但送丝不均匀，电弧不稳定	(1)焊接规范不正确 (2)送丝压紧轮松动 (3)送丝滚磨损过多 (4)导电嘴与焊丝接触不良 (5)焊丝未清理 (6)焊接电流回路各接点接触不好 (7)焊丝盘内焊丝凌乱，拉出时阻力大 (8)电源网路波动太大 (9)焊丝输送机构有故障，如压紧轮轧住不转动	(1)调整规范 (2)调整压紧滚轮 (3)调换增滚轮 (4)清理焊嘴或调换 (5)清理焊丝(包括油污与破皮出粉) (6)紧固各接点螺丝及改善电缆与焊件接触 (7)重盘焊丝

故障现象	可能原因	处理办法
焊车不动作或行走不正常	(1)电动机 M_2 电枢电源不通或熔丝熔断、电刷接触不良 (2)触发线路元件损坏或虚焊 (3)电动机 M_2 磁场供电不正常	(1)检查并修复 (2)调换并修复 (3)检查并修复
按下启动按钮时熔丝即熔断	(1)控制回路中元件损坏 (2)电机 M_1 或 M_2 电枢或有短路或磁场开路	(1)检查并修复 (2)检查并修复
焊接过程有时会突然中断	控制电缆接触不良	检查并修复

3.3 埋弧焊的焊接材料

3.3.1 母材

埋弧焊可用以焊接诸多黑色和有色金属及合金,也可用埋弧焊在以下材料上堆焊:

(1)含碳量小于 0.29% 的碳钢;

(2)热处理碳钢(正火、淬火和回火);

(3)淬火和回火、屈服强度为 690MPa 以下的调质低合金钢;

(4)铬、钼钢[$w(Cr)$ 0.5% ~9% 、 $w(Mo)$ 0.5% ~1%];

(5)奥氏体铬、镍不锈钢;

(6)镍及镍合金(固溶型)。

3.3.2 埋弧焊焊丝

1. 焊丝的分类

埋弧焊常用的焊丝分为钢焊丝和不锈钢焊丝两大类。常使用的焊丝有实芯焊丝和药芯焊丝,生产中普遍使用的是实芯焊丝,药芯焊丝只用于某些特殊场合,例如耐磨堆焊。

2. 焊丝的选用

焊丝是焊缝的填充金属材料,同时担负着电弧的导电作用。埋弧焊用的焊丝依据所焊金属的不同,按国家标准 GB/T 14957—1994《熔化焊用钢丝》及 GB/T 4241—2006《焊接用不锈钢盘条》规定的钢种和牌号选用。

焊丝直径为 1.6~6 mm,各种直径的普通钢焊丝埋弧焊时,使用的电流范围见表 3 –5。焊接碳素结构钢和某些低合金结构钢时,推用低碳焊丝 H08、H08A 和含锰焊丝 H08Mn、H08MnA 及 H10Mn2 等。在这些焊丝中 $w(C)$ 不超过 0.12% ,否则会降低焊缝的塑性和韧性,并增加焊缝产生热裂纹的倾向。焊接合金钢或高合金钢时,应当采用与母材成分相同或相近的焊丝。

表 3 –5 各种直径的普通钢焊丝埋弧焊使用的电流范围

焊丝直径/mm	1.6	2.0	2.5	3.0	4.0	5.0	6.0
电流范围/A	115 ~500	125 ~600	150 ~700	200 ~1000	340 ~1100	400 ~1300	600 ~1600

3. 焊丝的保管

不同牌号的焊丝应分类妥善保管，不能混用。使用时应优先选用外表镀铜焊丝，否则使用前应对焊丝仔细清理，去除铁锈和油污等杂质，防止焊接时产生气孔等缺陷。

3.3.3 焊剂

焊剂以液态溶液(溶剂)形式覆盖金属来保护焊接熔池不受大气的污染、净化焊接熔池、改善焊缝金属的化学成分并影响焊道的形状及其机械性能。焊剂焊接时能够熔化形成熔渣，熔渣是对熔化金属起保护和冶金作用的颗粒物质。

1. 焊剂的作用及要求

埋弧焊时焊剂起到以下三方面作用：

(1)保护作用

埋弧焊时在电弧热的作用下，部分焊剂熔化形成熔渣并产生某种气体，从而有效地隔离空气，保护熔滴、熔池和焊接区，防止焊缝金属化和合金元素的烧损，并使焊接过程稳定。

(2)冶金作用

在焊接过程中起脱氧和渗合金的作用，与焊丝恰当配合使用，使焊缝金属获得所要求的化学成分和力学性能。

(3)改善焊接工艺性能

使用焊剂可使电弧稳定燃烧，焊缝成形美观。

为保证焊接质量，对焊剂的基本要求是：具有良好的稳弧作用，保证电弧的稳定燃烧，其熔渣具有适中的粘度，保证焊缝成形良好，焊后有良好的脱渣性；S、P 的含量低，对油、锈等其他杂质的敏感性小，以保证焊缝中不产生裂纹和气孔等缺陷；具有适当的粒度，其颗粒具有足够的强度，吸湿性小，以便多次使用；在焊接过程中不应析出有害气体。

2. 焊剂的分类

埋弧焊焊剂除按用途分为钢用焊剂和有色金属用焊剂外，通常按制造方法、化学成分、化学性质、颗粒结构等分类，如图 3 - 7 所示。

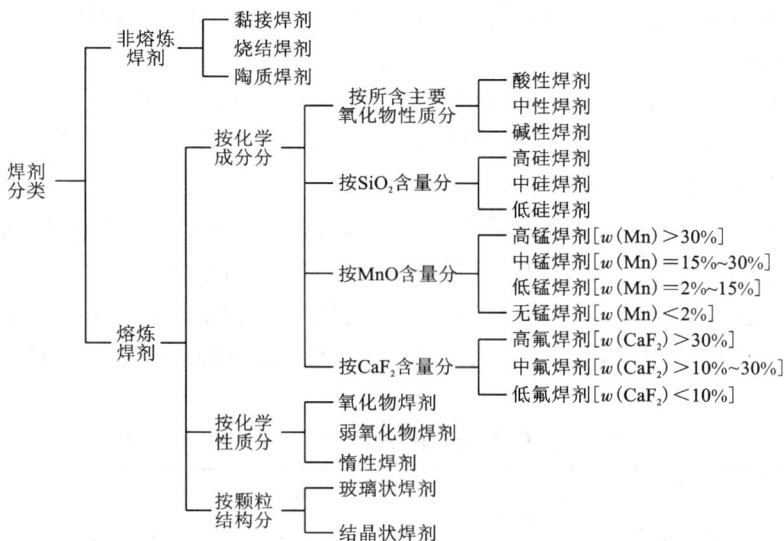

图 3 - 7　焊剂的分类

3. 焊剂的型号和焊剂牌号的编制方法

(1)焊剂的型号

焊剂的型号是按照国家标准划分的，我国现行 GB 5293—1999《埋弧焊用碳钢焊丝和焊剂》中规定：焊剂型号划分原则是埋弧焊焊缝金属的力学性能。

焊剂型号的表示方法如下：

尾部的"H×××"表示焊接试板时与焊剂匹配的焊丝牌号，按 GB 1300—1977《焊接用钢丝》的规定选用。

(2)焊剂的牌号

通用的焊剂统一牌号在形式上与焊剂型号相同，但是牌号中数字的含义与焊剂型号是不相同的。因此在使用中极易混淆，应当特别引起注意。

熔炼焊剂牌号中第 1 位数字的含义如表 3 – 6、3 – 7 所示。

表 3 – 6　熔炼焊剂牌号中第 1 位数字含义

焊剂牌号	焊剂类型	$w(MnO)/\%$
HJl × ×	无锰	> 2
HJ2 × ×	低锰	2 ~ 15
HJ3 × ×	中锰	15 ~ 30
HJ × ×	高锰	> 30

表 3 – 7　熔炼焊剂牌号中第 2 位数字含义

焊剂牌号	焊剂类型	$w(SiO_2)/\%$	$w(CaF_2)/\%$
HJ ×1 ×	低硅低氟	< 10	< 10
HJ ×2 ×	中硅低氟	10 ~ 30	< 10
HJ ×3 ×	高硅低氟	> 30	< 10
HJ ×4 ×	低硅中氟	< 10	10 ~ 30
HJ ×5 ×	中硅中氟	10 ~ 30	10 ~ 30
HJ ×6 ×	高硅中氟	> 30	10 ~ 30
HJ ×7 ×	低硅高氟	< 10	> 30
HJ ×8 ×	中硅高氟	10 ~ 30	> 30

牌号前"HJ"表示埋弧焊用熔炼焊剂。牌号中第 1 位数字表示焊剂中氧化锰的含量。牌号中第 2 位数字表示二氧化硅、氟化钙的含量。牌号中第 3 位数字表示同一类型焊剂的不同牌号，按 0，1，2，…，9 顺序编排。同一牌号生产两种粒度时，在细颗粒焊剂号后面加×。

烧结焊剂牌号的含义如表 3 – 8 所示。

例如：

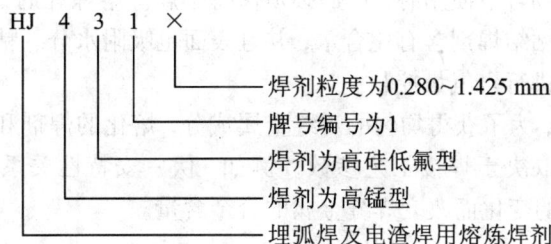

　　　　　HJ　4　3　1　×
　　　　　　　　　　　　　　焊剂粒度为0.280~1.425 mm
　　　　　　　　　　　　牌号编号为1
　　　　　　　　　　焊剂为高硅低氟型
　　　　　　　　焊剂为高锰型
　　　　　　埋弧焊及电渣焊用熔炼焊剂

表 3 – 8 烧结焊剂牌号中第 1 位数字含义

焊剂牌号	熔渣渣系类型	主要组成范围（质量分数）/%
SJ1 × ×	氟碱型	$w(CaF_2) \geqslant 15$ $w(CaO + MgO + MnO + CaF_2) > 50$ $w(SiO_2) \leqslant 20$
SJ2 × ×	高铝型	$w(Al_2O_3) \geqslant 20$ $w(Al_2O_3 + CaO + MgO) > 45$
SJ3 × ×	硅钙型	$w(CaO + MgO + SiO_2) > 60$
SJ4 × ×	硅锰型	$w(MgO + SiO_2) > 50$
SJ5 × ×	铝钛型	$w(Al_2O_3 + TiO_2) > 45$
SJ6 × ×	其他型	

牌号前"SJ"表示埋弧焊用烧结焊剂。牌号中第 1 位数字表示焊剂熔渣渣系的类型。牌号中第 2 位、第 3 位数字表示同一渣系类型焊剂中的不同牌号焊剂，按 01，02，…，09 顺序编排。国产焊剂牌号、成分及使用范围，见表 3 – 9、表 3 – 10。

4. 焊剂的质量要求

（1）焊剂应具有良好的冶金性能

在焊接时配合适当的焊丝及合理的焊接工艺，焊缝金属应能得到恰当的化学成分及良好的力学性能以及较强的抗气孔、抗裂纹的能力。

（2）焊剂应具有良好的工艺性能

焊接过程中电弧燃烧稳定，熔渣具有适宜的熔点、粘度和表面张力。焊缝表面成形良好、脱渣容易以及产生的有毒气体少。

（3）焊剂粒度应符合要求

普通焊剂的粒度为 0.450 ~ 2.50 mm，0.450 mm 以下的细粒不得大于 5%，2.50 mm 以上的粗粒不得大于 2%，细粒度的焊剂，粒度为 0.280 ~ 1.425 mm，0.280 mm 以下的细粒不得大于 5%，1.425 mm 以上的粗粒不得大于 2%。

（4）焊剂 $w(H_2O) \leqslant 0.10\%$。

（5）焊剂中机械夹杂物的含量不得大于 0.30%（质量分数）。

（6）焊剂的 $w(S) \leqslant 0.060\%$；$w(P) \leqslant 0.080\%$。

5. 焊剂的使用

当使用比较细的焊剂时，必须考虑焊剂的给送和回收系统。如果焊剂太细，则会堵塞也就难以给送，如果用真空系统回收细粒焊剂或混有少量细粒的焊剂，细粒焊剂就可能被滞留在该系统中。

在低氢要求的重要场合下使用时，焊剂必须保持干燥。熔炼焊剂不含有化合水，但是颗粒表面可能吸收水分。粘结焊剂含有化合水，并且表面也吸附水分。粘结焊剂可能需要像低氢手工电弧焊焊条那样进行含氢量控制。

当使用合金焊剂时，为了获得均匀的焊缝金属成分，熔化的焊剂和焊丝之间必须保持固定的比例，比例实际上取决于焊接工艺参数。例如，伏 – 安特性关系与给定的关系不一致时，出于焊丝 – 焊剂比的变化而改变焊缝金属的合金含量。

表3-9 国产熔炼型埋弧焊焊剂牌号、成分及其应用范围

牌号①	成分类型	组成成分（质量分数）/%											用途	配用焊丝
		SiO_2	CaF_2	CaO	MgO	Al_2O_3	MnO	FeO	K_2O+Na_2O	S	P	其他		
HJ130	无锰高硅低氟	35~40	4~7	10~18	14~19	12~16	—	0~2	—	≤0.05	≤0.05	TiO_2 7~11	低碳钢、低合金钢	H10Mn2
HJ131	无锰高硅低氟	34~38	2.5~4.5	48~55	—	6~9	—	≤1.0	1.5~3.0	≤0.05	≤0.08	—	镍基合金（薄板）	Ni基焊丝
HJ150	无锰中硅中氟	2~123	25~33	3~7	9~13	28~32	—	≤1.0	3	≤0.08	≤0.08	—	轧辊堆焊	2Cr13
HJ172	无锰低硅高氟	3~6	45~55	2~5	—	28~35	1~2	≤0.8	3	≤0.05	≤0.05	ZrO_2 2~4 NaF 2~3	高铬铁素体钢	相应钢种焊丝
HJ173	无锰低硅高氟	≤4	45~58	13~20	—	22~33	—	≤1.0	—	≤0.05	≤0.04	ZrO_2 2~4	锰、铝高合金钢	相应钢种焊丝
HJ230	低锰高硅低氟	40~46	7~11	8~14	10~14	10~17	5~10	≤1.5	—	≤0.05	≤0.05	—	低碳钢、低合金钢	H08MnA, H10Mn2
HJ250	低锰中硅中氟	18~22	23~30	4~8	12~16	18~23	5~8	≤1.5	3	≤0.05	≤0.05	—	低合金高强度钢	相应钢种焊丝
HJ251	低锰中硅中氟	18~22	23~30	3~6	14~17	18~23	7~10	≤1.0	—	≤0.08	≤0.05	—	珠光体耐热钢	Cr-Mo钢焊丝
HJ253	低锰中硅中氟	20~24	24~30	4~7	13~17	12~16	6~10	≤1.0	—	≤0.08	≤0.05	TiO_2 2~4	低合金高强度钢（薄板）	相应钢种焊丝
HJ260	低锰高硅中氟	29~34	20~25	4~7	15~18	19~24	2~4	≤1.0	—	≤0.07	≤0.07	—	不锈钢、轧辊堆焊	不锈钢焊丝
HJ330	中锰高硅低氟	44~48	3~6	≤3	16~20	≤4	22~26	≤1.5	1	≤0.08	≤0.08	—	重要低碳钢及低合金钢	H08MnA, H10Mn2
HJ350	中锰中硅中氟	30~35	14~20	10~18	—	13~18	14~19	≤1.0	—	≤0.06	≤0.07	—	重要低合金高强度钢	Mn-Mo、Mn-Si及含Ni高强度钢焊丝
HJ430	高锰高硅低氟	38~45	5~9	≤6	—	≤5	38~47	≤1.8	—	≤0.10	≤0.10	—	重要低碳钢及低合金钢	H08A, H08MnA
HJ431	高锰高硅低氟	40~44	3~6.5	≤5.5	5~5.7	≤4	34.5~38	≤1.8	—	≤0.10	≤0.10	—	重要低碳钢及低合金钢	H08A, H08MnA
HJ433	高锰高硅低氟	42~45	24	≤4	—	≤3	14~47	≤1.8	0.3~0.5	≤0.15	≤0.10	—	低碳钢	H08A

①国家标准 GB/T 5293—1999、GB/T 12470—1999 规定熔炼焊剂型号标注方法为：HJX₁、X₂X₃HXXX，其中 X_1 表示焊缝金属的拉伸力学性能；X_2 表示冲击试样的状态；X_3 表示焊剂冲击吸收功不小于 27J 的最低试验温度；H××× 表示配用焊丝牌号。但生产厂商以 H××× 表示成分类型区分的，即 HJabc 中，a 表示锰含量；b 表示硅含量；c 表示同类不同牌号，实际中应注意辨明。

表 3-10 国产烧结焊剂牌号、成分及其使用范围

牌号	渣系类别	碱度	SiO_2+TiO_2	$CaO+MgO$	Al_2O_3+MnO	CaF_2	S	P	配用焊丝	用途
			组成成分（质量分数）/%							
SJ101	氟碱	1.8	25	30	25	2.0	≤0.06	≤0.08	H08MnA, H08MnMoA, H08Mn2MoA, H10Mn2	多层焊、多丝焊、窄间隙双单焊
SJ102		3.5	10~15	35~45	15~25	20~30				
SJ104		2.7	30~35	20~25	20~25	20~25			H08Mn2, H08MnMoTi, H08MnA	
SJ105		2.0	16~22	30~34	18~20	18~25				
SJ301	硅钙	1.0	25~35	20~30	25~40	5~15			H08A, H08MnA, H08MnMoA	多层焊、多丝焊、双面焊
SJ302		1.1	20~25	20~25	30~40	8~20				
SJ401	硅锰	<1	45	10	40	—	≤0.04	≤0.04	H08A	常规单丝焊
SJ402		0.7	35~45	40~50	5~15	—			H08A	薄板较高速焊
SJ403		—	≥45	≥20	≥20	—			H08A, H08MnA, H08MnMoA	耐磨堆焊
SJ501	铝钛	0.5~0.8	25~40	45~60	≤10	—	≤0.06	≤0.08	H08A, H08MnA, H08MnMoA	多丝高速焊
SJ502		<1	45	30	10	5			H08A	薄板较高速焊
SJ503		0.7~0.9	25~35	45~60	—	≤17			H08A, H08MnA	常规单丝焊
SJ601	其他	1.8	5~10	30~40	6~10	40~50	≤0.06	≤0.06	H00Cr21Ni10, H0Cr21NiTi	多道焊不锈钢
SJ604		1.8	5~8	30~35	4~8	40~50				
SJ641		2.0	20~25	20~22	15~20	20~25				
CHF602		3.0~3.2	(SiO_2) 8~12	(MgO) 24~30	(Al_2O_3) 8~12	20~25	($BaCO_3$) 38~21		H08MnNiMoA, H10Cr2Mo1A	厚壁压力容器
CH603		2.3~2.7	(SiO_2) 6~10	(MgO) 22~28	18~23	15~20	($CaCO_3$) 20~24		H13Cr2Mo1A, H11CrMoA, H04Ni13A, H08Mn2Ni2A	Cr-Mo钢 Ni钢

3.4 埋弧焊工艺

3.4.1 埋弧焊工艺概述

1. 埋弧焊工艺的内容和编制

埋弧焊工艺主要包括焊接工艺方法的选择；焊接工艺装备的选用；焊接坡口的设计；焊接材料的选定；焊接工艺参数的制定；焊件组装工艺编制；操作技术参数及焊接过程控制技术参数的制定；焊缝缺陷的检查方法及修补技术的制定；焊前预处理与焊后热处理技术的制定等内容。

2. 编制焊接工艺的原则和依据

编制焊接工艺的原则首先要保证接头的质量完全符合焊件技术条件或标准的规定；其次在保证接头质量的前提下，最大限度地降低生产成本，即以最高的焊接速度，最低的焊材消耗和能量消耗以及最少的焊接工时完成整个焊接过程。

编制焊接工艺的依据是焊接材料的牌号和规格，焊件的形状和结构，焊接位置以及对焊接接头性能的技术要求等。

3.4.2 焊接工艺参数对焊接质量的影响及其选择

1. 焊接工艺参数对焊接质量的影响

如果要获得高的生产率和优质的焊缝，熟悉并控制埋弧焊的工艺参数是重要的。这些参数，按其重要性依次是：①焊接电流；②焊剂类型和粒度组成；③焊接电压；④焊接深度；⑤焊丝尺寸；⑥焊丝伸出长度；⑦焊丝种类；⑧焊剂层的宽度和深度。

操作者应该知道这些参数如何影响焊接过程及应做什么调整。操作能否成功取决于这些参数的正确选择和控制。

（1）焊接电流对焊接质量的影响

焊接电流是最重要的参数，因为它控制焊丝的熔化速度、熔深和母材的熔化量。如果在给定的行走速度下电流太高，则熔化深度或熔透深度就会过大，结果可能熔穿连接的金属。高电流也导致焊丝消耗增加，而且这种过量的焊缝加剧了焊缝收缩并通常引起较大的变形。如果电流太低，就可能造成未熔透或未熔合。有关焊接电流的一些使用规则是：①增大电流可提高熔透深度和熔化速度；②过高的电流会形成咬边，或高而窄的焊道；③电流过低使电弧不稳定。

焊接电流对焊缝形状尺寸的影响如图 3-8 所示。

（2）电弧电压对焊接质量的影响

调节电弧电压改变了焊丝和熔融焊缝金属之间的电弧长度。提高电弧电压，电弧长度就伸长；降低电弧电压，电弧长度就缩短。

电弧电压对焊丝熔敷速度的影响不大。后者主要由焊接电流决定。电压主要决定焊道横截面的形状及其外貌。电弧电压对焊缝形状尺寸的影响如图 3-9 所示。

在电流和行走速度保持不变的条件下提高电弧电压导致下列结果：①形成较平而宽的焊道；②增加焊剂的消耗；③减少由钢材上的锈或氧化皮引起的气孔倾向；④改善焊剂中合金元素的烧损。

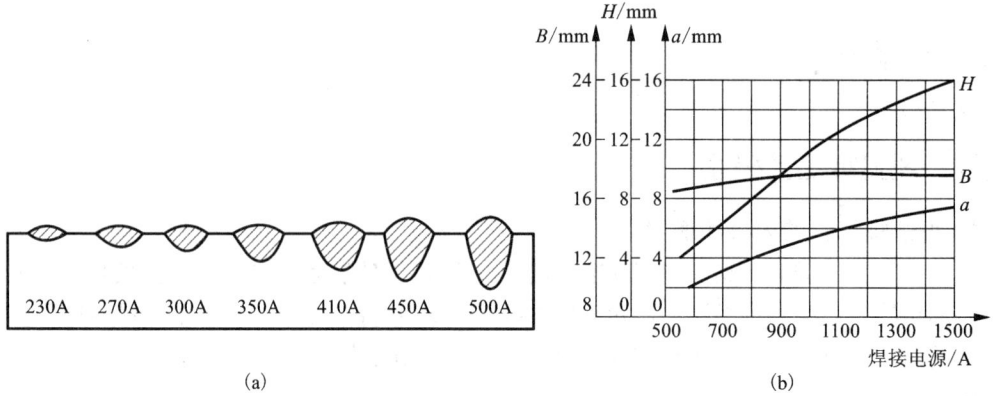

图 3－8　焊接电流对焊缝形状尺寸的影响

（a）不同焊接电流时焊缝横截面形状；（b）焊接电流和焊缝尺寸的关系

H—熔深；B—熔宽；a—余高

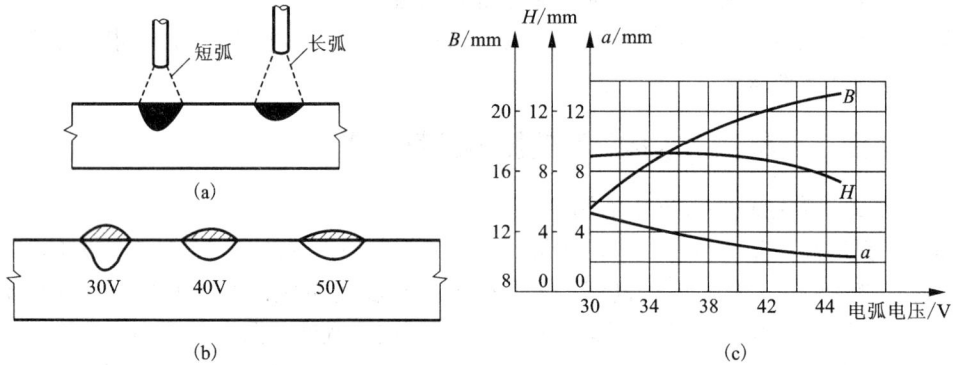

图 3－9　电弧电压对焊缝形状尺寸的影响

（a）不同弧长的熔池；（b）电弧电压变化时焊缝横截面形状；（c）电弧电压对焊缝尺寸的影响

B—熔宽；H—熔深；a—余高

过高的电弧电压将导致：①形成易发生裂纹的宽焊道；②在坡口焊缝中清渣困难；③形成易发生裂纹的凹形角焊缝；④增加沿角焊缝边缘的咬边。

降低电弧电压会形成一个"挺度"较强的电弧。它改善深坡口焊缝的熔深，并且抗电弧偏吹。过低的电压形成浅而窄的焊道，并且增加了焊道边缘清渣的困难。

（3）焊接速度对焊接质量的影响

焊接速度提高，单位长度焊缝吸收电弧热量减少，熔深减小，同时单位长度焊缝得到的熔敷金属量也减少，熔宽和余高都减小。相比之下，熔宽比余高减小得多一些。焊接速度对焊缝形状尺寸的影响如图 3－10 所示。

为将焊缝尺寸的熔深控制在限定范围内，可调整焊接速度。焊接速度是与电流和焊剂类型关联的。过高的焊接速度阻碍填充金属和母材之间的熔合并加剧咬边、电弧偏吹、气孔和焊道形状不规则的倾向；缓慢的焊接速度使气体有足够时间从正在凝固的熔化金属中逸出，减少生成气孔倾向。过低的行走速度形成易裂的凹形焊道，使电弧过分裸露，使操作者感到不便，形成在电弧周围流动的大熔池，造成焊道波纹粗糙和夹渣。

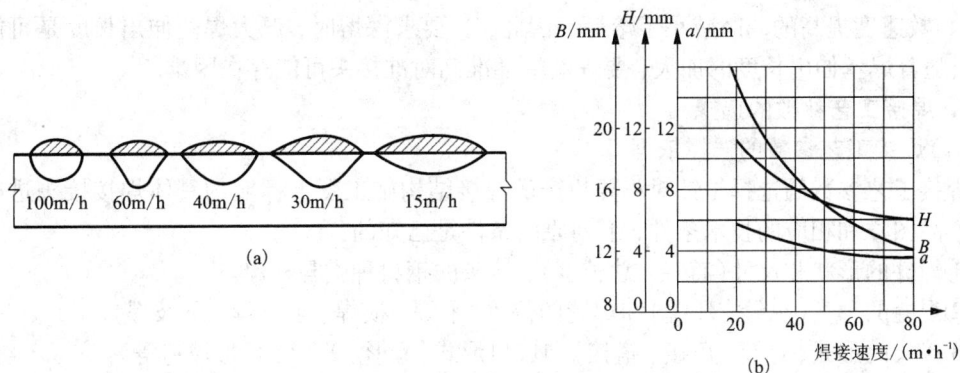

图 3－10　焊接速度对焊缝形状尺寸的影响
(a)不同焊接速度的焊缝横截面形状；(b)焊接速度对焊缝尺寸的影响
H—熔深；B—熔宽；a—余高

（4）焊丝规格对焊接质量的影响

焊丝规格在电流不变的条件下影响焊道形状和熔深，为了移动的灵活性，在平自动焊设备中采用细丝。细丝也用于多丝焊和并联电源设备，但在装配不良的场合，对于大的根部间隙的搭接，粗丝要比细丝更好。

焊丝规格也影响熔敷速度。在任何给定的电流强度下，小直径焊丝比大直径焊丝具有更大的电流密度和更高的熔敷速度。由于较大直径的焊丝可比较小直径的焊丝承载更大的电流，因此较粗的焊丝在较高的电流下能产生较高的熔敷速度。如果所需的送丝速度高于(或低于)送丝马达能达到的速度，换成较大规格(或较小规格)的焊丝能获得所希望的熔敷速度。

对于给定规格的焊丝，大的电流密度导致形成熔透母材的"挺直"的电弧。相同规格的焊丝在较低的电流密度下形成穿透力较小的"软性"电源。

（5）焊丝伸出长度对焊接质量的影响

焊丝伸出长度就是焊丝从导电嘴末端伸出到电弧之间的长度。这一段焊丝是通有焊接电流的，产生电阻热，这个电阻热对进入电弧前的焊丝起着预热作用。焊丝的熔化速度是由电弧热和电阻热共同决定的。焊丝伸出长度越长，焊丝电阻越大；通电时间越长，电阻热越大，焊丝的熔化速度越大。另一方面，焊丝伸出长度增长后，焊丝易摇晃，使电弧加热宽度增大。由于电弧的功率未变，加热熔化基本金属的热量也不变，这样因熔宽增大使熔深减小。有关余高变化和熔宽增大的比例和焊丝熔敷量(和焊丝熔化速度成正比)增大的比例有关，通常焊丝熔敷量增大比例较大，因熔宽增大不多，而形成余高增大。焊丝伸出长度过长，会形成熔深浅而余高过大的焊缝，为了保证焊缝有良好的成形，对于不同直径的焊丝可选用表 3－11 中的焊丝伸出长度。埋弧焊能使用很大的焊接电流，其主要原因是焊丝伸出长度较短。

表 3－11　不同直径焊丝选用的焊丝伸出长度

焊丝直径/mm	合适的焊丝伸出长度/mm
2,2.5,3.0	25 ~ 50
4,5,6	30 ~ 80

导电嘴的状态可能影响有效的焊丝伸出长度。导电嘴应在规定的期限内更换，以保证稳定的焊接条件。

在焊接电流不变的情况下，采用长的焊丝伸出长度，可以使熔敷速度提高 25% ~ 50%。然而，将伸出长度调大，有点类似于直流电源从反极性变为正极性(焊丝接正极变为接负极），熔敷速度提高的同时减小了熔深。因此，当要求深熔时，调大焊丝伸出长度是可能的，但是，随着焊丝伸出长度的加大，要焊丝端部准确对准接头可能存在困难。

2. 焊接工艺参数的选择

（1）焊接工艺参数的选择依据

焊接工艺参数的选择是针对将要投产的焊接结构施工图上标明的具体焊接接头进行的。根据产品图样和相应的技术条件，下列原始条件是已知的：

①焊件的形状和尺寸（直径、总长度）；接头的钢材种类与板厚。

②焊缝的种类（纵缝、环缝）和焊缝的位置（平焊、横焊、上坡焊、下坡焊）。

③接头的形式（对接、角接、搭接）和坡口形式（Y 形、X 形、U 形坡口等）。

④对接头性能的技术要求，其中包括焊后无损探伤方法，抽查比例以及对接头强度、冲击韧性、弯曲、硬度和其他理化性能的合格标准。

⑤焊接结构（产品）的生产批量和进度要求。

（2）焊接工艺参数的选择程序

根据上列已知条件，通过对比分析，首先可选定埋弧焊工艺方法，单丝焊还是多丝焊或其他工艺方法，同时根据焊件的形状和尺寸，可选定细丝埋弧焊还是粗丝埋弧焊。例如小直径圆筒的内外环缝应采用 $\phi2$ mm 焊丝的细丝埋弧焊；厚板深坡口对接接头纵缝和环缝宜采用 $\phi4$ mm 焊丝的埋弧焊；船形位置厚板角接接头通常可采用 $\phi5$ mm、$\phi6$ mm 焊丝的粗丝埋弧焊。

焊接工艺方法选定后，即可按照钢材、板厚和对接接头性能的要求，选择合适的焊剂和焊丝牌号，对于厚板深坡口或窄间隙埋弧焊接头，应选择既能满足接头性能要求又具有良好工艺性和脱渣性的焊剂。

根据所焊钢材的焊接性实验报告，选定预热温度、层间温度以及焊后热处理和保温时间。由于埋弧焊的电弧热效率较高，焊缝及热影响区的冷却速度较慢，因此对于一般焊接结构，板厚 90 mm 以下的接头可不做预热；板厚 50 mm 以下的普通低合金钢，如施工现场的环境温度在 10℃ 以上，焊前也不必预热；强度极限 600 MPa 以上的高强度钢或其他低合金钢，板厚 20 mm 以下的接头应预热到 100℃ ~150℃。后热和焊后热处理通常只适用于低合金钢厚板接头。

最后根据板厚、坡口形式和尺寸选定焊接参数（焊接电流、电弧电压和焊接速度）并配合其他次要工艺参数。确定这些工艺参数时，必须以相应的焊接工艺试验结果之后的焊接工艺评定实验结果为依据，并在实际生产中加以修正后确定出符合实际情况的工艺参数。

3.4.3 埋弧焊技术

1. 埋弧焊的焊前准备

埋弧焊的焊前准备包括焊件的坡口加工、焊件的清理与装配、焊丝表面清理及焊剂烘干、焊机检查与调整等工作。这些准备工作与焊接质量的好坏有着十分密切的关系，所以必需认真完成。

（1）接头的设计和坡口的加工

埋弧焊中采用的接头形式主要包括对接接头、T 形接头和搭接接头。典型的焊缝包括角焊缝、I 形坡口焊缝、V 形和 X 形坡口焊缝以及 U 形和双 U 形坡口焊缝等。接头设计，特别对于板材的焊接，常常要求 0.8 ~1.6 mm 的根部间隙，以防止角变形和收缩内力引起的裂纹。但是，大于正常焊接要求的根部间隙将增加焊接时间和总成本。

由于埋弧焊可以使用较大电流焊接，电弧具有较强穿透力，所以当焊件厚度不太大时，一般不开坡口也能将焊件焊透。但随着焊件厚度的增加，不能无限的提高焊接电流，为了保证焊件焊透，并使焊缝有良好的成形，应在焊件上开坡口。坡口形式与焊条电弧焊时基本相同，其中尤以 Y 形、X 形、U 形坡口最为常用。当焊件厚度为 10～24 mm 时，多为 Y 形坡口；厚度为 24～60 mm 时，可开 X 形坡口；对一些要求高的厚大焊件的重要焊缝，如锅炉锅筒等压力容器，一般多开 U 形坡口。埋弧焊焊缝坡口的基本形式已经标准化，各种坡口适用的厚度、基本尺寸和标注方式见 GB 986—1988 的规定。GB 986—1988《埋弧焊焊缝坡口的基本形式和尺寸》国家标准规定了碳钢和低合金钢埋弧焊焊接接头的坡口形式和尺寸，可以根据钢板厚度、焊接构件特点及焊接工艺方法来选定。

（2）坡口的清理

焊件装配前，需将坡口及附近区域表面上的铁锈、油污、氧化物、水分等清理干净。坡口上的铁锈斑、氧化皮、气割和碳刨的残渣、漆、油污、潮气等物，会影响到埋弧焊焊缝的质量，产生气孔、夹杂、未焊透等缺陷。

（3）装配和定位焊

装配就是按图纸和工艺技术要求，将零件用定位焊方式装在一起，组成一个部件或焊接结构整体。对焊接结构件的装配做到接头的间隙均匀，对接缝的间隙允许误差为 ±1 mm，对于间隙为 0 的，则间隙应为 0～1 mm，两板的错边应小于 1 mm。

定位焊是固定各焊接零件之间相对位置而进行的焊接工作。埋弧焊构件的定位焊工作通常是用焊条电弧焊或 CO_2 气体保护半自动焊来完成的。定位焊缝应平整，且不允许有裂纹、夹渣等缺陷。定位焊缝的厚度应不高出钢板表面 0.5～1 mm；对于开坡口对接缝，定位焊缝的厚度通常为 6～8 mm，且不超过板厚的 1/2。定位焊缝长度一般为 30～50 mm，对于高强度钢可超过 60 mm，定位焊缝的间距为 200～500 mm。定位焊时如发现接缝的局部有超差，则应用焊条电弧焊或 CO_2 气体保护半自动焊进行填补，以防止烧穿。

埋弧焊引弧处的焊缝质量较差，因为引弧时钢板是冷的，热量不够，同时开始焊接时的工艺参数也不可能立即转入正常焊接的工艺参数。引弧端头常有未焊透及夹渣等缺陷。熄弧处由于存在弧坑，焊缝的余高较低，难以满足强度要求，有时也会出现气孔和裂纹等缺陷。

大坡口对接焊缝引弧板的坡口应和正式接缝相同，如图 3－11（a）所示；对于厚度不大的 V 形坡口焊缝的引弧板，可在等厚度钢板上碳刨刨出一条槽来代替坡口，如图 3－11（b）所示；对于不开坡口 I 形对接缝的引弧板，可直

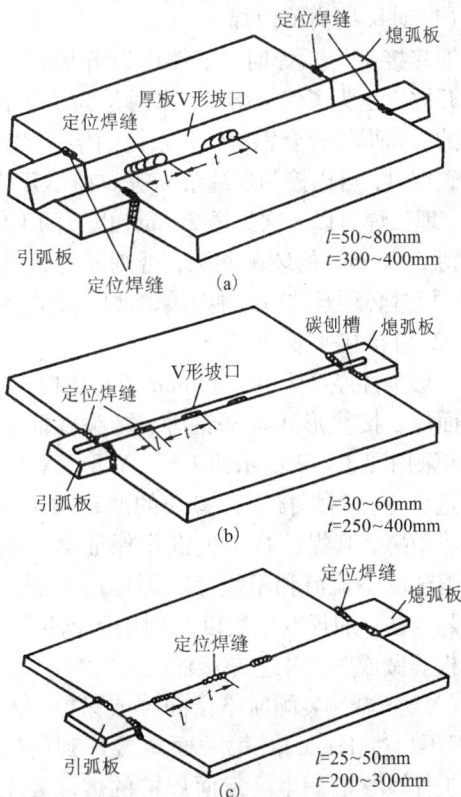

图 3－11 引弧板和熄弧板
（a）厚度 V 形坡口；（b）V 形坡口；（c）I 形坡口

83

接用等厚度钢板制成,如图 3 – 11(c)所示。

熄弧板的坡口及尺寸等同于引弧板,两者统称为工艺板。

(4)焊丝表面清理与焊剂烘干

埋弧焊用的焊丝要严格清理,焊丝表面的油、锈及拔丝用的润滑剂都要清理干净,以免污染焊缝造成气孔。

焊剂在运输及储存过程中容易吸潮,所以使用前应经烘干去除水分。一般焊剂须在 250℃下烘干,并保温 1 ~ 2 h。限用直流焊接的焊剂使用前必须经 350℃ ~ 400℃烘干,并保温 2 小时,烘干后应立即使用。回收使用的焊剂要过筛清除焊渣等杂质后才能使用。

(5)焊机的检查与调试

焊前应检查接到焊机上的动力线、焊接电缆接头是否松动,接地线是否连接妥当。导电嘴是易损件,一定要检查其磨损情况和是否夹持可靠。焊机要进行调试,检查仪表指示及各部分动作情况,并按要求调好预定的焊接参数。对于弧压反馈式埋弧焊机或滚轮架上焊接的其他焊机,焊前应实测焊接速度。

启动焊机前,应再次检查焊机和辅助装置的各种开关、旋钮等的位置是否正确无误,离合器是否可靠结合。检查无误后,再按焊机的操作顺序进行焊接操作。

2. 对接接头的埋弧焊技术

对接接头是焊接结构中应用最多的接头形式。对接接头埋弧焊时,可根据焊件厚度和结构分别采用单面焊和双面焊方法。

(1)对接接头单面焊

对接接头埋弧焊时,工件可以开坡口或不开坡口。开坡口是为了保证熔深,有时是为了达到其他工艺目的。如焊接合金钢时,可以控制熔合比;而在焊接低碳钢时,可以控制焊缝余高等。在不开坡口的情况下,埋弧焊可以一次焊透 20 mm 以下的工件,但要求预留 5 ~ 6 mm 的装配间隙,否则厚度超过 14 ~ 16 mm 的板材必须开坡口才能用单面焊一次焊透。

(2)对接接头双面焊

一般工件厚度为 10 ~ 40 mm 的对接接头,通常采用双面焊。接头形式根据钢种、接头性能要求的不同,可采用图 3 – 12 所示的 I 形、Y 形、X 形坡口。

这种方法对焊接工艺参数的波动和工件装配质量都不敏感,其焊接技术关键是保证第一面焊的熔深和熔池的不流溢和不烧穿。焊接第一面的实施方法有悬空法、加焊剂垫法以及利用薄钢带、石棉绳、石棉板等做成临时工艺垫板法。

①悬空焊 装配时不留间隙或只留很小的间隙(一般不超过 1 mm)。第一面焊接达到的熔深一般小于工件厚度的一半。反面焊接的熔深要求达到工件厚度的 60% ~ 70%,以保证工件完全焊透。不开坡口的对接接头悬空双面焊的焊接参数,如表 3 – 12 所示。

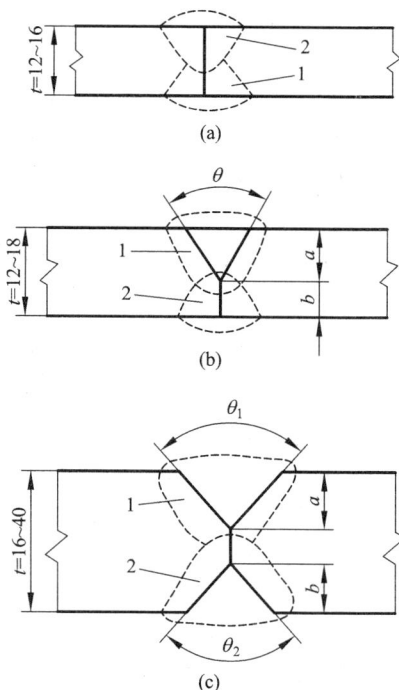

图 3 – 12 不同板厚的接头形式

(a)I 形坡口对接焊;(b)Y 形坡口对接焊;
(c)X 形坡口对接焊

表 3 - 12　不开坡口对接接头悬空双面焊的焊接条件

工件厚度/mm	焊丝直径/mm	焊接顺序	焊接电流/A	电弧电压/V	焊接速度/(cm·min⁻¹)
6	4	正	380 ~ 420	30	58
		反	430 ~ 470	30	55
8	4	正	440 ~ 480	30	50
		反	480 ~ 530	31	50
10	4	正	530 ~ 570	31	46
		反	590 ~ 640	33	46
12	4	正	620 ~ 660	35	42
		反	680 ~ 720	35	41
14	4	正	680 ~ 720	37	41
		反	730 ~ 770	40	38
16	5	正	800 ~ 850	34 ~ 36	63
		反	850 ~ 900	36 ~ 38	43
17	5	正	850 ~ 900	35 ~ 37	60
		反	900 ~ 950	37 ~ 39	48
18	5	正	850 ~ 900	36 ~ 38	60
		反	900 ~ 950	38 ~ 40	40
20	5	正	850 ~ 900	36 ~ 38	42
		反	900 ~ 1000	38 ~ 40	40
22	5	正	900 ~ 950	37 ~ 39	45
		反	1000 ~ 1050	38 ~ 40	40

②在焊剂垫上焊接　如图 3 - 13 所示,焊接第一面时采用预留间隙不开坡口的方法最为经济。第一面的焊接参数应保证熔深超过工件厚度的 60% ~ 70%。焊完第一面后翻转工件,进行反面焊接,其参数可以与正面的相同以保证工件完全焊透。在预留间隙的重形坡口内,焊前均匀塞填干净焊剂,然后在焊剂垫上施焊,可减少产生夹渣的可能,并可改善焊缝成形。第一面焊道焊接后,是否需要清根,视第一道焊缝的质量而定。

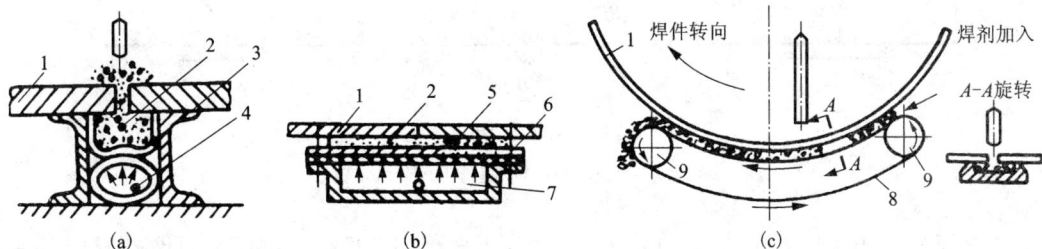

图 3 - 13　焊剂垫的结构实例

(a)软管气压式;(b)皮膜气压式;(c)平带张紧式

1—焊件;2—焊剂;3—帆布;4—充气软管;5—橡皮膜;6—压板;7—气室;8—平带;9—带轮

如果工件需要开坡口,坡口形式按工件厚度决定。工件坡口形式及焊接条件,见表 3 - 13 。

表 3 – 13   开坡口工件双面焊的焊接条件

| 工件厚度/mm | 坡口形式 | 焊丝直径/mm | 焊接顺序 | 坡口尺寸 | | | 焊接电流/A | 电弧电压/V | 焊接速度/(cm·min⁻¹) |
				$\alpha(°)$	h/mm	g/mm			
14		5	正	70	3	3	830 ~ 850	36 ~ 38	42
			反				600 ~ 620	36 ~ 38	75
16		5	正	70	3	3	830 ~ 850	36 ~ 38	33
			反				600 ~ 620	36 ~ 38	75
18		5	正	70	3	3	830 ~ 860	36 ~ 38	33
			反				600 ~ 620	36 ~ 38	75
22		6	正	70	3	3	1050 ~ 1150	38 ~ 40	30
		5	反				600 ~ 620	36 ~ 38	75
24		6	正	70	3	3	1100	38 ~ 40	40
		5	反				800	36 ~ 38	47
30		6	正	70	3	3	1000	36 ~ 40	30
			反				900 ~ 1000	36 ~ 38	33

③在临时衬垫上焊接   采用此法焊接第一面时,一般都要求接头处留有一定间隙,以保证焊剂能填满。临时衬垫的作用是托住间隙中的焊剂。平板对接接头的临时衬垫常用厚 3 ~ 4 mm、宽 30 ~ 50 mm 的薄钢带;也可采用石棉绳或石棉板,如图 3 – 14 所示。焊完第一面后,去除临时衬垫及间隙中的焊剂和焊缝底层的渣壳,用同样参数焊接第二面。要求每面熔深均达板厚的 60% ~ 70%。

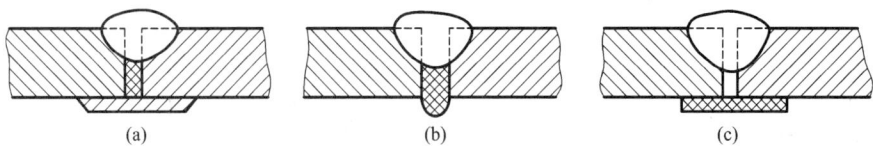

图 3 – 14   在临时衬垫上焊接

(a)薄钢带垫;(b)石棉绳垫;(c)石棉板垫

④多层焊   当板厚超过 40 ~ 50 mm 时,往往需要采用多层焊。多层焊时坡口形状一般采用 V 形和 X 形,而且坡口角度比较窄。图 3 – 15 所示的焊道宽度比焊缝深度小的多,此时在焊缝中心容易产生梨形焊道裂纹。另外在多层焊结束时,在焊道端部需加衬板,由于背面初始焊道不能全部铲除造成坡口角度变窄,如图 3 – 16 所示,此时形成的梨形焊道更增加裂纹产生倾向,因而需要特别引起注意。

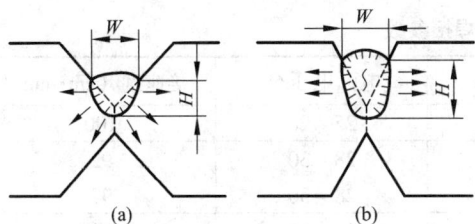

图 3 - 15 多层焊坡口角度对焊缝的影响

(a)坡口角度适当;(b)坡口角度较小

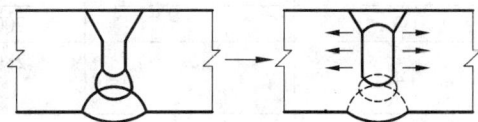

图 3 - 16 坡口狭小产生焊缝内部初始裂纹

3. 角焊缝焊接

焊接 T 形接头或搭接接头的角焊缝时,采用船形焊和平角焊两种方法。

(1)船形焊

船形焊将工件角焊缝的两边置于与垂直线各成 45°的位置(见图 3 - 17),可为焊缝成形提供最有利的条件。这种焊接法接头的装配间隙不超过 1 ~ 1.5 mm,否则,必须采取措施以防止液态金属流失。船形焊的焊接参数,见表 3 - 14。

表 3 - 14 船形焊焊接参数

焊脚长度/mm	焊丝直径/mm	焊接电流/A	电弧电压/V	焊接速度/(cm·min^{-1})
6	2	450 ~ 470	34 ~ 36	67
8	3	550 ~ 600	34 ~ 36	50
10	4	575 ~ 625	34 ~ 36	50
	3	600 ~ 650	34 ~ 36	38
12	4	650 ~ 700	34 ~ 36	38
	3	600 ~ 650	34 ~ 36	25
	4	725 ~ 775	36 ~ 38	33
	5	775 ~ 825	36 ~ 38	30

(2)平角焊

当工件不便于采用船形焊时,可采用平角焊来焊接角焊缝(见图 3 - 18)。这种焊接方法对接头装配间隙较不敏感,即使间隙达到 2 ~ 3 mm,也不必采取防止液态金属流失的措施。焊丝与焊缝的相对位置对平角焊的质量有重大影响;焊丝偏角 α 一般在 20° ~ 30°。每一单道平角焊缝的截面积不得超过 40 ~ 50 mm^2,当焊脚长度超过 8 mm×8 mm 时,会产生金属溢流和咬边。平角焊的焊接参数见表 3 - 15。

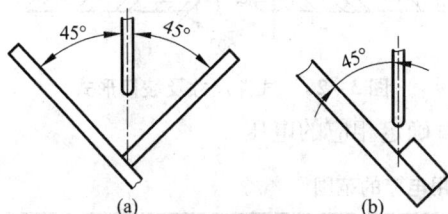

图 3 - 17 船形焊

(a)T 形接头;(b)搭接接头

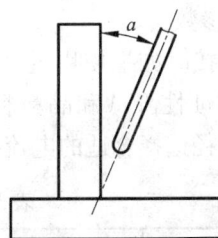

图 3 - 18 平角焊

表 3 - 15　平角焊焊接参数

焊脚长度/mm	焊丝直径/mm	焊接电流/A	电弧电压/V	焊接速度/($cm \cdot min^{-1}$)
3	2	200 ~ 220	25 ~ 28	100
4	2	280 ~ 300	28 ~ 30	92
	3	350	28 ~ 30	92
5	2	375 ~ 400	30 ~ 32	92
	3	450	28 ~ 30	92
	4	450	28 ~ 30	100
7	2	375 ~ 400	30 ~ 32	47
	3	500	30 ~ 32	80
	4	675	32 ~ 35	83

（3）多丝角度焊接

为了提高焊接效率和增大焊角尺寸，可以采用串列多丝角焊，如图 3 - 19 所示。此时焊丝布置的位置、角度及距离必须设计好，其前提是前后熔池的确定。如果焊丝距离不大，前面熔池的渣会使后面电弧不稳定；距离太小又会使熔渣卷入后面的

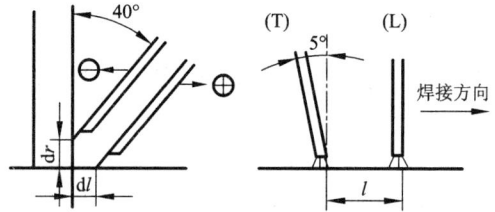

图 3 - 19　串列多丝角度焊时焊丝的位置和角度

熔池。一般串列的丝角焊焊接时，前面电极使用电流较大而后面较小，焊缝成形较好。

3.4.4　埋弧焊焊接实例分析

1. 奥氏体不锈钢压力容器的埋弧焊

材质为 0Cr19Ni9 奥氏体不锈钢的化肥厂用饱和热水塔，板厚为 25 mm，筒体外径为 $\phi2852$ mm，工作压力 2.01 MPa，工作介质为水煤气变换气，工作温度 180℃。焊缝长度约 300 m。因直径大，筒体较厚，焊接工作量大，所以采用效率较高的埋弧焊进行焊接。

（1）焊接材料的选择

根据焊件材质，选用 $\phi4.0$ mm、H0Cr21Ni10 焊丝。选用 HJ641 烧结型不锈钢焊剂，其主要成分（质量分数）为：$w(SiO_2) \leqslant 20\%$、$w(CaO + MgO + CaF_2) \leqslant 45\%$。烧结型焊剂易吸潮，使用前应在 250℃ 下烘干 30 min 以上。

（2）试件尺寸及坡口形式

试件尺寸及坡口形式如图 3 - 20 所示。

（3）焊接参数

不锈钢焊接时如果使用过大的电流将造成热影响区耐腐蚀性降低和晶粒粗大，因此，必

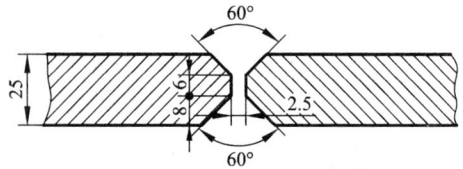

图 3 - 20　试件尺寸及坡口形式

须根据焊丝直径选择合适的电流（见表 3 - 16），同时确定相应的电压。

表 3 - 16　焊丝直径和选用电流的范围

焊丝直径/mm	2.4	3.2	4.0	4.8
电流范围/A	200 ~ 400	300 ~ 500	350 ~ 800	500 ~ 1000

经过抗裂试验(按照 GB 6475—1984)和耐腐蚀试验(GB/T 4334.5—2000),最后确定焊接参数为 $I = 510A$,$U = 35$ V,$v = 28$ m/h。采用 MZ – 1 – 1000 型埋弧焊机,电流种类和极性为直流反接。

(4)焊接质量

焊后焊缝化学成分及力学性能均符合技术要求,整台设备焊缝的 X 光探伤合格率在 99% 以上,在 2.75 MPa 压力下进行水压试验,无任何泄漏现象。

2. 不锈钢制染丝罐的埋弧焊

染丝罐的结构简图如图 3 – 21 所示。它是化学纤维丝染色的压力容器,其罐体和封头全部由奥氏体不锈钢制造,材质为 1Cr18Ni9Ti,壁厚为 8 mm。该灌为 1 类压力容器,设计压力为 0.3 MPa,工作温度为 120℃。在制造中罐体和封头的拼板均采用埋弧焊接。

(1)焊接材料的选择

根据焊件材料和厚度,选用不锈钢焊丝 H0Cr20Ni10Ti,焊丝直径为 4 mm,焊剂为低锰高硅中氟的熔炼焊剂 HJ260。

(2)接头形式

如图 3 – 22 所示,采用 V 形坡口。

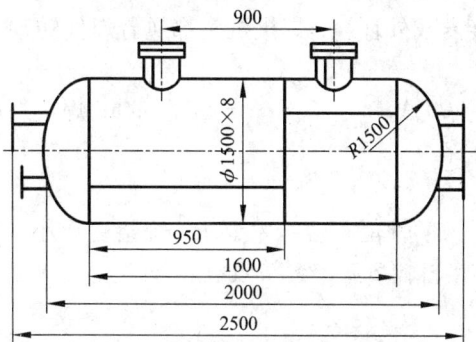

图 3 – 21 染丝罐的结构简图

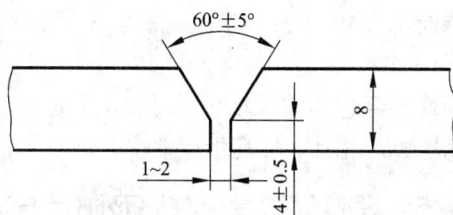

图 3 – 22 坡口形状

(3)焊接工艺要点

①严格进行坡口制备;②焊前分别在坡口两侧各 100 mm 范围内涂上白垩粉,以防止飞溅对焊件耐腐蚀性的影响;③焊剂使用前应在 300℃ ~400℃下烘干,并保温 2 h;④焊接时焊丝伸出长度不应太长,因不锈钢的电阻率大,热导率小,若伸出太长则易发红自熔而造成焊接过程不稳,一般以 30 ~40 mm 为宜;⑤焊接时先焊与介质接触的内环缝、纵缝、清根后再焊外环缝、纵缝。

(4)设备及焊接参数

采用 MZ – 1 – 1000 型埋弧焊机,直流反接。焊接参数是在工艺评定的基础上制定的,其焊接参数如表 3 – 17 所示。

表 3 – 17 焊接参数

焊接位置	焊接电流/A	电弧电压 U/V	焊接速度/(mm·min⁻¹)
内环缝、纵缝	430 ~450	34 ~36	1000 ~1100
外环缝、纵缝	450 ~460	34 ~36	950 ~1050

（5）焊接质量

焊后罐的环、纵缝经 X 射线探伤检测,焊缝无缺陷,并进行水压试验,焊接质量符合技术要求。

3. 低合金结构钢筒体的埋弧焊

筒体长 37 m,外径 2.4 m,壁厚 18 m 其结构如图 3 - 23 所示。材料为 Q345（16Mn）钢,要求焊缝熔透良好,无裂纹及密集点状缺陷,焊后椭圆度小于 ± 6 mm,力学性能为 $\sigma_s \geq 240$ MPa,$\sigma_b \geq 420$ MPa,$\delta \geq 18\%$。

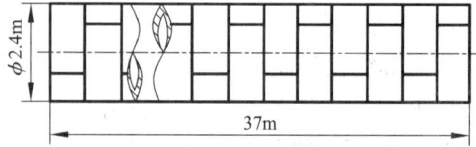

图 3 - 23 筒体结构示意图

（1）焊接方法的确定

如果采用焊条电弧焊焊接,由于壁厚大,需采用多层多道焊,约需焊 12 道,焊接速度慢,生产效率低,焊后变形大,不能满足技术要求,因此确定采用埋弧焊双面焊工艺。

（2）焊接材料及坡口形式

采用直径为 5.0 mm 的 H08A 焊丝和 HJ431 焊剂,I 形坡口。

（3）施焊工艺

采用 MA - 1000 型埋弧焊机,交流电源。焊前焊丝和焊接部位两侧进行去油锈等清理。焊接每一筒体纵缝时,在外侧焊定位焊缝,采用焊剂垫焊接内纵缝,然后焊外纵缝。焊接环缝时,筒体置于转胎上,先焊内环缝,无论是焊接内或外环缝,焊机机头都逆着焊件转动方向偏离中心线 70 ~ 100 mm。

焊接参数为:焊接内纵缝和内环缝时 $I = 650 ~ 700$ A,$U = 35$ V,$v = 28.5$ m/h;焊接外环焊缝时 $I = 650 ~ 750$ A,$U = 36$ V,$v = 28.5$ m/h。

（4）焊接质量

焊缝经超声波探伤,无裂纹及未焊透等缺陷,力学性能符合技术要求,焊接变形小,与焊条电弧焊相比,提高生产效率 5 倍以上,节省焊接材料 50%,经济效益显著。

3.4.5 埋弧焊的常见缺陷及防止方法

埋弧焊时可能产生的主要缺陷,除了由于所用焊接工艺参数不当造成的熔透不足、烧穿、成形不良以外,还有气孔、裂纹、夹渣等。它们产生的原因及防止方法列于表 3 - 18 中。

表 3 - 18 埋弧焊常见缺陷产生原因和防止方法

缺　陷		产　生　原　因	防　止　方　法
焊缝金属内部	裂纹	(1)焊丝和焊剂匹配不当(母材中含碳量高时,熔敷金属中的 Mn 少) (2)熔池金属急剧冷却,热影响区的硬化 (3)多层焊的第一层裂纹由于焊道无法抗拒收缩应力而造成 (4)沸腾钢产生硫带裂纹(热裂纹) (5)不正确焊接施工,接头拘束大 (6)焊道形状不当,焊道高度比焊道宽度大(梨形焊道的收缩产生的裂纹) (7)冷却方法不当	(1)焊丝和焊剂正确匹配,母材含碳量高时要预热 (2)焊接电流增加,减少焊接速度,母材预热 (3)第一层焊道的数目要多 (4)用 G50XUs - 43 组合 (5)注意施工顺序和方法 (6)焊道宽度和深度几乎相当,降低焊接电流,提高电压 (7)进行后热
	气孔(在熔池内部的气孔)	(1)接头表面有污物 (2)焊剂的吸潮 (3)不干净焊剂(刷子毛的混入)	(1)接头的研磨、切削、火焰烤、清扫 (2)150℃ ~ 300℃ 烘干 1h (3)收集焊剂时用钢丝刷

缺　陷		产　生　原　因	防　　止
焊缝金属内部	夹渣	(1)下坡焊时，焊剂流入 (2)多层焊时，在靠近坡口侧面添加焊丝 (3)引弧时产生夹渣(附加引弧板时易产生夹渣) (4)电流过小，对于多层堆焊，渣没有完全除去 (5)焊丝直径和焊剂选择不当	(1)在焊接相反方向，母材水平放置 (2)坡口侧面和焊丝之间距离，至少要保证大于焊丝直径 (3)引弧板厚度及坡口形状，要与母材保持一样 (4)提高电流，保证焊渣充分熔化 (5)提高电流、焊接速度
	未熔透(熔化不良)	(1)电流过小(过大) (2)电压过大(过小) (3)焊接速度过大(过小) (4)坡口面高度不当 (5)焊丝直径和焊剂选择不当	(1)焊接条件(电流、电压、焊接速度)选定适当 (2)选定合适的坡口高度 (3)选定合适焊丝直径和焊剂的种类
焊缝金属表面	咬边	(1)焊接速度太快 (2)衬垫不合适 (3)电流、电压不合适 (4)电极位置不当(平角焊场合)	(1)减小焊接速度 (2)使衬垫和母材贴紧 (3)调整电流、电压为适当值 (4)调整电极位置
	焊瘤	(1)电流过大 (2)焊接速度过慢 (3)电压太低	(1)降低电流 (2)加快焊接速度 (3)提高电压
	余高过大	(1)电流过大 (2)电压过低 (3)焊接速度太慢 (4)采用衬垫时，所留间隙不足 (5)被焊物件没有放置水平位置	(1)降低电流 (2)提高电压 (3)提高焊接速度 (4)加大间隙 (5)被焊物件置于水平位置
	余高过小	(1)电流过小 (2)电压过高 (3)焊接速度过快 (4)被焊物件未置于水平位置	(1)提高焊接电流 (2)降低电压 (3)降低焊接速度 (4)把被焊物件置于水平位置
	余高过窄	(1)焊剂的散布宽度过窄 (2)电压过低 (3)焊接速度过快	(1)焊剂散布宽度加大 (2)提高电压 (3)降低焊接速度
	焊道表面不光滑	(1)焊剂的散布高度过大 (2)焊剂粒度选择不当	(1)调整散布高度 (2)选择适当电流
	表面压坑	(1)在坡口面有锈、油、水垢等 (2)焊剂吸潮 (3)焊剂散布高度过大	(1)清理坡口面 (2)150℃～300℃烘干 1 h (3)调整焊剂堆敷高度
	人字形压痕	(1)坡口面有锈、油、水垢等 (2)焊剂的吸潮(烧结型)	(1)清理坡口面 (2)150℃～300℃，烘干 1h

3.5 埋弧焊的其他方法

3.5.1 多丝埋弧焊

多丝埋弧焊是利用多根焊丝、多个电弧进行焊接的一种方法。这种方法的特点是焊接速度快、焊接质量好。根据所用焊丝数量，可分为双丝埋弧焊、单丝埋弧焊等。目前最多用到 14 根焊丝，应用最广泛的是双丝埋弧焊。双丝埋弧焊时一般采用两个独

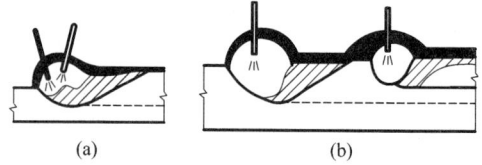

图 3 – 24　纵向排列双丝埋弧焊示意图
（a）单熔池；（b）双熔池

立电源，有时也采用一个电源，焊丝一般采用纵向排列，即沿焊接方向顺序排列，如图 3 – 24 所示。

两个焊丝间的距离在 10 ~ 30 mm 时，两个电弧形成一个熔池、一个气泡；大于该范围时，形成两个熔池、两个气泡。焊接过程中，每个电弧所用的焊接电流及电弧电压是不同的，一般情况下，前导电弧采用较大电流及较小的电压，目的在于保证足够的熔深；后续电弧采用较小的电流及较大电压，目的在于使焊缝具有适当的熔宽，改善焊缝成形，防止焊接缺陷。双丝及三丝埋弧焊工艺见表 3 – 19。

表 3 – 19　双丝及三丝埋弧焊工艺

板厚 /mm	焊丝数	θ /(°)	h_1 /mm	h_2 /mm	焊丝	焊接电流 /A	电弧电压 /V	焊接速度 /(mm·min⁻¹)
20		90	8	12	前 后	1400 900	32 45	60
25		90	10	15	前 后	1600 1000	32 45	60
32		75	16	16	前	1800	33	50
35		75	17	18	后	1100	45	43
20		90	11	9	前 中 后	2200 1300 1000	30 40 45	100
25		90	12	13				95
32		70	17	15	前 中 后	2200 1400 1100	33 40 45	70
50		60	30	20				40

3.5.2 带极埋弧焊

带极埋弧焊利用矩形截面钢带代替圆截面焊丝做电极。焊接过程中,电弧的弧根沿带极的宽度方向做快速往返运动,均匀加热带极,带极熔化并过渡到熔池中,凝固后形成焊缝,如图3-25所示。这种方法最初用于埋弧堆焊,后来也用于埋弧焊接。

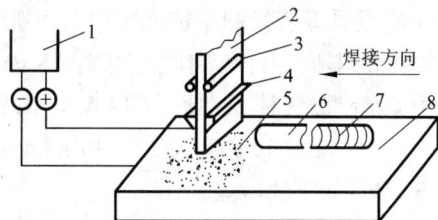

图3-25 带极埋弧堆焊示意图

1—焊接电源;2—带状电极;3—带极送进装置;4—导电嘴;
5—焊剂;6—熔渣;7—焊道;8—母材

1. 带极埋弧焊特点

(1)带极埋弧焊可采用电流比圆截面焊丝更大,因此熔敷速度大、效率高。采用圆截面焊丝时,如果电流很大,则焊缝熔深增加,熔宽减小,焊缝形状系数减小,易导致裂纹、咬边等缺陷。采用带极埋弧焊时,因电弧的加热宽度增大,即使采用更大的焊接电流,焊缝的形状系数仍然较高,焊缝抗裂纹能力较强。

(2)电弧的加热宽度增大,熔深浅、稀释率低,特别适合于堆焊。

(3)易于控制焊缝成形。带极焊接时,由于熔化的钢带金属的流动方向与电极宽度方向成直角(如图3-26所示),因此将电极偏转一个较小的角度,就可使焊道产生较大的位移,从而方便地控制焊道的形状和熔深。在坡口中进行多层焊时,交替的、对称的改变电极偏转角,就可获得均匀分布的焊道。

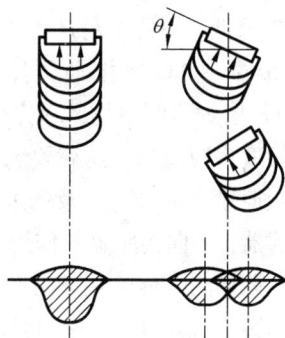

图3-26 熔化带极金属的流动方向

2. 带极埋弧焊工艺

焊接电流、电弧电压、焊接速度等对焊缝形状参数的影响规律与丝极埋弧焊相同。带极厚度、宽度、伸出长度对焊接过程的稳定性及焊缝形状尺寸的影响也很大。其他条件一定时,带极宽度越大,熔深越小,熔宽越大。带极厚度增大时,熔深增大,熔宽减小。

堆焊时,可通过焊接线能量来调节熔深,但由于线能量太小时,电弧不稳定,因此仅靠降低线能量来减小熔深并不是很有效。焊剂的成分对带极的熔化速度、焊缝的几何形状及成分具有重要的影响。实验证明,当焊剂中的氧化铁量降低时,带极的熔化速度增大,熔深减小。带极埋弧堆焊的典型焊接规范如表3-20所示。

表3-20 带极埋弧堆焊的典型焊接规范

带极尺寸/mm	焊接电流/A	电弧电压/V	焊接速度/(cm·min^{-1})	带极伸出长度/mm	焊接位置	焊剂铺撒高度/mm
50×0.4	850±50	24±2	15±1	20~25	水平或向下1°	20±5
75×0.4	1250±50	24±2	15±1	20~25	水平或向下1°	20±5
150×0.4	2500±50	24±2	15±1	20~25	水平或向下1°	20±5

3.5.3 窄间隙埋弧焊

窄间隙埋弧焊是指利用窄间隙代替 V 形、双 V 形或双 U 形等坡口进行焊接的一种方法。根据焊接方法不同,有窄间隙埋弧焊(SAW - NG)、窄间隙熔化极气体保护焊(GMAW - NG)、窄间隙钨极气体保护焊(GTAW - NG)等多种形式,窄间隙埋弧焊(SAW - NG)坡口角度一般为 $0° ~ 1°$,坡口宽度为 $20 ~ 30$ mm,通常选用直径为 3 mm 左右的焊丝。

1. SAW - NG 的特点

(1)由于用窄间隙,焊接厚板接头时无需采用 U 形或双 U 形坡口,因而大大节省了填充金属。

(2)在窄而深坡口中进行多层焊,热输入较低,因而减小了残余应力及工件变形,同时可防止热裂纹。

(3)由于采用了多层焊,后续焊道对前一焊道具有很好的回火作用,加之每层的厚度较薄,因此,焊缝金属晶粒细化,韧性好。

(4)与窄间隙气体保护焊相比,窄间隙埋弧焊的焊丝较粗、电弧较大,对跟踪控制系统的精度要求低,因此不易产生未焊透及夹渣等缺陷。

2. SAW - NG 的技术要点

(1)每层焊道侧壁均要求完全焊透,因此焊丝端部与侧壁之间应保持适当的距离,并且焊丝伸出长度也应适当。这就要求焊机配有横向及高度方向的跟踪系统以保证焊丝的精确定位。

钢板厚度方向(Z轴)及间隙宽度方向(Y轴)均应装有传感器,通常采用接触式机械 - 电气系统传感器。Z 向传感器的作用是:控制并保持焊丝的伸出长度,稳定焊接参数;控制导电嘴从坡口一侧摆向另一侧所用的时间;反馈控制滚轮架的转动速度,使焊接速度始终保持稳定。

Y 向传感器的作用是控制导电嘴与侧壁的距离,并使之保持不变,以保证侧壁焊透并避免咬边和夹渣。

(2)由于 SAW - NG 是在很窄的间隙中进行的多层焊,因此脱渣是一个重要问题,一般要求焊剂须有良好的脱渣性。表 3 - 21 比较了几种窄间隙埋弧焊焊剂的脱渣性。

(3)焊接过程中,如发现缺陷,应及时利用合适的方法磨掉,并进行修补。

表 3 - 21　几种窄间隙埋弧焊焊剂的脱渣性

焊剂牌号	焊剂成分			软化温度 /℃	熔化温度 /℃	热收缩性能		脱渣性
	MgO	BaO	SiO$_2$			变态时的膨胀	总收缩/%	
BF5	40	12	20	1210	1350	无	1.75	很好
BF6	25	13	19	1120	1170	小	1.23	好
BF7	22	12	20	1120	1130	中	0.86	稍困难
BF8	15	17	22	1170	1240	大	0.30	困难

3. SAW - NG 工艺

SAW - NG 工艺一般开 $0° ~ 1°$ 的坡口。坡口的关键尺寸是坡口宽度,通常根据焊件的厚度、焊丝直径、焊剂的脱渣性难易程度以及焊件的结晶裂纹敏感性来选择。焊件厚度越大,或焊丝直径越大,或脱渣性越难,或结晶裂纹敏感性越大,则坡口宽度应适当增大。同时要求坡口宽度具有较高的精度。在焊缝全长范围内，坡口宽度误差应不超过 3 mm，否则将很难保证焊缝质量。

窄间隙埋弧焊工艺有三种方案，如图 3 - 27 所示。

图(a)为每层一道焊缝，适用于板厚为 70 ~ 150 mm 的工件。该方案有省时省料的特点。但必须严格控制坡口精度和焊接工艺参数。由于单道焊根部容易产生热裂纹，因此当焊接含碳量较高的钢材时，应采用较低的焊接电流和速度，从而获得较大的成形系数、较小的裂纹倾向。

图(b)为每层两道焊缝，适用于板厚 150 ~ 300 mm 的工件，该方案的特点是，易焊透、焊渣易清除，工艺参数允许范围大。而且由于线能量小，焊缝具有良好的韧性。

图(c)为每层三道焊缝，适用于板厚 > 300 mm 的工件。

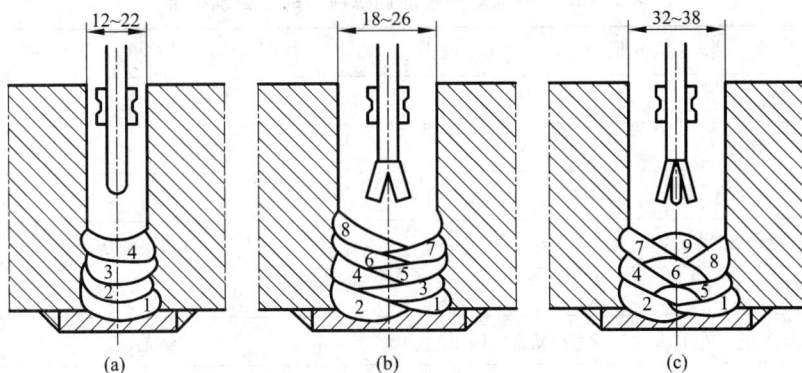

图 3 - 27 窄间隙埋弧焊工艺方案

焊丝与间隙侧壁(丝 - 壁)的间距是影响焊缝质量和性能的一项重要参数，决定了侧壁熔深、粗晶区与细晶区比例。通常，最佳的丝 - 壁间距等于所用焊丝的直径，允许偏差为 ± 0.5 mm。

窄间隙自动埋弧焊工艺参数如表 3 - 22 所示。

表 3 - 22 窄间隙自动埋弧焊工艺参数

方法	焊道数	焊丝数		焊接电流/A	焊接电压/V	焊接速度/(cm·min^{-1})	线能量/(kJ·cm^{-1})
中心单道焊	1	单丝		500	33	30	33.0
	≥2	单丝		500 ~ 550	33 ~ 34	25 ~ 30	33.0 ~ 44.9
	≥2	双丝	L	500	26	40 ~ 50	31.2 ~ 42.9
			T	500	26	40 ~ 50	31.2 ~ 42.9
每层双道焊	1、2	单丝		500	27	25	32.4
		双丝	L	550	29	50	36.9
	≥2		T	550	27	50	36.9

4. 窄间隙埋弧焊机

哈尔滨焊接研究所研制的窄间隙埋弧焊机 HSS - 250W 在预留间隙的情况下，可焊厚度达 350 mm 的板材。焊机有单、双丝两种类型，采用微机控制，可实现焊接电流、电压及焊接速度的闭环控制。焊机还可配用两维焊缝跟踪装置及其他控制功能，具有较高的自动化程度。

3.6 技能训练：埋弧焊的操作实训

3.6.1 实训目标

平板对接技能训练检验的项目及标准见表3-23。

表3-23 平板对接技能训练检验的项目及标准

检 验 项 目		标 准/mm
焊缝外观检查	正面焊缝高度 h	$0 \leqslant h \leqslant 4$
	背面焊缝高度 h'	$0 \leqslant h' \leqslant 4$
	正背面焊缝高低差 h_1	$0 \leqslant h_1 \leqslant 2$
	焊缝每侧增宽	$0.5 \sim 3.0$
	焊缝宽度差 c_1	$0 \leqslant c_1 \leqslant 2$
	咬边、未焊透、气孔、裂纹、夹渣、焊瘤、内凹	无
	焊后变形角 θ	$0° \leqslant \theta \leqslant 3°$
焊缝内部质量检查		按GB/T 3323—2005《金属熔化焊焊接接头射线照相》标准

3.6.2 实训准备

埋弧焊在焊接前必须作好准备工作，包括焊件的坡口加工、待焊部位的表面清理、焊件的装配以及焊丝表面的清理、焊剂的烘干等。这些都应给予足够的重视，不然会影响焊接质量。准备如下：

（1）根据被焊工件的材质选择相应的焊丝和焊剂。

（2）根据被焊工件的厚度选择工艺参数并设定工艺参数。

（3）调整轨道的位置，然后将焊接小车放在轨道上。

（4）在焊丝盘上固定好焊丝，把焊剂装入焊剂漏斗内。

（5）调整导电嘴至焊件间的距离，保证焊丝伸出的长度合适。

（6）将焊缝两侧20 mm范围内的杂质清理、打磨干净。

（7）用焊条电弧焊将引弧板和引出板焊在工件两端。

（8）打开焊剂漏斗阀门，使得焊剂堆敷在待焊部位上。

3.6.3 实训任务

1. 对接接头的单面焊

对接接头单面焊可采用以下几种方法：在焊剂垫上焊、在焊剂铜垫板上焊、在永久性垫板或锁底上焊、在临时衬垫上焊和悬空焊。

2. 对接接头双面焊

焊件厚度超过 12～14 mm 的对接接头通常采用双面焊。这种方法对焊接参数的波动和焊件装配质量较不敏感，一般都能获得较好的焊接质量。

焊接第一面时，所用技术与单面焊相似，但不要求完全焊透，完全焊透由反面焊接保证。焊接第一面的工艺方法有悬空焊、在焊剂垫上焊、在临时垫板上焊等。

焊接步骤：

（1）测试焊接参数。

（2）装配好焊件。使焊件间隙与焊接小车轨道平行。

（3）焊丝对中。调整好焊丝位置，使焊丝对准焊件间隙位置，但不接触焊件然后往返拉动焊接小车几次，反复调整焊件位置，直到焊丝能在焊件上完全对中间隙为止。

（4）准备引弧。将焊接小车引到引弧板处，调整好小车行走方向开关后，锁紧小车的离合器，然后送丝使焊丝与引弧板可靠接触，并撒焊剂。

（5）引弧。按启动按钮，引燃电弧，焊接小车沿焊接方向行走，开始焊接。焊接过程中要注意观察，并随时调整焊接参数。

（6）收弧。当熔池全部达到引出板时，准备收弧，结束焊接过程。注意要分两步按停止按钮才能填满弧坑。

3.6.4　板厚 14 mm 的 Q345(16Mn)钢带焊剂垫的 I 形坡口对接技能训练

1. 焊前准备

同板厚 6 mm 的 Q345(16Mn)钢带焊剂垫的 I 形坡口对接。

2. 焊接要点

（1）焊接位置：将焊件放在水平面上进行平焊，二层二道双面焊。

（2）焊接顺序：先焊背面的焊道，再焊正面的焊道。

（3）焊接参数：焊接参数见表 3－24。

表 3－24　焊接参数

板厚 /mm	装配间隙 /mm	焊缝	焊丝直径 /mm	焊接电流 /A	电弧电压/V		焊接速度 /(cm·min⁻¹)
					交流	直流反接	
14	2～3	背面	5	700～750	36～38	32～34	30
		正面		800～850			

（4）焊背面焊道

①垫焊剂垫。焊背面焊道时，必须垫好焊剂垫，以防止熔渣和熔池金属的流失。

焊剂垫内的焊剂牌号必须与工艺要求的焊剂相同，焊接时要保证焊件下面被焊剂垫贴紧，在整个焊接过程中，要注意防止因焊件受热变形与焊剂脱开，以致产生焊漏、烧穿等缺陷。特别要防止焊缝末端收尾处出现这种焊漏和烧穿。

②焊丝对中。调整好焊丝位置，使焊丝对准焊缝间隙，但不与焊件接触，往返拉动焊接小车几次，使焊丝在整个焊件上完全对中间隙。

③准备引弧。将焊接小车拉到引弧板处，调整好小车行走方向的开关位置，锁紧小车行走的离合器，一切工作完成后，按送丝及抽丝按钮，使焊丝端部与引弧板可靠接触。最后将焊剂漏斗闸门打开，让焊剂覆盖住焊丝头。

④引弧。按启动按钮，引燃电弧，焊接小车沿焊件间隙行走，开始焊接。此时要注意观察控制盘上的电流表和电压表，检查焊接电流与电弧电压是否与规定的参数相符，如果不符则迅速调整相应的按钮，直至参数符合规定为止。在整个焊接过程中，焊工都要始终注意观察电流表及电压表和焊接情况，看小车运行是否均匀，机头上的电缆是否妨碍小车的移动，焊剂是否足够，漏出的焊剂是否能埋住焊接区，焊接过程的声音是否正常，直到焊接电弧走到引出板中部，焊接熔池已经全部到了引出板上为止。

⑤收弧。当熔池全部到了引出板上后，准备收弧，先将停止按钮按下一半，此时焊接小车停止前进，但电弧仍在燃烧，待熔化了的焊丝将熔池填满后，继续将停止开关按到底，此时电弧熄灭，焊接过程结束。

收弧时特别注意要分两步按停止按钮，先按下一半，小车停止前进，但电弧仍在燃烧，熔化了的焊丝用来填满弧坑，若按得时间太短，则弧坑填不满；若按的时间太长，则弧坑填的太高，也不好。估计弧坑可以填满后，立即将停止按钮按到底。

⑥清渣。待焊缝金属及熔渣完全凝固并冷却后，敲掉焊渣，并检查背面焊道外观质量。要求背面焊道熔深达到焊件厚度的40%～50%，如果熔深不够，则需加大间隙、增加焊接电流或减小焊接速度。

(5)焊正面焊道

经外观检验背面焊道合格后，将焊件正面朝上放好，开始焊正面焊道，焊接步骤与焊背面焊道完全相同，但需要注意以下两点：

①为了防止未焊透或夹渣，要求焊正面焊道的熔深达到板厚的60%～70%。为此可以用增大焊接电流或减小焊接速度来实现。用增大焊接电流的方法增加熔深更方便些，这就是焊正面时用的焊接电流比较大的原因。

②焊正面焊道时，因为背面焊道托住熔池，故不用焊剂垫，可直接进行悬空焊接。此时可以观察熔池背面焊接过程中的颜色变化来估计熔深。若熔池背面为红色或淡黄色，表示熔深符合要求，且焊件越薄，颜色越淡；若焊件背面接近白亮时，说明将要烧穿，应立即减少焊接电流或增加焊接速度。这些经验只适用于双面焊能焊透的情况，当板厚太大，是不能用这个方法估计熔深的，需采用多层次多焊道才能焊好。

通常焊正反焊道时也不换地方，仍在焊剂垫上焊接，正面焊道的熔深主要靠焊接参数保证，这些参数都是通过做工艺性试验决定的，因此每次焊接前都要先在钢板上调整好参数后才能焊接。

3.6.5 板厚25 mm的Q345(16Mn)钢板V形坡口对接技能训练

1. 焊前准备

焊丝选用H08MnA、ϕ4 mm，焊剂选用HJ431。定位焊用E5015、ϕ4 mm的焊条。焊前焊接材料及焊件待焊部位按焊接要求进行清理。

2. 焊接要点

(1)焊接位置：焊件放在水平位置进行平焊，两面多层多道焊。

(2)焊接顺序：先焊V形坡口面，焊完清渣后，将焊件翻身，清根后焊封底焊道。

（3）焊接参数：焊接参数见表3-25。

（4）焊正面：正面为 V 形坡口，采用多层多焊道，每层的操作步骤相同，每焊一层，重复下述步骤一遍。

表 3 - 25　焊接参数

焊件厚度/mm	装配间隙/mm	焊丝直径/mm	焊接电流/A	电弧电压/V	焊接速度/(m·h⁻¹)	电流种类极性
25	0～2	4	600～700	34～38	25～30	直流反接

焊接开始前先在钢板上调整好焊接参数，按下述步骤焊接：

（1）焊丝对中。

（2）引弧焊接。

（3）收弧。

（4）清渣。焊完每一层焊道后，必须打掉渣壳，检查焊道，即要求焊道不能有缺陷，同时还要求焊道表面平整或稍下凹，两个坡口面的熔合应均匀，焊道表面不能上凸，特别是两个坡口面处不能有死角，否则容易产生未熔合或夹渣等缺陷。

如果发现层间焊道熔合不好，则应重新对中焊丝，增加焊接电流、电弧电压或减慢焊接速度。下一层施焊时层间温度不高于200℃。盖面焊道边缘要熔合好。

（5）清根。将焊件反转后，用碳弧气刨在焊件背面间隙刨一条宽为 8～10 mm，深为 4～5 mm 的 U 形槽，将未焊透的地方全部清除掉，然后用角向磨光机将 U 形槽内的焊渣及氧化皮全部清除。

（6）封底焊。按焊正面焊道的步骤和要求焊接完封底焊道。

【小结】

知识点

1. 埋弧焊的焊接过程与自动调节原理；
2. 埋弧焊的特点、常用设备与焊接材料；
3. 埋弧焊的主要焊接工艺参数的选择与焊接缺陷的防止。

能力点

1. 正确选择埋弧焊的主要工艺参数；
2. 埋弧焊的基本操作及几种典型位置的操作技法。

【综合训练与思考】

一、填空题

1. 埋弧焊接头的基本形式可分为_____、_____、_____和_____4 种。

2. 埋弧焊焊剂按制造方法的不同可分为：_____焊剂和_____焊剂两大类。

3. 焊丝伸出长度越大，则焊丝熔化越_____，结果使熔深越_____，余高_____。

4. MZ-1000型自动埋弧焊机主要由_____、_____和_____三大部分组成。

5. 对接接头单面焊可采用以下几种方法：在焊剂垫上焊，在_____上焊，在_____上焊，以及在_____焊和_____等。

二、判断题

1. 埋弧焊过程，若其他条件不变，随着电弧电压的增加，熔宽显著增大，而熔深和余高量略有减小。   （　）

2. 埋弧焊的焊接速度减少，则线能量减小，熔深减小。   （　）

3. 埋弧焊熔合比最小，电弧搅拌作用强烈，形成的过渡层比较均匀，是异种钢焊接应用极为广泛的焊接方法。   （　）

4. 小车行走速度、调节范围和调节的均匀性是埋弧焊机小车性能的检测内容。（　）

5. 埋弧焊考试时不允许加引弧板和引出板。   （　）

6. 埋弧焊单面焊试件的未焊透应在外观检查时评定。   （　）

7. 埋弧焊考试时不允许清焊根。   （　）

8. 焊缝宽度一律用增宽来表示。   （　）

9. 埋弧焊的焊缝表面咬边深度不得大于0.5 mm。   （　）

10. 埋弧焊保护效果好，没有飞溅但生产效率较低。   （　）

三、选择题

1. 埋弧自动焊主要以(　　)方式进行合金化。

A. 应用合金焊丝　　　　B. 应用药芯焊丝　　　　C. 应用陶质焊剂　　　　D. 应用置换焊丝

2. 埋弧焊无论上坡焊、下坡焊，焊件的倾斜角均不宜超过(　　)，否则都会严重破坏焊缝成形，造成焊缝缺陷。

A. $4° \sim 6°$　　　　　B. $6° \sim 8°$　　　　　C. $8° \sim 10°$　　　　　D. $10° \sim 12°$

3. 埋弧焊时，焊接区的气相中含(　　)和H_2O很少，因而气相的氧化性很小。

A. CO_2　　　　　　　B. N_2　　　　　　　　C. H_2　　　　　　　　D. CO

4. (　　)属于埋弧焊机控制系统的测试内容。

A. 引弧操作性能　　　　　　　　　　　　B. 焊丝的送进和校直

C. 小车行走的平稳和均匀性　　　　　　　D. 输出电流和电压的调节范围

5. (　　)属于埋弧焊机电源参数的测试内容。

A. 焊丝的送丝速度　　　　　　　　　　　B. 各控制按钮的动作

C. 小车的行走速度　　　　　　　　　　　D. 输出电流和电压的调节范围

四、简答题

1. 与手弧焊相比，埋弧自动焊有什么特点？

2. 常见的埋弧焊焊剂分哪几类？

3. 说明 HJ403—H08MnA 的意义？

4. 埋弧自动焊的安全操作技术有哪几项？

模块四
熔化极气体保护焊

[学习指南]

1. 掌握熔化极气体保护焊的本质和保证焊接质量的措施；
2. 了解熔化极气体保护焊设备特点、电气原理和应用范围。

重点：熔化极气体保护焊的本质、特点，设备特点和应用。

难点：熔化极气体保护焊安全措施与装备。

[相关链接]

熔化极气体保护焊是在手工电弧焊应用的基础上逐步发展起来的。特别是在第二次世界大战和战后的几十年中，由于科学技术的突飞猛进和现代工业的迅速发展，各种新的金属材料和新产品结构对焊接技术及质量提出越来越高的要求，促进了比熔渣保护焊优越的熔化极气体保护焊的技术开发和推广应用。目前熔化极气体保护焊的发展已经进入一个新的阶段，产生了许多先进的、实用的和高效的熔化极气体保护焊方法及新工艺。

熔化极气体保护焊是在气体保护气氛中，以电弧为能源对被焊金属进行熔化焊的焊接方法，简称为熔化极气电焊。最早在焊接生产中应用的气体保护焊方法是氢原子焊，由于氢原子焊的焊接加热过程较缓慢、传热范围宽，同时氢气保护对焊接熔池会产生有害作用，一般只用于焊接低碳钢的薄壁构件和焊缝补焊，应用范围有限，目前已很少采用。

在工业生产中的气体保护焊经历了三个重要的发展阶段：

①20 世纪 30～50 年代是惰性气体保护焊的发展阶段，包括非熔化极惰性气体保护焊（TIG）和熔化极惰性气体保护焊（MIG）；

②20 世纪 50～60 年代是活性气体保护焊的发展阶段，包括 CO_2 气体保护焊、熔化极混合气体保护焊（MAG）等；

③20 世纪 70 年代至今是等离子弧焊（PAW）以及先进的电子化焊接设备（如逆变电源、智能控制等）的发展阶段。

为了克服钨极氩弧焊存在的问题，研究者们开始探索和研究熔化极惰性气体保护焊工艺。20 世纪 40 年代以后，采用可熔化的焊丝来代替钨极，开发了熔化极（焊丝）惰性气体保护焊工艺，即 MIG 焊；MIG 焊 1948 年在美国得到应用，1952 年在欧洲得到应用，主要采用半自动焊(焊丝自动送进,焊炬手工操作)。人们较好的掌握了熔化极氩弧焊时焊丝金属的加热熔化与熔滴过渡规律以及有关工艺条件,熔化极氩弧焊才逐渐在焊接生产中得到推广和广泛应用。直到 20 世纪 60 年代初,随着自动焊炬的应用,MIG 焊才实现了自动化焊接生产。

我国等离子弧焊的研究和发展始于 20 世纪 60 年代末,经过近 40 年的发展已经日趋完善,无论在焊接方法和焊接工艺方面,还是焊接设备、焊枪结构、控制系统以及等离子气体和保护气体等方面都得到了较大的发展。

目前已经成功的发展了多种等离子弧焊工艺方法,例如微束等离子弧焊、等离子弧熔化极气体保护焊、脉冲等离子弧焊、交流等离子弧焊等。

4.1 熔化极气体保护焊概述

熔化极气体保护焊是指使用熔化电极,用加气体作为电弧介质并保护电弧和焊接区的电弧焊,通常简称为熔化极气体保护焊(GMAW),焊接示意图见图 4-1。作为熔化电极的焊丝,有实心和药芯两类,前者一般含有脱氧用的和焊缝金属所需的合金元素,后者的药芯成分及作用与焊条的药皮相似。

4.1.1 熔化极气体保护焊的分类

熔化极气体保护焊可按以下方式分类:

(1)熔化极气体保护焊按保护气体的成分可分为:熔化极惰性气体保护焊(MIG)、熔化极活性气体保护焊(MAG)、CO_2 气体保护焊(CO_2焊)三种,如图 4-2 所示。

(2)熔化极气体保护焊按所用的焊丝类型不同分为:实芯焊丝气体保护焊和药芯焊丝气体保护焊。

(3)熔化极气体保护焊按操作方式的不同可分为:半自动化气体保护焊和自动化气体保护焊。

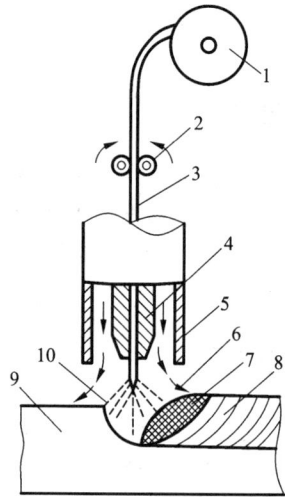

图 4-1 熔化极气体保护焊示意图

1—焊丝盘;2—送丝滚轮;3—焊丝;4—导电嘴;5—保护气体喷嘴;6—保护气体;7—熔池;8—焊缝金属;9—母材;10—电弧

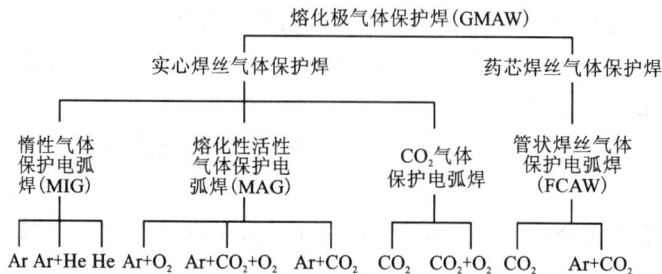

图 4-2 熔化极气体保护焊的分类

4.1.2　熔化极气体保护焊的应用

1. 适焊的材料

被焊金属材料的范围受保护气体性质、焊丝供应和制造成本等因素的影响。熔化极惰性气体保护焊使用惰性气体，既可以焊接钢铁材料也可以焊接非铁金属，但从焊丝供应以及制造成本考虑主要用于铝、铜、钛及其合金以及不锈钢、耐热钢的焊接。熔化极活性混合气体保护焊和 CO_2 气体保护焊主要用于焊接碳钢、低合金高强度钢。熔化极活性混合气体保护焊常焊接较为重要的金属结构，CO_2 气体保护焊则广泛用于焊接普通的金属结构。

对低熔点的金属如铅、锡和锌等，不宜采用熔化极气体保护焊。表面包覆这类金属的涂层钢板也不适宜采用这类焊接方法。

2. 焊接位置

熔化极气体保护焊适应性较好，可进行全方位焊接，其中以平焊位置和横焊位置焊接效率最高。

3. 可焊厚度

熔化极气体保护焊可焊接的金属厚度范围很广，最薄可焊至 1 mm 以下，最厚几乎不受限制。

4.1.3　熔化极气体保护焊的特点

熔化极气体保护焊与焊条电弧焊和埋弧焊相比，其主要优缺点如下。

1. 优点

(1) 焊接生产率高，焊接变形小。

(2) 可以获得含氢量较焊条电弧焊低的焊缝金属。

(3) 烟雾少，可以减轻对通风的要求。

(4) 在相同电流下，熔深比焊条电弧焊大。

(5) 明弧焊接，焊工可以观察到电弧和熔池的状态和行为。

(6) 可以进行全位置焊接。不像埋弧焊只能处在平焊位置焊接。

(7) 无需清渣。

2. 缺点

(1) 焊接过程受环境限制。为了确保焊接区获得良好的气体保护，在室外操作须有防风装置。

(2) 半自动焊枪比焊条电弧焊焊枪重，不轻便，操作灵活性较差。对于狭小空间的接头，焊枪不易接近。

(3) 设备较复杂，对使用和维护要求较高。

常用的熔化极气体保护焊方法的特点及应用，见表 4-1。

表 4-1　常用熔化极气体保护焊方法的特点及应用

焊接方法	保护气体	特　　　点	应　　　用
CO_2 气体保护焊	CO_2，$CO_2 + O_2$	优点是生产效率高，对油、锈不敏感，冷裂倾向小，焊接变形和焊接应力小，操作简单、成本低、可全位焊。缺点是飞溅较多，弧光较强，很难用交流电源及在有风的地方施焊等。熔滴过渡形式主要有短路过渡和滴状过渡	广泛应用于焊接低碳钢、低合金钢，与药芯焊丝配合可以焊接耐热钢、不锈钢及堆焊等。特别适宜于薄板焊接

焊接方法	保护气体	特　　点	应　　用
熔化极惰性气体保护	Ar,He Ar + He	几乎可以焊接所有金属材料,生产效率比钨极氩弧焊高,飞溅小、焊缝质量好、可全位置焊。缺点是成本较高,对油、锈很敏感,易产生气孔,抗风能力弱等。熔滴过渡形式有喷射过渡、短路过渡	几乎可以焊接所有金属材料,主要用于焊接有色金属、不锈钢和合金钢或用于碳钢及低合金钢管道及接头打底焊道的焊接。能焊接薄板、中板和厚板焊件
熔化极活性气体保护	Ar + O₂ + CO₂ Ar + CO₂ Ar + O₂	MAG 熔化极活性气体保护焊克服了 CO₂ 气体保护焊和熔化极惰性气体保护焊的主要缺点,飞溅减少、熔敷系数提高,合金元素烧损较 CO₂ 焊小,焊缝成形、力学性能好,成本较惰性气体保护焊低,比 CO₂ 焊高。熔滴过渡形式主要有喷射过渡、短路过渡	可以焊接碳钢、低合金钢、不锈钢等,能焊接薄板、中板和厚板焊件

4.2　熔化极气体保护焊焊机的组成及常见故障和排除方法

熔化极气体保护焊所用的设备有自动焊机和半自动焊机两类。在实际生产中,半自动焊机使用较多。焊机主要由焊接电源、送丝系统、焊枪及行走结构(自动焊)、供气系统和水冷系统等部分组成。图 4 - 3 为半自动熔化极气体保护焊机示意图。

4.2.1　焊接电源

熔化极气体保护焊机一般配用直流弧焊电源。各种类型的弧焊整流器均可采用。通常焊接电流在 15 ~ 500 A,空载电压为 55 ~ 80 V,负载持续率为 60% ~ 100%。

1. 电源外特性

熔化极气体保护焊电源外特性与埋弧焊机相类似,焊接电源外特性需与送丝方式相配合。

(1)平特性电源。这种电源必需和等

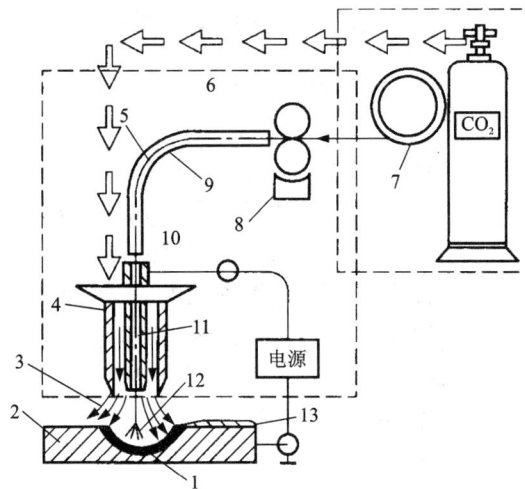

图 4 - 3　半自动熔化极气体保护焊示意图

1—熔池;2—焊件;3—CO₂ 气体;4—喷嘴;5—焊丝;
6—焊接设备;7—焊丝盘;8—送丝机构;9—软管;
10—焊枪;11—导电嘴;12—电弧;13—焊缝

速送丝机配合使用,可通过改变电源空载电压调节电弧电压,通过改变送丝速度调节焊接电源。因为细焊丝的电弧自身调节作用较强,适用于焊丝直径小于 1.6 mm,用纯 Ar 或富 Ar 和氧化性气体作保护气体的焊接。

(2)下降外特性电源。这种电源必须和变速送丝机配合使用,适用于焊丝直径大于 2.0 mm 的焊接。因为粗丝电弧自身调节作用弱,难以保证稳定焊接过程,需要通过电弧的变化及时反馈到送丝控制系统来调节送丝速度,以维持稳定的弧长。

2. 电源主要技术参数

焊接过程中电源的主要技术参数是电弧电压和焊接电流。

（1）电弧电压。电弧电压是指焊丝端与工作端之间的电压降，而不是电压端的输出电压。平特性电源电弧电压的预调节主要通过调节空载电压来实现；下降外特性电源电弧电压的预调节主要通过改变外特性斜率来实现。

（2）焊接电流。平特性电源主要通过调节送丝速度来调节电源外特性的斜率来实现。

4.2.2 送丝系统

送丝系统通常由送丝机构（见图 4-4）、送丝软管、焊丝盘等组成。熔化极气体保护焊焊机的送丝系统根据其送丝方式的不同，通常可分为三种类型。

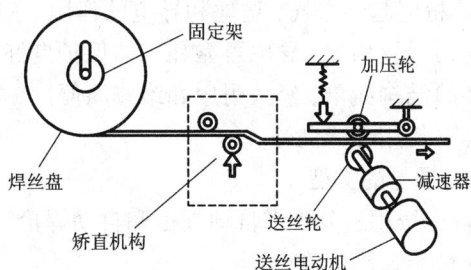

图 4-4 送丝机构组成

1. 推丝式

推丝式的焊枪结构简单、轻便，操作与维修方便，是应用最广的一种送丝方式，如图 4-5（a）所示。但焊丝进入焊枪前要经过一段较长的送丝软管，阻力较大。而且随着软管长度加长，送丝稳定性也将变差。所以送丝软管不能太长，一般在 3~5 m。

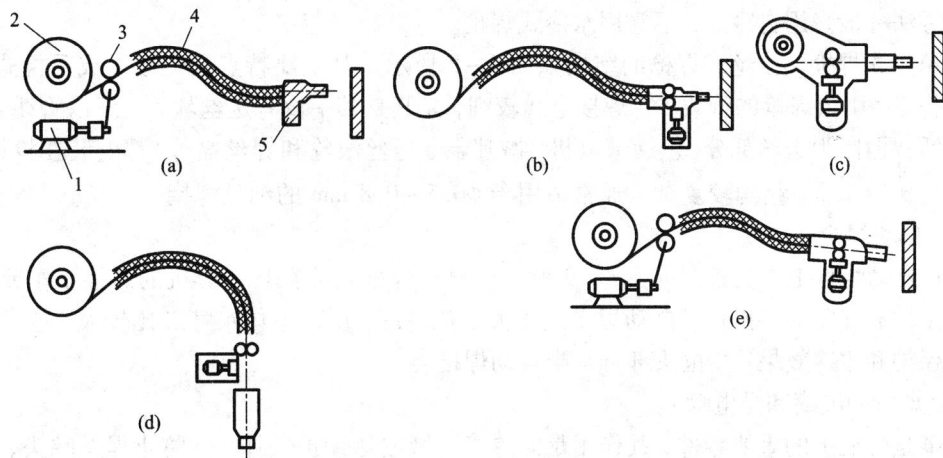

图 4-5 送丝系统
（a）推丝式；（b）、（c）、（d）拉丝式；（e）推拉丝式
1—电动机；2—焊丝盘；3—送丝滚轮；4—送丝焊软管；5—焊枪

2. 拉丝式

拉丝式主要用于直径小于或等于 0.8 mm 的细焊丝，主要是因为细焊丝刚性小，难以推丝。拉丝式又分为两种形式，其中一种是焊丝盘和焊枪分开，两者用送丝软管连接起来，如图 4-5（b）、（c）、（d）所示。

3. 推拉丝式

推拉丝式把上述两种方式结合起来，克服了使用推丝式焊枪操作范围小的缺点，送丝软管可加长到 15 m 左右，如图 4 - 5(e)所示。推丝电动机是主要的送丝动力，而拉丝机只是将焊丝拉直，以减小推丝阻力。推力和拉力必须很好的配合，通常拉丝速度应稍快于推丝速度。这种方式虽有其优点，但由于结构复杂，调整麻烦，同时焊枪较重，因此实际应用不多。

4.2.3 焊枪

1. 对焊枪的要求

焊枪应起到送气、送丝和导电的作用。对焊枪有下列要求：

(1)送丝均匀、导电可靠和气体保护良好。

(2)结构简单、经久耐用和维修简便。

(3)使用性能良好。

2. 焊枪的类型

焊枪按用途分为半自动焊枪和自动焊枪。

(1)半自动焊枪

按焊丝送给的方式不同，半自动焊枪可分为推丝式和拉丝式两种。

①推丝式焊枪。推丝式焊枪常用的形式有两种：一种是鹅颈式焊枪，如图 4 - 6 所示；另一种是手枪式焊枪，如图 4 - 7 所示。这些焊枪的主要特点是结构简单、操作灵活，但焊丝经过软管产生的阻力较大，故所用的焊丝不宜过细，多用于直径 1 mm 以上焊丝的焊接。焊枪的冷却方法一般采用自冷式，不常用水冷式焊枪。

②拉丝式焊枪。拉丝式焊枪的结构如图 4 - 8 所示。其主要特点是一般做成手枪式，送丝均匀稳定，引入焊枪的管线少，焊接电缆较细，尤其是其中没有送丝软管，所以管线柔软，操作灵活。但因为送丝部分(包括微电机、减速器、送丝滚轮和焊丝盘等)都安装在枪体上，所以焊枪比较笨重，结构较复杂。通常适用于 $\phi 0.5 \sim 0.8$ mm 的细丝焊接。

(2)自动焊枪

CO_2 自动焊机工作实景图如图 4 - 9 所示。自动焊枪安装在自动焊机的焊接小车或焊接操作机上，不需要手工操作，自动焊多用于大电流情况，所以枪体尺寸都比较大，这可以提高气体保护和水冷效果；其枪头部分与半自动焊枪类似。

(3)焊枪的喷嘴和导电嘴

喷嘴是焊枪上的重要零件，其作用是向焊接区域输送保护气体，以防止焊丝端头、电弧和熔池与空气接触。喷嘴形状多为圆柱形，也有圆锥形，喷嘴内孔直径与电流大小有关，通常为 12 ~ 24 mm。电流较小时，喷嘴直径也小；电流较大时，喷嘴直径也较大。喷嘴采用纯铜或陶瓷材料制作。

导电嘴的材料要求导电性良好、耐磨性好和熔点高，一般选用纯铜、铬紫铜或钨青铜。导电嘴孔径的大小对送丝速度和焊丝伸出长度有很大影响。如孔径过大或过小会造成工艺参数不稳定而影响焊接质量。

喷嘴和导电嘴都是易损件，需要经常更换。

表 4 - 2 列出了部分常用国产熔化极气体保护焊机的型号及技术数据。

表 4-2　常用国产熔化极气体保护焊机型号及技术数据

焊机		焊接电源						送丝机构				
型号	名称	输入电压/V	相数	空载电压/V	外特性	额定输出电流/A	额定负载持续率	其他	焊丝直径/mm	送丝速度/(m·min^{-1})	送丝方式	焊枪行走小车	应用特点
NBC-160	半自动 CO$_2$ 焊机	380	3	18.5~28	硅整流、平	160 124	60 100	额定工作电压 22V	0.6 0.8 1.0	3~11	推丝	Q-11 型空冷枪带焊丝盘	适用于薄板（0.6~3mm）短路过渡
NBC-200	半自动 CO$_2$ 焊机	380	3	17.5~28.5	硅整流、平	200	60	工作电压 17~24V 电流范围 60~200A	0.8~1.2		推丝	鹅颈式焊枪	可焊钢
NBC1-250	半自动 CO$_2$ 焊机	380	3	18~36	硅整流、平	250 198	60 100	额定工作电压 27V	1.0~1.2	2~12	推丝	Q-12 型气冷鹅颈式焊枪 SS-6 半自动推丝式	适于 1.5~5mm 钢板短路过渡、全位置焊
NBC1-500	半自动 CO$_2$ 焊机	380	3	75	硅整流、平	500	75	工作电压 15~40V 电流范围 100~500A	1.2~2.0	8	推丝	鹅颈式焊枪	可焊低碳钢、不锈钢
NBA1-500	半自动氩弧焊机	380	3	65	硅整流、平	500	60	工作电压 20~40V 电流范围 60~500A	2~3	1~14	推丝	水冷	焊接厚度为 8~30mm 的铝及铝合金板

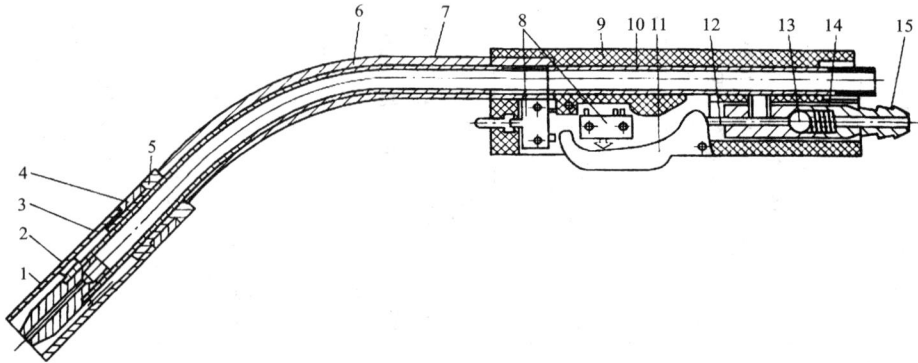

图 4-6 鹅颈式焊枪

1—导电嘴；2—分流环；3—喷嘴；4—弹簧管；5—绝缘套；6—鹅颈管；7—乳胶管；8—微动开关；
9—焊把；10—枪体；11—枪机；12—气门推杆；13—气门球；14—弹簧；15—气阀嘴

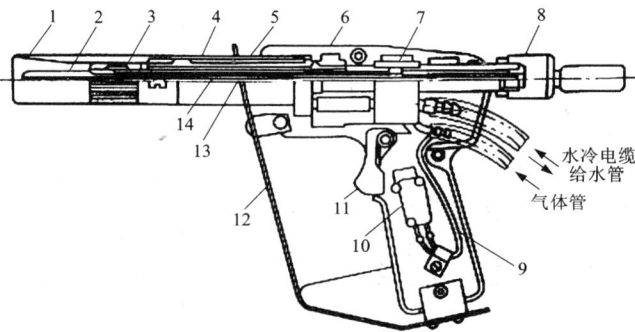

图 4-7 水冷手枪式焊枪

1—焊枪；2—焊嘴；3—喷管；4—水筒装配件；5—冷却水通路；6—焊枪架；7—焊枪上体装配件；8—锤体；
9—控制电缆；10—开关控制杆；11—微型开关；12—电弧盖；13—金属丝通路；14—喷嘴内管

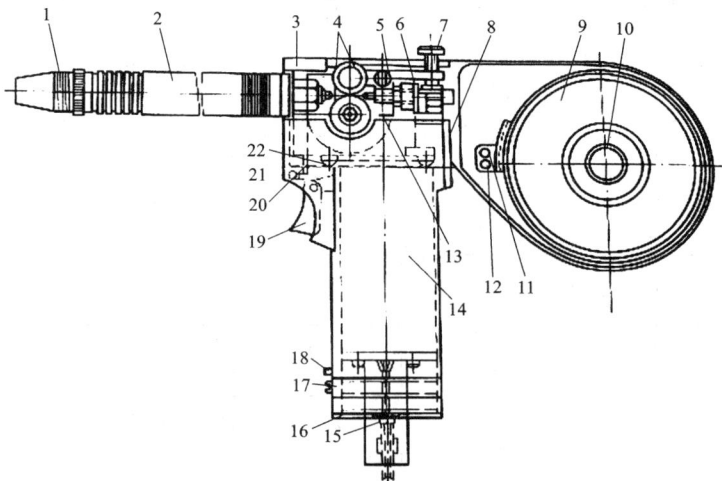

图 4-8 拉丝式焊枪

1—喷嘴；2—外套；3—绝缘外壳；4—送丝滚轮；5—螺母；6—导丝杆；7—调节螺杆；8—绝缘外壳；
9—焊丝盘；10—压栓；11—螺钉；12—压片；13—减速器；14—电动机；15—螺钉；16—底板；
17—螺钉；18—退丝按钮；19—扳机；20—触点；21、22—螺钉

图 4 – 9　CO_2 自动焊机工作实景

4.2.4　NB 系列 CO_2 气保焊机常见故障及排除方法

1. 焊机故障原因分析

NB 系列 CO_2 气保焊机以其独特的控制技术和较高的品质在国内受到越来越多用户的认可。众所周知，电焊机不同于家电，大多都在比较差的环境下工作，因此从客观上讲，电焊机在使用过程中出现一些故障是在所难免的。究其原因，从维修的角度看有以下三种：①内部原因；②外部原因；③人为原因。

具体来说造成电焊机故障的内部原因主要有：①P 板上的元器件损坏；②可控硅模块损坏；③接触器或控变损坏；④主变、电抗器等器件损坏；⑤电流互感器损坏；⑥输入组件损坏。

造成电焊机故障的外部原因主要有：①外电波动较大，波动范围超过焊机正常工作电压380V ± 10%；②送丝机控制电缆砸伤；③输入输出端子外部接线不实；④CO_2 气体不纯；⑤环境条件恶劣（露天无防护措施使用，在粉尘、油烟较大或有腐蚀性气体场所使用）；⑥动物进入机内（蛇、老鼠等）；⑦其他金属异物进入机内。

造成电焊机故障的人为原因有：①运输中损坏（特别是流动作业的用户经常搬运电焊机）；②使用、保养不当（如操作者或其他人用手拽电缆的方式移动送丝机，导电嘴没拧紧等）；③修理中 P 板上的电位器调乱，或将保险插错位置。

对维修人员来说，在着手检修电焊机时，首先应根据电焊机的故障现象判断故障的起因是在焊机的内部还是外部，然后通过现场观察，向操作者了解和亲自动手检查以便迅速准确地找到故障点。

2. 故障检修的程序与注意事项

（1）故障检修的程序

①调整送丝机遥控盒上的两个电位器，观察焊机的空载电压和送丝机的转速，根据焊机的空载电压和送丝机的转速受调不受调确认故障现象。

②根据故障现象推断故障所在的范围。

③通过分析、检查、测试等手段找出故障点。

④用合格的部件更换损坏品或用其他手段排除故障。

（2）故障检修时的注意事项

检修的目的是迅速准确地排除故障，尽快使焊机投入正常使用，决不允许扩大故障。在检修时若不谨慎从事，很可能会造成二次故障，或使简单故障复杂化，所以在检修过程中应注意以下事项：

①动手前先根据故障现象大致分析一下有无必要马上给焊机加电。

②发现 P 板上的元器件有明显的损坏时，在未查出原因并排除之前，不能换上好的 P 板或保险，就立即通电试机。

③在通电检查时如发现焊机冒烟、打火、焦臭味、异常过热等现象时应立即关机。

④P 板上的电位器不要随便调整。

⑤更换接触器、SCR 模块、控变时注意原接线位置不要接错。

⑥三种机型的 P 板原则上不能互换。

（3）焊机正常的简易判断标准

按说明书要求安装好焊机使之具备试机条件，具体如下：

①电源开关及指示灯正常。

②气体检查开关正常。

③无异常显示。

④加热器电源有 100V 电压输出。

⑤按焊枪开关调送丝机遥控盒上的 2 个电位器，焊机的空载电压和送丝机转速应受调。气阀应可靠动作，有 CO_2 气体送出。

⑥手动送丝受调。

⑦试焊时，收弧"有"和"无"动作正常。

⑧风扇转动风向应向下。

⑨停焊时无冲丝现象。

通过上述 9 点检查可基本上确认焊机正常。

3. 常见故障及排除方法

CO_2 气体保护焊常见故障及排除方法见表 4-3。

表 4 – 3　CO$_2$ 气保焊机常见故障及排除方法

故障现象	故障原因	排　除　方　法
按焊枪开关,无空载电压,送丝机不转	(1)外电不正常 (2)焊枪开关断线或接触不良 (3)控制变压器有故障 (4)交流接触器未吸合 (5)P 板有故障	(1)在焊机的后面板输入端子处,用万用表测量三相输入电压,确认三相电压是否正常(正常值为 380V ±10%) (2)用万用表检查 6 芯控制电缆插头的 3#和 5#插孔,按下焊枪开关,观察其有无 220Ω 左右的电阻,若有,说明焊枪开关回路断路。此时可将焊枪开关插头从送丝机插座上拔下,按下焊枪开关,测量该插头的两根插针,电阻值应近似为零,若阻值很大或为断路,说明焊枪电缆内的控制线断路或开关故障。若近似为零,说明故障发生在 6 芯电缆,应继续查找故障点,检查出故障原因后,重新接线 (3)用万用表检查控变输入、输出电压,确认是否正常,一次电压正常值为 380V ± 10%,二次电压分别为 200V 和 20V(2 组),若输入电压正常,输出电压不正常,此时应断开控变的负载重新测量,若还不正常说明控变有故障,应更换 (4)检查交流接触器线圈阻值,100Ω 以下、500Ω 以上为不正常,需要更换 (5)用万用表电压档测量 P 板 38 – 8 点,按焊枪开关,此两点间的电压应为零,否则 P 板有故障,可更换 P 板 (6)电焊机面板上的 5A 保险烧损,更换
焊接短时间后,异常指示灯亮	(1)热继电器故障 (2)超负载持续率使用 (3)冷却风扇不转	(1)用温度计测量平抗及可控硅模块散热器的升温,正常时用万用表检查 2 个温度继电器,确认故障时是哪个温度继电器工作,正常时继电器 2 根引线间的电阻为零。若不是则说明温度继电器有故障,应更换 (2)在限定的负载持续率范围内使用 (3)检查风扇及电容,有故障及时更换
焊接电流失调	(1)6 芯控制电缆有故障 (2)遥控盒电流调节电位器有故障 (3)P 板故障	(1)用万用表检查 6 芯控制电缆插头 4#～5#插孔,观察有无断线或短路 (2)用万用表检查遥控盒电流调节电位器,阻值按指数规律变化 (3)更换 P 板
电流表显示的数值与实际电流不符	(1)焊机两输出端子接线螺栓松动 (2)输出地线与母材接触不好 (3)焊机内的电流互感器 CT 损坏 (4)P 板有故障	(1)紧固两输出端子接线螺栓 (2)使输出地线与母材接触可靠 (3)更换电流互感器 CT (4)更换 P 板
焊接电压失调	(1)6 芯控制电缆有故障 (2)遥控盒电压调整电位器头故障 (3)P 板有故障 (4)SCR 模块有故障	(1)检查 6 芯控制电缆［焊接电流失调故障(1)］ (2)用万用表检查遥控盒电压调整电位器,阻值按线性规律变化 (3)用万用表检查 2 组 SCR 模块阴阳极和阴控极,确认 SCR 模块有无故障 (4)更换 P 板

故障现象	故障原因	排　除　方　法
能送丝,并有空载压,但不能引弧	(1)焊机输出电缆断路或地线电缆没有和母材连接 (2)焊道油污太多或锈蚀严重 (3)P板"简易一元/个别"切换开关 SW10 在"简易一元化"位置,而遥控盒电压调整电位器规范电压设置不对	(1)检查输出地线电缆有无断路及与母材的连接情况 (2)清除焊道油污及铁锈 (3)调整遥控盒电压,调整电位器,重新设置电压规范
按焊枪开关立即烧 8A 保险	(1)6 芯控制电缆短路 (2)P板故障 (3)导电嘴与焊丝熔融在一起	(1)用万用表检查6芯控制电缆6芯插头的插孔1和6,应有大于 $0.8 \sim 1.2 \, \Omega$ 的电阻,如果小于此值可判断电缆有短路故障 (2)用万用表检查 P 板,Q10 漏－源极、栅－源电阻和送丝回路的 2 只 SCR,确认有无击穿损坏。另外还需进一步检查确认 P 板上的连接器 81 对 80 和 82 对 80 点的电压是否对称、相等,2 组电压值均为27V (3)检查导电嘴,若导电嘴和焊丝熔在一起时,需更换导电嘴
无手动送丝,焊接时工作送丝正常	(1)手动送丝开关损坏 (2)P板故障	(1)更换手动送丝开关 (2)更换 P 板
送丝不稳定	(1)导电嘴用的不合适 (2)SUS 导套帽与送丝轮槽不同心 (3)焊枪电缆弯曲半径小于 300 mm (4)送丝软管淤塞 (5)送丝管用的不对 (6)焊丝排列杂乱或有硬弯 (7)送丝轮磨损 (8)P板或送丝电路有故障	(1)检查焊丝或导电嘴,确认导电嘴是否合适,及时更换 (2)调整 SUS 导套帽使之与送丝轮槽同心 (3)将焊枪伸直,使之弯曲半径大于300 mm (4)用压缩空气清理送丝软管使之畅通 (5)送丝软管与焊枪应配套使用 (6)剔除排列杂乱或有硬弯的焊丝 (7)更换送丝轮 (8)更换 P 板或检查送丝电路
未按焊枪开关就送丝	(1)焊枪开关接线短路 (2)6 芯控制电缆短路 (3)P板有故障 (4)加长 6 芯控制电缆接头进水	(1)不按焊枪开关,用万用表在焊枪开关插头处检查一线式电缆控制线及焊枪开关是否短路,若控制线短路,更换焊枪,若开关短路,可修理时修理开关,不能修理时更换开关 (2)在断电的情况下,不按焊枪开关,在 6 芯控制电缆插头处,用万用表检查 6 芯控制电缆的插孔 3 与插孔 5、6 之间以及插孔 5、6 之间的绝缘电阻,前者阻值为无穷大,后者阻值应大于 $2.4 \mathrm{k}\Omega$ (3)使加长电缆的 6 芯中间插头脱离水源,打开插头插座,将水擦干,使连接插针和插孔的 6 芯电缆线间阻值恢复正常,然后再将插头插上,并在接头处采取防水处理,以防下次再次进水 (4)更换 P 板

故障现象	故障原因	排　除　方　法
气体加热器失灵	(1)流量计加热器电源线断开或插头与插座接触不良 (2)加热芯电阻丝断 (3)温控装置失灵 (4)加热器保险熔断	(1)在断电情况下从焊机上拔下流量计插头,用万用表检查插头上的插孔 1 和 3 之间有无电阻,正常情况阻值应为 30~40Ω。若没有说明加热回路有断线的地方,应打开流量计加热器护罩,进一步检查:①电源线有无断线;②加热芯有无断路,双金属片触点是否闭合接通,找到故障点并排除 (2)更换加热芯 (3)更换温控装置 (4)查找引起保险熔断的故障点并排除,然后更换保险
焊缝产生大量气孔	(1)CO_2 气体不纯 (2)气体压力流量不足 (3)焊丝伸出导电嘴过长 (4)焊道有油污 (5)空气对流过大 (6)喷嘴变形 (7)CO_2 气路受阻或漏气 (8)气阀不动作 (9)气阀保险熔断	(1)使用纯度高的 CO_2 气体或提纯 (2)换气调整流量 (3)焊丝杆伸长控制为 10 倍的焊丝直径 (4)清除焊道油污及铁锈 (5)在工作场地采取防风措施减小空气对流 (6)更换喷嘴 (7)检查气路、疏通或堵漏 (8)检查气阀线圈和气阀线圈的供电电压,正常值为100Ω左右,电压是 24V (9)检查 P 板上的 1A 保险,若损坏时更换
合上电源开关即烧 5A 保险	(1)控变次级绕组短路 (2)冷却风扇绕组短路 (3)交流接触器线圈烧毁	(1)拆开焊机右侧板,目测控变有无烧痕 (2)断开控变次级负载回路,使控变空载运行,接通电源开关看是否还烧 5A 保险,若不烧,检查次级各绕组的输出电压,若数值正常,说明控变无故障。断电,继续下一步检查 (3)检查冷却风扇有无损坏 (4)检查交流接触器线圈直流电阻,500KR 型为 150~160Ω,350KR 型为 345Ω,200KR 型为 483Ω。在做完上述检查后,发现哪个部件损坏,应更换哪个部件
空载电压低	(1)电源缺相 (2)SCR 模块故障 (3)交流接触器触点烧毁 (4)P 板故障	(1)在焊机后面板输入电源接线端子台处测量三相输入电压 (2)切断电源,打开焊机两侧板检查两组 SCR 模块 (3)检查交流接触器触点闭合情况 (4)接通电源测量主变次级三相电压,正常值如下: 　500KR　　350KR　　200KR 　50±1V　　40.7±1V　　28.2±1V (5)更换 P 板
焊接时飞溅大	(1)焊接规范没有调整好 (2)焊丝质量不好 (3)丝径选择开关位置不对 (4)焊接过程中电网电压波动过大 (5)焊件及焊丝有油污或铁锈 (6)可控硅有故障 (7)P 板有故障 (8)气体有问题 (9)焊丝杆伸长长度过长 (10)导电嘴、送丝轮或焊丝直径配合不一致	(1)重新调整焊接规范,方法如下: A.根据焊接条件确定焊接电流 B.根据焊接电流按下式确定焊接电压: 　$U = 0.04I + 16 \pm 1.5$　　$I \leq 300A$ 　$U = 0.04I + 20 \pm 2.0$　　$I > 300A$ (2)更换焊丝 (3)重新确认丝径选择开关 (4)焊接过程中电网电压波动不应超过标准供电电压的 ±10% (5)清除焊件或焊丝的油污或铁锈 (6)检查 SCR 模块 (7)更换 P 板 (8)更换纯度较高的 CO_2 或混合气 (9)将丝杆伸长控制在 10 倍丝径范围内 (10)导电嘴、送丝轮、焊丝重新配合

故障现象	故障原因	排　除　方　法
收弧有状态，无工作送丝	P板故障	更换P板
收弧无状态工作正常，收弧有状态不自锁无收弧	P板故障	P板故障

4.3　熔化极惰性气体保护焊（MIG 焊）

熔化极惰性气体保护焊是采用惰性气体作为保护气体，使用焊丝作为熔化电极的气体保护焊方法，通常其英文缩写为 MIG 焊。MIG 焊是目前常用的气体保护焊接方法之一。本节主要讲述 MIG 焊的原理、特点和应用范围、焊接材料、焊接工艺等内容。

4.3.1　MIG 焊的原理、特点及应用

1. MIG 焊的基本原理

MIG 焊采用焊丝作电路，在惰性气体（氩气或氦气）保护下，电弧在焊丝与焊件之间燃烧。焊丝连续送给并不断熔化，而熔化的熔滴也不断向熔池过渡，与液态的焊件金属熔合，经冷却凝固后形成焊缝。

2. MIG 焊的特点

MIG 焊与 CO_2 焊、钨极氩弧焊等相比较有以下特点：

（1）焊缝质量高

由于采用惰性气体作为保护气体，保护气体不与金属起化学反应，合金元素不会氧化烧损，而且也不溶解于金属，因此保护效果好，且飞溅极少，能获得较为纯净及高质量的焊缝。

（2）焊接范围广

几乎所有的金属材料都可以进行 MIG 焊，且 MIG 焊特别适合焊接化学性质活泼的金属和合金。近年来对于碳钢和低合金钢等黑色金属，更多采用熔化极活性混合气体保护焊。而熔化极氩弧主要用于铝、镁、铜及其合金和不锈钢及耐热钢等材料的焊接，有时还可用于焊接结构的打底焊。MIG 焊不仅能焊薄板也能焊厚板，特别适用于中等和大厚度焊件的焊接。

（3）焊接效率高

由于用焊丝作为电极，克服了氩弧焊钨极的熔化和烧损的限制，焊接电流可大大提高，焊缝厚度大，焊丝熔敷速度快，所以一次焊接的焊缝厚度显著增加。例如铝及铝合金，当焊接电流为 450～470A 时，焊缝的厚度可达 15～20 mm。且采用自动焊和半自动焊，具有较高的焊接生产率，并改善了劳动条件。

MIG 焊的缺点无脱氧去氢作用，因此对母材及焊丝的油、锈很敏感，易形成气孔等缺陷，

所以对焊接材料表面处理特别严格；MIG 焊抗侧向风能力差，不利于野外焊接；焊接设备也比较复杂；由于采用氩气或氦气，焊接成本相对较高。

3. MIG 焊的应用

MIG 焊适合于焊接低碳钢、低合金钢、耐热钢、不锈钢、非铁金属及其合金。低熔点或低沸点金属材料如铅、锡、锌等，不宜采用熔化极惰性气体保护焊。目前在中等厚度、大厚度铝及铝合金板材的焊接中，已广泛地应用了 MIG 焊。

MIG 焊可分为半自动焊和自动焊两种。自动 MIG 焊适用于较规律的纵缝、环缝及水平位置的焊接；半自动 MIG 焊大多用于定位焊、短焊缝、断续焊缝以及铝容器中封头、管接头、加强圈等工件的焊接。

4.3.2　MIG 焊的焊接材料

MIG 焊的焊接材料主要包括保护气体和焊丝。

1. 保护气体

MIG 焊常用的保护气体有氩气、氦气和它们的混合气体，其特性及其应用范围如下：

①氩气（Ar）　氩气是一种惰性气体，在高温下不分解吸热，不与金属发生化学反应，也不溶于金属中，其密度比空气大，不易漂浮散失，而比热容和导电系数比空气小，这些性能使氩气在焊接时能起到良好的保护作用。氩气保护的优点是电弧燃烧非常稳定，进行 MIG 焊时焊丝金属很容易呈稳定的轴向射流过渡，飞溅极小，缺点是焊缝易形成"指状"焊缝。

②氦气（He）　和氩气一样，氦气也是一种惰性气体，但氦气的电离电压很高，焊接时引弧较困难。和氩气相比，氦气的电离电压高，导热系数大，所以在相同的焊接电流和弧长条件下，氦气的电弧电压比氩气的高，这使电弧具有较大的功率，对母材热输入也较大。但是，由于氦气的相对密度比空气小，要有效地保护焊接区，需要的电流应比氩气高 2 ~ 3 倍，而且，氦气比较昂贵，所以一般很少使用。

③氩气 + 氦气（Ar + He）　采用 Ar + He 混合气体具有 Ar 和 He 所有的优点，电弧功率大、温度高、熔深大。可用于焊接导热性强、厚度大的非铁金属如铝、钛、锆、镍、铜及其合金。在焊接大厚度铝及铝合金时，可改善焊缝成形、减少气孔及提高焊接生产率，He 所占的比例随着工件厚度的增加而增大。在焊接铜及其合金时，He 所占比例一般为 50% ~ 70%。

小知识

标准中规定，在采用气体保护焊方法焊接时，若风速超过 2m/s，则应该采取防护措施才能焊接。用焊条电弧焊焊接的定位焊缝处残留的渣易引起电弧不稳和产生缺陷，所以，焊前应清除残渣。

2. 焊丝

MIG 焊使用的焊丝成分通常应与母材成分相近，应具有良好的焊接工艺性，并能提供良好的接头性能。在某些情况下，为了顺利地进行焊接并获得满意的焊缝性能，需要采用与母材成分完全不同的焊丝。例如：用于焊接高强度铝合金和合金钢的焊丝，在成分上通常完全不同于母材，其原因在于某些合金元素在焊接金属中将发生不利的冶金反应而产生缺陷或显著降低焊缝金属性能。

MIG 焊使用的焊丝直径一般为 0.8 ~ 2.5 mm。焊丝直径越小，焊丝的表面积与体积的比值越大，即焊丝加工过程中进入焊丝表面的拔丝剂、油或其他的杂质相对较多。这些杂质可能引起气孔、裂纹等缺陷，因此焊丝使用前必须经过严格的清理。另外，由于焊丝需要连续而流畅地通过焊枪送进焊接区，所以，焊丝一般以焊丝卷或焊丝盘的形式供应。

4.3.3　MIG 焊工艺

MIG 焊熔滴过渡的形式主要有短路过渡、射流过渡、脉冲射流过渡。在用 MIG 焊焊接铝及铝合金时，常采用亚射流过渡。

1. 焊接工艺参数的选择

MIG 焊的焊接工艺参数主要有焊丝直径、焊接电流、电弧电压、焊接速度、保护气流量、焊丝伸出长度、喷嘴直径等。

（1）焊丝直径

焊丝直径应根据工件的厚度及施焊位置来选择。细焊丝（直径≤1.2 mm）以短路过渡为主，较粗焊丝以射流过渡为主。细焊丝主要用于焊接薄板和全位置焊接，而粗焊丝多用于厚板平焊。焊丝直径的选择见表 4-4。

表 4-4　焊丝直径的选择

焊丝直径/mm	工件厚度/mm	施焊位置	熔滴过渡形式
0.8	1～3	全位置	短路过渡
1.0	1～6	全位置、单面焊双面成形	
1.2	2～12		
	中等厚度、大厚度	打底	
1.6	6～25	平焊、横焊或立焊	射流过渡
	中等厚度、大厚度		
2.0	中等厚度、大厚度		

射流过渡在平焊位置焊接大厚度板时，可采用直径为 3.2～5.6 mm 的焊丝，这时焊接电流可调节到 500～1000A。这种粗丝大电流焊的优点是熔透能力强、焊道层数少、焊接生产率高、焊接变形小。

（2）焊接电流

焊接电流是最重要的焊接工艺参数，应根据工件厚度、焊接位置、焊丝直径及熔滴过渡形式来选择。焊丝直径一定时，可以通过选择不同的焊接电流以获得不同的熔滴过渡形式，如要获得连续喷射过渡，其电流必须超过某一临界电流值。焊丝直径增大，其临界电流值也会增加。

在焊接铝及铝合金时，为获得优质的焊接接头，MIG 焊一般采用亚射流过渡，此时电弧发出"咝咝"兼有熔滴短路时的"啪啪"声，且电弧稳定、气体保护效果好、飞溅少、熔深大、焊缝成形美观、表面鱼鳞纹细密。表 4-5 列出了低碳钢 MIG 焊的焊接电流范围。

表 4 – 5 低碳钢 MIG 焊的焊接电流范围

焊丝直径/mm	焊接电流/A	熔滴过渡方式	焊丝直径/mm	焊接电流/A	熔滴过渡方式
1.0	40 ~ 50	短路过渡	1.2	80 ~ 220	脉冲射流过渡
1.2	80 ~ 180	混合过渡	1.6	100 ~ 270	
1.2	220 ~ 350	射流过渡	1.6	270 ~ 500	射流过渡

（3）电弧电压

电弧电压主要影响熔滴的过渡形式及焊缝成形。要想获得稳定的熔滴过渡，除了正确选用合适的焊接电流外还必须选择合适的电弧电压。图 4 – 10 表示 MIG 焊时电弧电压和焊接电流之间的关系，若超出图中所示范围，容易产生焊接缺陷。如电弧电压过高，则可能产生气孔和飞溅；电弧电压过低，则有可能短接。

（4）焊接速度和喷嘴直径

由于 MIG 焊对熔池的保护要求较高，焊接速度又高，如果保护不良，焊缝表面便易起皱皮。所以喷嘴直径比钨极氩弧焊的要求大，为 20 mm 左右。氩气流量也大，为 30 ~ 60 L/min。自动 MIG 焊的焊接速度为 25 ~ 150 m/h，半自动 MIG 焊的焊接速度为 5 ~ 60 m/h。

喷嘴端部至工件的距离也应保持在 12 ~ 22 mm。从气体保护效果看，距离越近越好，但距离过近容易使喷嘴接触熔池表面，反而恶化焊缝成形。喷嘴高度应根据电流大小选择，见表 4 – 6。

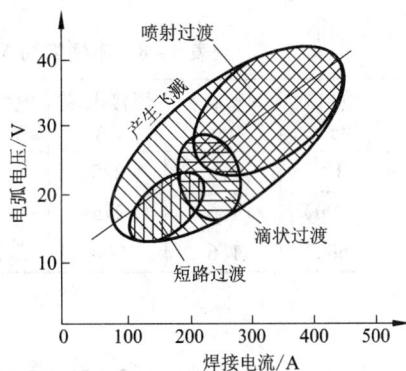

图 4 – 10 MIG 焊时电弧电压和焊接电流之间的关系

表 4 – 6 喷嘴高度推荐值

电流大小/A	< 200	200 ~ 250	350 ~ 500
喷嘴高度/mm	10 ~ 15	15 ~ 20	20 ~ 25

（5）焊丝的位置

焊丝和焊缝的相对位置会影响焊缝成形，焊丝的相对位置有前倾、后倾和垂直三种，焊丝位置示意图见图 4 – 11。

当焊丝用前倾焊法时形成的熔深大、焊道窄、余高也大；当用后倾焊法时形成的熔深小、余高也小；用垂直焊法时，介于两者之间。对于半自动 MIG 焊，焊接时一般采用左焊法，便于操作者观察熔池。

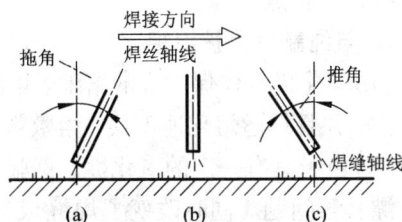

图 4 – 11 焊丝位置示意图
（a）前倾焊法；（b）垂直焊法；（c）后倾焊法

综上所述，在选择 MIG 焊的焊接工艺参数时，应先根据工件厚度、坡口形状选择焊丝直径，再由熔滴过渡形式确定电流，并配以合适的电弧电压，其他参数的选择应以保证焊接过程稳定及焊缝质量为原则。各种焊接工艺参数之间需要相互配合，以获得稳定的焊接过程及良好的焊接质量。表4-7、表4-8、表4-9列出了不锈钢、铝及铝合金 MIG 焊的焊接工艺参数。

表4-7 不锈钢 MIG 焊（短路过渡）的焊接工艺参数

板厚 /mm	坡口形式	焊丝直径 /mm	焊接电流 /A	电弧电压 /V	送丝速度 /(m·min⁻¹)	保护气体(体积分数)	气体流量 /(L·min⁻¹)
1.6	I	0.8	85	21	4.5	90% He + 7.5% Ar + 2.5% CO_2	14
2.4	I	0.8	105	23	5.5	90% He + 7.5% Ar + 2.5% CO_2	14
3.2	I	0.8	125	24	7	90% He + 7.5% Ar + 2.5% CO_2	14

表4-8 不锈钢的 MIG 焊（射流过渡）的焊接工艺参数

板厚 /mm	坡口形式	焊丝直径 /mm	焊接电流 /A	电弧电压 /V	送丝速度 /(m·min⁻¹)	保护气体(体积分数)	气体流量 /(L·min⁻¹)
3.2	I	1.6	225	24	3.3	98% Ar + 2% O_2	14
6.4	Y(600)	1.6	275	26	4.5	98% Ar + 2% O_2	16
9.5	Y(600)	1.6	300	28	6	98% Ar + 2% O_2	16

4.4　熔化极活性混合气体保护焊（MAG 焊）

4.4.1　MAG 焊的原理及特点

熔化极活性气体保护焊是采用在惰性气体氩（Ar）中加入少量的氧化性气体（CO_2、O_2 或其混合气体）的混合气体作为保护气体的一种熔化极气体保护焊方法，简称 MAG 焊。由于混合气体中氩气所占比例大，又常称为富氩混合气体保护焊。现常用氩（Ar）与 CO_2 混合气体来焊接碳钢及低合金钢。

熔化极活性气体保护焊除了具有一般气体保护焊的特点外，与纯氩弧焊、纯 CO_2 焊相比还具有以下特点。

1. 与纯氩气保护焊相比

（1）熔化极气体保护焊的熔池、熔滴温度比纯氩弧焊高，电流密度大，所以熔深大，焊缝厚度大，并且焊丝熔化速度快，熔敷效率高，有利于提高焊接生产率。

（2）由于具有一定的氧化性，克服了纯氩保护时表面张力大、液态金属黏稠、易咬边及斑点漂移等问题。同时改变了焊缝成形，有纯氩的指状（蘑菇）熔深成形改变为深圆弧状成形，接头的力学性能好。

（3）由于加入一定量的较便宜的 CO_2 气体，降低了焊接成本，但 CO_2 的加入提高了产生喷射过渡的临界电流，引起熔滴和熔池金属的氧化及合金元素的烧损。

表4-9 铝及铝合金MIG焊的焊接工艺参数

板材牌号	焊丝牌号	板材厚度/mm	坡口形式	坡口尺寸			焊丝直径/mm	喷嘴孔径/mm	氩气流量/(L·min⁻¹)	焊接电流/A	电弧电压/V	焊接速度/(m·h⁻¹)	备注
				钝边/mm	坡口角度/(°)	间隙/mm							
5A05	SAlMg5	5	—	—	—	—	2.0	22	28	240	21~22	42	单面焊双面成型
		6	V	—	100	0~0.5	2.5	22	30~35	230~260	26~27	25	
		8	V	4	100	0~0.5	2.5	22	30~35	300~320	26~27	24~28	
		10	V	6	100	0~1	3.0	28	30~35	310~330	27~28	18	
		12	V	8	100	0~1	3.0	28	30~35	320~340	28~29	15	
1050A	1060	14	V	10	100	0~1	4.0	28	40~45	380~400	29~31	18	
		16	V	12	100	0~1	4.0	28	40~45	380~420	29~31	17~20	
		20	V	16	100	0~1	4.0	28	50~60	450~500	29~31	17~19	正反面均焊一层
		25	V	21	100	0~1	4.0	28	50~60	490~550	29~31	—	
		28~30	X	16	100	0~1	4.0	28	50~60	560~570	29~31	13~15	
5A03	5A05	12	V	8	120	0~1	3.0	22	30~35	320~350	28~30	24	
		18	V	14	120	0~1	4.0	28	50~60	450~470	29~30	18.7	
		20	V	16	120	0~1	4.0	28	50~60	450~470	28~30	18	
		25	V	16	120	0~1	4.0	28	50~60	490~520	29~31	16~19	
2A11	SAlSi5	50	X	6~8	75	0~0.5	4.2	28	50	450~500	24~27	24~27	也可采用双面U形坡口，钝边6~8 mm

2. 与纯 CO_2 气体保护焊相比

（1）由于电弧温度高，易形成喷射过程，故电弧燃烧稳定，飞溅减少，熔敷系数提高，节省焊接材料，焊接生产率提高。

（2）由于大部分气体为惰性氩气，对熔池的保护性能较好，焊缝气孔产生几率下降，力学性能有所提高。

（3）与纯 CO_2 焊相比，焊缝成形好，焊缝平缓，焊波细密、均匀美观，但成本较 CO_2 焊高。

4.4.2 MAG 焊常用混合气体及应用

1. $Ar + O_2$

$Ar + O_2$ 活性混合气体可用于碳钢、低合金钢、不锈钢等高合金钢及高强钢的焊接。焊接不锈钢等高合金钢及高强钢时，O_2 的含量（体积分数）应控制在 1% ~ 5%；焊接碳钢、低合金钢时，O_2 的含量（体积分数）可达 20%。

2. $Ar + CO_2$

$Ar + CO_2$ 混合气体既具有 Ar 的优点（如电弧稳定性好、飞溅小、很容易获得轴向喷射过渡等），同时又因为具有氧化性，克服了用单一 Ar 焊接时阴极漂移现象及焊缝成形不好的问题。Ar 与 CO_2 气体的比例通常为（70% ~ 80%）/（30% ~ 20%）。这样的比例既可用于喷射过渡电弧，也可用于短路过渡及脉冲过渡电弧。但在用短路过渡电弧进行垂直焊和仰焊时，Ar 和 CO_2 的比例最好是 50%/50%，这样有利于控制熔池。现在常用 80% $Ar + 20\%$ CO_2 焊接碳钢及低合金钢。

3. $Ar + O_2 + CO_2$

$Ar + O_2 + CO_2$ 活性混合气体可用于焊接低碳钢、低合金钢，其焊缝成形、接头质量以及金属熔滴过渡和电弧稳定性都比 $Ar + O_2$、$Ar + CO_2$ 强。

在熔化极及钨极气体保护焊中，常见的焊接用保护气体及其适用范围见表 4 - 10。

表 4 - 10　常见焊接用保护气体及其适用范围

被焊材料	保护气体（体积分数）	工件厚度/mm	特点
铝及铝合金	100% Ar	0 ~ 25	较好的熔滴过渡,电弧稳定,飞溅极小
	35% Ar + 65% He	25 ~ 27	热输入比纯氩大,改善 Al - Mg 合金的熔化特性,减少气孔
	25% Ar + 75% He	76	热输入高,增加熔深,减少气孔,适于焊接厚铝板
镁	100% Ar	—	良好的清理作用
钛	100% Ar	—	良好的电弧稳定性,焊缝污染小,在焊缝区域的背面要求惰性气体保护以防空气污染
铜及铜合金	100% Ar	≤3.2	能产生稳定的射流过渡,良好的润滑性
	Ar + (50% ~ 70%) He	—	热输入比纯氩大,可减少预热温度

被焊材料	保护气体（体积分数）	工件厚度/mm	特点
镍及镍合金	Ar + (15% ~20%) He	≤3.2	能产生稳定的射流过渡、脉冲射滴过渡及短路过渡
	99% Ar + 20% O₂	—	热输入高于纯氩
不锈钢	98% Ar + 1% O₂	—	改善电弧稳定性，用于射流过渡及脉冲射滴过渡，能较好控制熔池，焊缝形状良好，焊较厚的材料时产生的咬边较小
	98% Ar + 2% O₂	—	较好的电弧稳定性，可用于射流过渡及脉冲射滴过渡，焊缝形状良好，焊接较薄工件比加 1% O₂（体积分数）的混合气体有更快的速度
低碳钢	98% Ar + 2% O₂	—	最小的咬边和良好的韧性，可用于射流过渡及脉冲射滴过渡
	Ar + (3% ~5%) O₂	—	改善电弧稳定性，能较好地控制熔池，焊缝形状良好，咬边较小，比纯氩的焊速更高
	Ar + (10% ~20%) O₂	—	电弧稳定，可用于射流过渡及脉冲射滴过渡，焊缝成形好，飞溅较小，可高速焊接
	80% Ar + 15% CO₂ + 5% O₂	—	电弧稳定，可用于射流过渡及脉冲射滴过渡，焊缝成形好，熔深极大
	65% Ar + 26.5% He + 8% CO₂ + 0.5% O₂	—	电弧稳定，尤其在大电流作用时可得到稳定的喷射过渡，能实现大电流下的高熔敷率，φ1.2 mm 焊丝的最高送丝速度可达 50 m/min，焊缝冲击韧度好。

4.4.3　MAG 焊的焊接工艺参数

正确地选择焊接工艺参数是获得高生产率和高质量焊缝的先决条件。熔化极活性气体保护焊的焊接工艺参数主要有焊丝的选择、焊接电流、电弧电压、焊接速度、焊丝伸出长度、气体流量、电源种类极性等。

（1）焊丝的选择

熔化极活性气体保护焊时，由于保护气体有一定氧化性，必须使用含有 Si、Mn 等脱氧元素的焊丝。焊接低碳、低合金钢时常选用 ER50 – 3、ER50 – 6、ER49 – 1 焊丝。

焊丝直径的选择与气体保护焊相同，在使用半自动焊焊接时，常使用直径为 1.6 mm 以下的焊丝进行施焊。当采用直径大于 2 mm 的焊丝时，一般均采用自动焊。

（2）焊接电流

焊接电流是熔化极活性气体保护焊的重要工艺参数，焊接电流的大小应根据工件的厚度、坡口形状、所采用的焊丝直径以及所需要的熔滴过渡形式来选择。

焊接电流的选择除参照有关经验数据外还可通过工艺评定试验得出的焊接电流值进行调节。

（3）电弧电压

电弧电压也是焊接工艺中关键参数之一。电弧电压的高低决定了电弧长短与熔滴的过渡形式。只有当电弧电压与焊接电流有机匹配，才能获得稳定的焊接过程。当电流与电弧电压匹配良好时，电弧稳定、飞溅少、声音柔和，焊缝熔合情况良好。其他位置操作时，其电弧电压和焊接电流的选择可按照平焊位置进行适当衰减调整。

（4）焊丝伸出长度

焊丝伸出长度与 CO_2 气体保护焊基本相同，一般为焊丝直径的 10 倍左右。

（5）气体流量

气体流量也是一个重要参数。流量太小，起不到保护的作用；流量太大，由于紊流的产生、保护效果亦不好，而且气体消耗太大，成本升高。一般对 1.2 mm 以下焊丝半自动焊时，流量为 15L/min 左右。

（6）焊接速度

半自动焊接速度全靠施焊者自行确定。因为焊速过快，可以产生很多缺陷，如未焊透、熔合情况不佳、焊道太薄、保护效果差、产生气孔等；但焊速太慢则又可能产生焊缝过热、甚至烧穿、成形不良等。因此焊接速度是由操作者在综合考虑板厚、电弧电压及焊接电流、层次、坡口形状及大小、熔合情况和施焊位置等因素来确定并调整。

（7）电源种类极性

熔化极气体保护焊与 CO_2 气体保护焊一样，为了减少飞溅，一般均采用直流反极性焊接，即焊件接负极，焊枪接正极。

常用的熔化极活性气体保护焊焊接工艺参数见表 4 – 11。

表 4 – 11　常用熔化极活性气体保护焊焊接工艺参数

材料	焊厚 /mm	焊丝层次	焊丝直径 /mm	焊接电流 /A	电弧电压 /V	气体流量 (L·min^{-1})	焊接速度 /(mm·min^{-1})
Q352 – A	16	打底层	1.2	95 ~ 105	85 ~ 89	15	250 ~ 300
		中间层	1.2	200 ~ 220	23 ~ 25		250 ~ 300
		盖面层	1.2	190 ~ 210	22 ~ 24		250 ~ 300
Q235(16Mn)	16	打底层	1.6	250 ~ 275	30 ~ 31	25	300 ~ 350
		中间层	1.6	325 ~ 350	34 ~ 35		300 ~ 350
		盖面层	1.6	325 ~ 350	34 ~ 35		300 ~ 350
		封底层	1.6	325 ~ 350	34 ~ 35		300 ~ 350

4.5　CO_2 气体保护焊（CO_2 焊）

CO_2 气体保护焊是利用 CO_2 作为保护气体的熔化极气体保护焊方法，简称 CO_2 焊。CO_2 焊是目前焊接钢铁材料的重要焊接方法之一，在许多金属结构的生产中已逐渐取代了焊条电弧焊和埋弧焊。

4.5.1　CO_2 焊的原理、特点及应用

1. CO_2 焊的原理

CO_2 焊是利用 CO_2 气体使焊接区与周围空气隔离，防止空气中的氧、氮对焊接区的有害作用，从而获得优良的机械保护性能。因为 CO_2 气体具有氧化性，一旦焊缝金属被氧化和氮化，脱氧是容易的，而脱氮就很困难。另外 CO_2 气体高温分解，体积增加，增加了保护效果，

故可用作保护气体。CO_2 焊的原理示意图如图 4-12 所示。

2. CO_2 焊的工艺特点

(1) CO_2 的穿透能力强。厚板焊接时可增加破空的顿边和减小破口；焊接电流密度大（通常为 $100 \sim 300 \ A/mm^2$），故焊丝熔化率高；焊后无需清渣，所以 CO_2 焊的生产率比焊条电弧焊高 $1 \sim 3$ 倍。

(2) CO_2 气体来源广，价格便宜，而且电能消耗少，故使焊接成本降低。通常 CO_2 焊的成本只有埋弧电弧焊或焊条电弧焊的 $40\% \sim 50\%$。

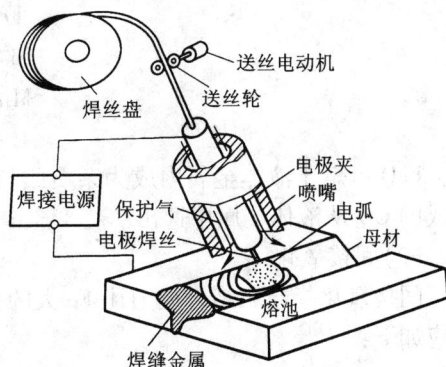

图 4-12　CO_2 焊的原理示意图

(3) 可实现全位置焊接，并且对于薄板、中厚板甚至厚板都能焊接。由于电弧加热集中，工作受热面积小，同时 CO_2 气流有较强的冷却作用，所以焊接变形小，特别适宜于薄板焊接。

(4) 对铁锈敏感性小，焊缝含氢量少，抗裂性能好。

(5) 飞溅率较大，并且焊缝表面成形较差。特别当焊接工艺参数匹配不当时，更为严重。

(6) 电弧气氛有很强的氧化性，不能焊接易氧化的金属材料。抗侧向风能力较弱，室外作业须有防风措施。

(7) 焊接弧光较强，特别是大电流焊接时，要注意对操作人员防弧光辐射保护。

3. CO_2 焊的应用

CO_2 焊主要用于焊接低合金钢等材料。对于不锈钢，由于焊缝金属有增碳现象，影响抗晶间腐蚀性能，所以只能用于对焊缝性能要求不高的不锈钢工件。CO_2 焊用于耐磨零件的材料厚度范围较大，最厚的已经焊到 250 mm 左右。目前 CO_2 焊已在石油化工、汽车制造、农业机械、矿山机械等部门得到了广泛的应用。

4.5.2　CO_2 焊的冶金特性

CO_2 焊使用的 CO_2 气体是一种氧化性气体，在高温下进行分解，具有强烈的氧化作用，能把合金元素氧化烧损。

1. 合金元素的氧化

CO_2 气体在电弧高温作用下会分解，反应方程式如下：

$$CO_2 \longrightarrow CO + O$$

CO_2、CO 和 O 在电弧空间同时存在，CO 气体在焊接中不溶解金属，也不与金属发生反应，但 CO_2 和 O 则能与铁和其他元素发生如下氧化反应：

(1) 直接氧化

直接氧化的反应如下：

$$Fe + CO_2 =\!\!=\!\!= FeO + CO \uparrow$$
$$Si + 2CO_2 =\!\!=\!\!= SiO_2 + 2CO \uparrow$$
$$Mn + CO_2 =\!\!=\!\!= MnO + CO \uparrow$$

焊件与高温分解的氧原子作用

$$Fe + O = FeO$$
$$Si + 2O = SiO_2$$
$$Mn + O = MnO$$
$$C + O = CO\uparrow$$

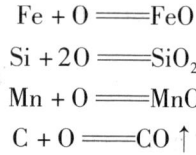

FeO 可熔于液体金属内成为杂质或与其他元素发生反应，SiO_2 和 MnO 成为熔渣能浮出，生成的 CO 从液体金属中逸出。

（2）间接氧化

间接氧化指与氧结合能力比 Fe 大的合金元素把氧从 FeO 中置换出来而自身被氧化，其反应如下：

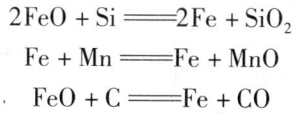

$$2FeO + Si = 2Fe + SiO_2$$
$$Fe + Mn = Fe + MnO$$
$$FeO + C = Fe + CO$$

生成的 SiO_2 和 MnO 变成熔渣浮出，其结果是液体金属中 Si 和 Mn 被烧损而减少。生成的 CO 在电弧高温下急剧膨胀，使熔滴爆破而引起金属飞溅。在熔池中的 CO 若不能逸出，便成为焊缝中的气孔。

直接和间接氧化的结果造成了焊缝金属力学性能降低，产生气孔和金属飞溅。

合金元素烧损、CO 气孔和飞溅是 CO_2 焊中的三个主要问题，都与 CO_2 的氧化性有关，因此必须在冶金上采取脱氧措施予以解决。但应指出，金属飞溅除和 CO_2 的氧化性有关外，还与其他因素有关。

（3）脱氧措施及焊缝金属合金化

从上述内容中可以看出，CO_2 焊中溶入液态金属的 FeO 是引起气孔、飞溅的主要因素。同时，FeO 残留在焊缝金属中将使焊缝金属的含氧量增加而降低力学性能。如果能使 FeO 脱氧，并在脱氧的同时对烧损掉的合金元素给予补充，则 CO_2 气体的氧化性所带来的问题基本上可以解决。

CO_2 焊所用的脱氧剂，主要含 Si、Mn、Al、Ti 等合金元素。实践表明，用 Si、Mn 联合脱氧时效果更好，可以焊接高质量的焊缝。目前国内广泛应用的 H08Mn2Si 焊丝就是采用 Si、Mn 联合脱氧的。

加入到焊丝中的 Si 和 Mn，在焊接过程中一部分直接被氧化和蒸发，一部分耗于 FeO 的脱氧，剩余的部分则留在焊缝中，起焊缝金属合金化作用，所以焊丝中加入的 Si 和 Mn 需足量。但是焊丝中 Si、Mn 的含量过高会使焊缝金属的冲击韧度下降。因此，Si 和 Mn 的比例还需适当，否则不能很好地结合成硅酸盐浮出熔池，还会使一部分 SiO_2 或者 MnO 夹杂物残留在焊缝中，导致焊缝的塑性和冲击韧度下降。

根据试验，焊接低碳钢和低合金钢用的焊丝，Si 的质量分数一般在 1% 左右。经过在电弧中和熔池中烧损和脱氧后，还可在焊缝金属中剩下 0.4% ~ 0.5%。至于 Mn，焊丝中的质量分数一般为 1% ~ 2%。

2. CO_2 焊的气孔

CO_2 焊时，由于熔池表面没有熔渣覆盖，CO_2 气流又有冷却作用，因而熔池凝固比较快。此外，CO_2 焊所用电流密度大，焊缝窄而深，气体逸出时间长，故增加了产生气孔的可能性。可能出现的气孔有 CO 气孔、氮气孔和氢气孔。

（1）CO 气孔

在焊接熔池开始结晶或结晶过程中，熔池中的 C 和 FeO 反应生成的 CO 气体来不及逸出，会形成 CO 气孔。这类气孔通常出现在焊缝的根部或接近表面的部位，且多呈针尖状。

CO 气体的主要原因是焊丝中脱氧元素不足，并且含 C 量过多。因此，要防止产生 CO 气体，必须选用含足够脱氧剂的焊丝，且焊丝中的含碳量要低，从而抑制 C 与 FeO 的氧化反应。如果母材的含碳量较高，则在工艺上应选用较大热输入的焊接参数，增加熔池停留时间，以利于 CO 气体的逸出。

因此，只要焊丝中有足够的脱氧元素，并限制焊丝中的含碳量，就能有效的防止 CO 气孔。

（2）氮气孔

在电弧高温下，熔池金属对氮气有很大的溶解度。但当熔池温度下降时，氮气在液态金属中的溶解度便迅速减小，且析出大量氮气，若未能逸出熔池，便生成氮气孔。氮气孔常出现在焊缝近表面的部位，呈蜂窝状分布，严重时还会以细小气孔的形式广泛分布在焊缝金属之中。这种细小气孔往往在金相检验中才能被发现，或者在水压试验时被扩大成渗透性缺陷而表现出来。

氮气孔产生的主要原因是保护气层遭到破坏，使大量空气侵入焊接区。造成保护气层破坏的因素有：使用的 CO_2 保护气体纯度不合要求；CO_2 气体流量过小；喷嘴被飞溅物部分堵塞；喷嘴与工件距离过大及焊接场地有侧向风等。要避免氮气孔，必须改善气层保护效果。要选用纯度合格的 CO_2 气体，焊接时采用适当的气体流量参数；要检验从气瓶至焊枪的气路是否有漏气或阻塞；要增加室外焊接的防风措施。此外，在野外施工中最好选用含有固氮元素（如 Ti、Al）的焊丝。

（3）氢气孔

氢气孔产生的主要原因是：在高温时熔入了大量氢气，在结晶过程中不能充分排出，留在焊缝金属中成为气孔。

氢是由工件、焊丝表面的油污及铁锈，以及 CO_2 气体中所含的水分产生的。油污为碳氢化合物，铁锈是含结晶水的氧化铁。它们在电弧的高温下都能分解出氢气。氢气在电弧中还会被进一步

分离，然后很容易以离子形态熔入熔池。熔池结晶时，由于氢的溶解度陡然下降，析出的氢气如不能排出熔池，则在焊缝金属中形成圆球形的气孔。

要避免产生氢气孔，就要消除氢的来源。应去除工件及焊丝上的铁锈、油污及其他杂质，特别要注意 CO_2 气体中的含水量。因为 CO_2 气体中水分常常是引起氢气气孔的主要原因。

3. CO_2 焊的飞溅及防止措施

（1）飞溅产生的原因

飞溅是 CO_2 焊最主要的缺点，严重时甚至会影响焊接过程的正常进行。产生飞溅的主要原因如下：

① 由冶金反应引起。熔滴过渡时，由于熔滴中的 FeO 与 C 反应产生的 CO 气体在电弧高温下急剧膨胀，使熔滴爆破而引起金属飞溅。

②由电弧的斑点引起。因 CO_2 气体高温分解吸收大量电弧热量，对电弧的冷却作用较强，使电弧电场强度提高，电弧收缩，弧根面积减小，增大了电弧的斑点压力，熔滴在斑点压力的作用下十分不稳定，形成大颗粒飞溅。用直流正接法时，熔滴受斑点压力大，飞溅也大。

③由于短路过渡不正常引起。当熔滴与熔池接触时，由熔滴把焊丝与熔池连接起来，形成液体小桥。随着短路电流的增加，液体小桥金属被迅速加热，最后导致小桥汽化爆断，引起飞溅。

④由于焊接参数选择不当引起。这是因为电弧电压升高，电弧变长，易引起焊丝末端熔滴长大，产生无规则的晃动而出现飞溅。

(2)减少金属飞溅的措施

①合理选择焊接工艺参数。当采用不同熔滴过渡形式焊接时，要合理选择焊接工艺参数，以获得最小的飞溅。

②细滴过渡时，在 CO_2 中加入 Ar 气。CO_2 气体的性质决定了电弧的斑点压力较大，这是 CO_2 焊产生飞溅的最主要原因。在 CO_2 中加入 Ar 气后，改变了纯 CO_2 气体的物理性质，随着 Ar 气的比例增大，飞溅逐渐减少。

③合理选择焊接电源特性，并匹配合适的可调电感。短路过渡 CO_2 焊接时，当熔滴与熔池接触形成短路后，如果短路电流的增长速率过快，使液桥金属迅速加热，造成热量的聚集，将导致金属液桥爆裂而产生飞溅。合理选择焊接电源特性，并匹配合适的可调电感，当采用不同直径的焊丝时，能调得合适的短路电流增长速度，因此可以使飞溅减少。

④采用低飞溅率焊丝。在短路过渡或细滴过渡的 CO_2 焊中，采用超低碳的合金钢焊丝，能够减少由 CO_2 气体引起的飞溅。选用药芯焊丝，药芯中加入脱氧剂、稳弧剂及造渣剂等，造成气渣联合保护，电弧稳定、飞溅少，通常药芯焊丝 CO_2 焊的飞溅率约为实心焊丝的 1/3。采用活化处理焊丝，在焊丝的表面涂有极薄的活化涂料，如 Cs_2CO_3 与 K_2CO_3 的混合物，这种稀土金属或碱土金属的化合物能提高焊丝金属发射电子的能力，从而改善 CO_2 电弧的特性，使飞溅大大减少。

4.5.3 CO_2 焊的焊接材料

1. CO_2 气体

(1)CO_2 气体的性质

CO_2 气体来源广，可由专门生产厂提供，也可从食品加工厂(如啤酒厂)的副产品中获得。用于焊接的气体，其纯度要求 CO_2 含量 >99.5%。

CO_2 是无色、无味、无毒的气体。在常温下其密度为 $1.98\ kg/m^3$，约为空气的 1.5 倍。在常温时很稳定，但在高温时发生分解，至 5000 K 时几乎能全部分解。常温冷却时，CO_2 气体将直接变成固态的干冰。干冰在温度升高时直接变成气体，而不经过液态的转变。但是，固态的 CO_2 不适于在焊接中使用，因为空气中的水分会冷凝在干冰的表面上，使 CO_2 气体带有大量的水分。因此，用于 CO_2 焊的是瓶装液态 CO_2 所产生的 CO_2 气体。

气体在较高压力下能变成液体，液态 CO_2 的密度随温度有很大变化。当温度低于 $-11℃$ 时比水轻。由于 CO_2 由液态变为气态的沸点很低，为 $-78.9℃$，所以工业用 CO_2 都是使用液态的，常温下它自己就汽化。在 0℃ 和 101.3 kPa(1 个大气压)下，1 kg 液态 CO_2 可以汽化成

509 L 的气态 CO_2。通常容量为 40 L 的标准钢瓶内，可以灌入 25 kg 的液态 CO_2，约占钢瓶容积的 80%，其余 20% 左右的空间则充满汽化了的 CO_2。

气瓶的压力与环境温度有关，当温度为 0℃ ~ 20℃ 时，瓶中压力为 $(4.5 ~ 6.8) \times 10^6$ Pa（40 ~ 60 个大气压）；当环境温度在 30℃ 以上时，瓶中压力急剧增加，可达 7.4×10^6 Pa（73 个大气压）以上。所以气瓶不得放在火炉、暖气等热源附近，也不得放在烈日下暴晒，以防发生爆炸。

（2）提高 CO_2 气体纯度的措施

当厂家生产的 CO_2 气体纯度不稳定时，为确保 CO_2 气体的纯度，可采用以下措施：

①将新灌气瓶倒立静置 1 ~ 2 h，使瓶中自由状态的水沉到瓶口部位，然后打开阀门放水 2 ~ 3 次，每次放水间隔 30 min，放水结束后，把钢瓶放正。

②放水处理后，将气瓶正置 2 h，打开阀门放气 2 ~ 3 min，放掉一些气瓶上部的气体。因为这部分气体通常含有较多的空气和水分，同时能带走瓶阀中的空气，放气后再套接输气管。

③在焊接供气的气路中串接高压和低压干燥器，可干燥含水较多的 CO_2 气体，用过的干燥剂经烘干后还可重复使用。

④当瓶中气体压力低于 1×10^6 Pa（10 个大气压）时，CO_2 气体的含水量急剧增加，将在焊缝中形成气孔，所以低于该压力时不得再继续使用。

使用瓶装液态 CO_2 时，注意设置气体预热装置。因瓶中高压气体经减压降压而体积膨胀时要吸收大量的热，使气体温度降到零度以下会引起 CO_2 气体中的水分在减压器内结冰而堵塞气路，故在 CO_2 气体未减压之前须经过预热。

2. 焊丝

CO_2 焊的焊丝既要保证一定的化学成分和力学性能，又要保证具有良好的导电性和工艺性能。对焊丝的要求如下：

（1）焊丝必须含有足够的脱氧元素。

（2）焊丝的含碳量要低，要求 $w(C) < 0.11\%$。

（3）要保证焊缝具有满意的力学性能和抗裂性能。

目前国内常用焊丝的直径有 0.6 mm、0.8 mm、1.0 mm、1.2 mm、1.6 mm、2.0 mm 和 2.4 mm。焊丝应保证有均匀外径，要有一定的硬度和刚度，要防止焊丝被送丝滚轮压扁或压出深痕，还要使焊丝有一定的挺直度。因此无论是何种送丝方式，都要求焊丝以冷拔状态供应，不能使用退火焊丝。表 4 – 12 为常用 CO_2 焊焊丝牌号、化学成分和用途。

表 4 – 12　常用 CO_2 焊焊丝牌号、化学成分和用途

焊丝牌号	合金元素含量（质量分数）/%										用　途
	C	Si	Mn	Ti	Al	Cr	Mo	V	S	P	
H10MnSi	<0.14	0.6 ~ 0.9	0.8 ~ 1.1	—	—	<0.20	—	—	<0.03	<0.04	焊接低碳钢和低合金钢
H08MnSi	<0.10	0.7 ~ 1.0	1.0 ~ 1.3	—	—	<0.20	—	—	<0.03	<0.04	焊接低碳钢和低合金钢

焊丝牌号	合金元素含量(质量分数)/%										用 途
	C	Si	Mn	Ti	Al	Cr	Mo	V	S	P	
H08Mn2SiA	<0.10	0.65 ~ 0.95	1.8 ~ 2.1	—	—	<0.20	—	—	<0.030	<0.035	焊接低碳钢和低合金钢
H04MnSiAlTiA	<0.04	0.4 ~ 0.8	1.4 ~ 1.8	0.35 ~ 0.65	0.2 ~ 0.4	—	—	—	<0.025	<0.025	焊接低碳钢和低合金钢
H10MnSiMo	<0.14	0.7 ~ 1.1	0.9 ~ 1.2	—	—	<0.20	0.15 ~ 0.25	—	<0.03	<0.04	焊接低合金高强度钢
H08MnSiCrMoA	<0.10	0.6 ~ 0.9	1.5 ~ 1.9	—	—	0.8 ~ 1.1	0.5 ~ 0.7	—	<0.03	<0.03	焊接低合金高强度钢
H08MnSiCrMoVA	<0.10	0.6 ~ 0.9	1.2 ~ 1.5	—	—	0.95 ~ 1.25	0.6 ~ 0.8	0.25 ~ 0.4	<0.03	<0.03	焊接低合金高强度钢
H08Cr3Mn2MoA	<0.10	0.3 ~ 0.5	2.0 ~ 2.5	—	—	2.5 ~ 3.0	0.35 ~ 0.5	—	<0.03	<0.03	焊接贝氏体刚

选择焊丝要考虑工件的材料性质、用途以及焊接接头强度的设计要求,根据表4－12,选用适当牌号的焊丝。通常焊接低碳钢和低合金钢时,可选用的焊丝较多,一般首选的是 H08Mn2SiA,也可选用其他的焊丝,如 H10MnSi 比较便宜,与前者相比其含 C 量稍高,而含 Si、Mn 量较低,故焊缝金属强度略高,但焊缝金属的塑性和冲击韧度稍差。

合金钢用的焊丝冶炼和拔制困难,故 CO_2 焊用的合金钢焊丝逐渐向药芯焊丝方向发展。

4.5.4 CO_2 焊工艺

为使 CO_2 焊焊接过程稳定,可根据工件要求采用短路过渡和细滴过渡两种熔滴过渡形式,其中短路过渡焊接应用最为广泛。

1. 短路过渡焊接工艺

(1)短路过渡焊接的特点

短路过渡时,采用细焊丝、低电压和小电流。熔滴细小过渡频率高,电弧非常稳定,飞溅小,焊缝成形美观,主要用于焊接薄板及全位置焊接。焊接薄板时,生产率高,变形小,焊接操作易掌握,对焊工技术水平要求不高,因而短路过渡 CO_2 焊易于在生产中得到推广应用。

(2)焊接工艺参数的选择

焊接工艺参数主要有焊丝直径、焊接电流、电弧电压、焊接速度、气体流量、焊丝伸出长度及焊接回路电感等。

①焊丝直径。短路过渡焊接主要采用细焊丝,常用焊丝直径为 0.6 ~ 1.6 mm,随着焊丝直径的增大,飞溅颗粒和数量相应增大。直径大于 1.6 mm 的焊丝,如果采用短路过渡焊接,飞溅将相当严重,所以生产时很少应用。

②焊接电流。焊接电流是重要的工艺参数,是决定焊缝熔深的主要因素。电流大小主要决定于送丝速度。随着送丝速度的增加,焊接电流也增加,大致呈正比关系。焊接电流的大

小还与焊丝的外伸长及焊丝直径等有关。短路过渡形式焊接时，由于使用的焊接电流较小，焊接飞溅较小，焊缝熔深较浅。

③电弧电压。电弧电压的选择与焊丝直径及焊接电流有关，它们之间存在着协调匹配的关系。细丝 CO_2 焊的电弧电压与焊接电流的匹配关系如图 4 – 13 所示。短路过渡时不同直径焊丝选用的焊接电流、电弧电压的范围见表 4 – 13。

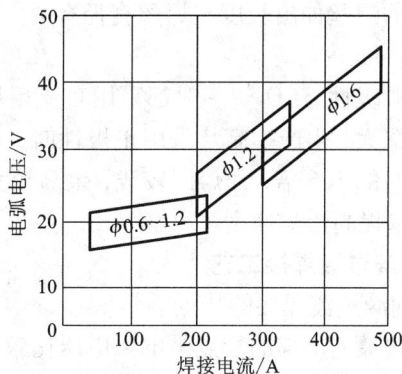

图 4 – 13　细丝 CO_2 焊的电弧电压与焊接电流匹配关系

表 4 – 13　不同直径焊丝选用的焊接电流与电弧电压

焊丝直径/mm	电弧电压/V	焊接电流/A
0.5	17 ~ 19	30 ~ 70
0.8	18 ~ 21	50 ~ 100
1.0	18 ~ 22	70 ~ 120
1.2	19 ~ 23	90 ~ 200
1.6	22 ~ 26	140 ~ 300

④焊接速度。焊接速度对焊缝成形、接头的力学性能及气孔等缺陷的产生都有影响。在焊接电流和电弧电压一定的情况下，焊接速度加快时，焊缝的熔深、熔宽和余高均减小。焊接过快时，会在焊趾部出现咬边，甚至出现驼峰焊道，而且使保护气体向后拖，影响保护效果。相反，速度过慢时，焊道变宽，易产生烧穿和焊缝组织变粗的缺陷。通常半自动焊时，熟练焊工的焊接速度为 30 ~ 60 cm/min。

⑤保护气体流量。气体保护焊时，保护效果不好将产生气孔，甚至使焊缝成形变坏。在正常焊接情况下，保护气体流量与焊接电流有关，在 200 A 以下薄板焊接时为 10 ~ 15 L/min，在 200 A 以上的厚板焊接时为 15 ~ 25 L/min。

影响气体保护效果的主要因素是保护气体流量不足，喷嘴高度过大，喷嘴上附着大量飞溅物和强风的影响十分显著，在其作用下，保护气流被吹散，使得熔池、电弧甚至焊丝端头暴露在空气中，破坏保护效果。风速在 1.5 m/s 以下时，对保护作用无影响。当风速大于 2 m/s 时，焊缝中的气孔明显增加，所以规定施焊环境在没有采取特殊措施时风速一般不得超过 2 m/s。

⑥焊丝伸出长度。短路过渡焊接时采用的焊丝都比较细，因此焊丝伸出长度对焊丝熔化速度的影响很大。在焊接电流相同时，随着伸出长度增加，焊丝熔化速度也增加。换句话说，当送丝速度不变时，伸出的长度越大，则电流越小，将使熔滴与熔池温度降低，造成热量不足，从而引起未焊透。直径越细、电阻率越大的焊丝这种影响越大。

另外，伸出长度太大，电弧不稳，难以操作，同时飞溅较大，焊缝成形恶化，甚至破坏保护而产生气孔。相反，焊丝伸出长度过小时，会缩短喷嘴与工件间的距离，飞溅金属容易堵塞喷嘴，同时还妨碍观察电弧，影响焊工操作。

适宜的焊丝伸出长度与焊丝直径有关。也就是焊丝伸出长度大约等于焊丝直径的 10 倍，在 10 ~ 20 mm 内。

⑦电源极性。CO_2 焊一般都采用直流反极性。这时电弧稳定，飞溅小，焊缝成形好。并且焊缝熔深大，生产率高。采用正极性时，在相同的电流下，焊丝熔化速度大大提高，大约为反极性时的 1.6 倍，而熔深较浅，余高较大且飞溅很大。只有在堆焊及铸铁补焊时才采用正极性，以提高熔敷速度。

2. 细滴过渡焊接工艺

（1）细滴过渡焊接的特点

细滴过渡 CO_2 焊的特点是电弧电压比较高，焊接电流比较大。此时电弧是持续的，不发生短路现象。焊丝的熔化金属以细滴形式进行过渡，所以电弧穿透力强，母材熔深大。这种方法适于中等厚度及大厚度工件的焊接。

（2）焊接工艺参数的选择

①电弧电压与焊接电流。焊接电流可根据焊丝直径来选择。对于不同的焊丝直径，实现细滴过渡的焊接电流下限是不同的。表 4 - 14 列出了几种常用焊丝直径的电流下限及电压范围。这里也存在着焊接电流与电弧电压的匹配关系，在一定焊丝直径下，选择较大的焊接电流，就要匹配较高的电弧电压。因为随着焊接电流的增大，电弧对熔池金属的冲刷作用增加，会恶化焊缝的成形，只有相应的提高电弧电压，才能减弱这种冲刷作用。

表 4 - 14　细滴过渡时常用焊丝直径的电流下限及电压范围

焊丝直径/mm	电流下限/A	电弧电压/V
1.2	300	
1.6	400	
2.0	500	34 ~ 45
3.0	650	
4.0	750	

②焊接速度。细滴过渡 CO_2 焊的焊接速度较高，与同样直径焊丝的埋弧焊相比，焊接速度高 0.5 ~ 1 倍，常用的焊速为 40 ~ 60 m/h。

③保护气流量。应选用较大的气体流量来保证焊接区的保护效果。保护气流量通常比短路过渡的 CO_2 焊高 1 ~ 2 倍。常用的气流量为 25 ~ 50 L/min。

4.5.5　CO_2 焊焊接技术

1. 焊前准备

CO_2 焊时，为了获得最好的焊接效果，除选择好焊接设备和焊接工艺参数外，还应做好焊接准备工作。

（1）坡口形状

CO_2 焊时推荐使用的坡口形式如表 4 - 15 所示。

表 4 – 15　CO_2 焊推荐使用的坡口形状

坡　口　形　状	板厚/mm	有无垫板	坡口角度 a/(°)	根部间隙 b/mm	钝边高度 p/mm
I 形	< 12	无	—	0 ~ 2	—
		有	—	0 ~ 3	—
半 V 形	< 60	无	45 ~ 60	0 ~ 2	0 ~ 5
		有	25 ~ 50	4 ~ 7	0 ~ 3
V 形	< 60	无	45 ~ 60	0 ~ 2	0 ~ 5
		有	35 ~ 60	0 ~ 6	0 ~ 3
K 形	< 100	无	45 ~ 60	0 ~ 2	0 ~ 5
X 形	< 100	无	45 ~ 60	0 ~ 2	0 ~ 5

　　细焊丝短路过渡的 CO_2 焊主要焊接中厚板及厚板，可以开较小的坡口。开坡口不仅为了熔透，而且要考虑到焊缝成形的形状及熔合比。坡口角度过小易形成指状熔深，在焊缝中心可能产生裂缝。尤其在焊接厚板时，由于拘束应力大，这种倾向很强，必须十分注意。

　　(2) 坡口加工方法与清理

　　加工坡口的方法主要有机械加工、气割和碳弧气刨等。坡口精度对焊接质量影响很大。坡口尺寸偏差能造成未焊透和未焊满等缺陷。CO_2 焊时对坡口精度的要求比焊条电弧焊时更高。

　　焊缝附近有污物时，会严重影响焊接质量。焊前应将坡口周围 10 ~ 20 mm 内的油污、油漆、铁锈、氧化皮及其他污物清除干净。

　　(3) 定位焊

　　定位焊可以保证坡口尺寸，防止焊接引起的变形。通常 CO_2 焊与焊条电弧焊相比要求更坚固的定位焊缝。定位焊缝本身易生成气孔和夹渣，是随后进行 CO_2 焊时产生气孔和夹渣的主要原因，所以必须细致地焊接定位焊缝。

　　焊接薄板时定位焊缝应该细而短，长度为 3 ~ 10 mm，间距为 30 ~ 50 mm。定位焊缝可以防止变形及焊道不规整。焊接中厚板时定位焊缝间距较大，达 100 ~ 150 mm，为增加定位焊的强度，应增大定位焊缝长度，一般为 15 ~ 50 mm。若未熔透焊缝时，点固处难以实现反面成形，应从反面进行点固。

2. 引弧与收弧

（1）引弧工艺

半自动焊时习惯的引弧方式是焊丝端头与焊接处划擦的过程中按焊枪按钮，通常称为"划擦引弧"。这时引弧成功率较高，引弧后必须迅速调整焊枪位置、焊枪角度及导电嘴与工件的距离。

引弧处由于工件的温度较低，熔深比较浅，特别是在短路过渡时容易引起未焊透。为防止产生这种缺陷，可以采用倒退引弧法，如图4－14所示。引弧后快速返回工件端头，再沿焊缝移动，在焊缝重合部分进行摆动，使焊道充分熔合，可完全消除弧坑。

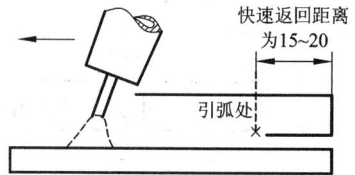

图4－14 倒退引弧法

（2）收弧方法。

焊道收尾处往往出现凹坑，称为弧坑。CO_2焊比一般焊条电弧焊用的电流大，所以弧坑也大。弧坑处易产生火口裂纹及缩孔等缺陷。为此，焊工总是设法减小弧坑尺寸。目前主要应用的方法如下：

①采用带有电流衰减装置时为焊接电流的50%～70%，易填满弧坑。最好以短路过渡的方式处理弧坑。这时，电弧沿火口的外沿移动焊枪，并逐渐缩小回转半径，直到中间为止。

②没有电流衰减装置时，在火口未完全凝固的情况下，应在其上进行几次断续焊接。只是交替变压与释放焊枪按钮，而焊枪在弧坑填满之前始终停靠在火口上，电弧燃烧时间应逐渐缩短。

4.6 熔化极气体保护焊的其他方法

4.6.1 药芯焊丝气体保护焊

药芯焊丝是继电焊条、实心焊芯之后广泛应用的又一类焊接材料。使用药芯焊丝作为填充金属的各种电弧方法称为药芯焊丝电弧焊。药芯焊丝电弧焊根据外加保护方式不同分为药芯焊丝气体保护电弧焊，药芯焊丝埋弧焊及药芯焊丝自保护焊。药芯焊丝气体保护焊又有药芯焊丝CO_2气体保护焊，药芯焊丝熔化极惰性气体保护焊和药芯焊丝混合气体保护焊等。

1. 药芯焊丝气体保护焊的原理

药芯焊丝气体保护焊的基本工作原理与普通熔化极气体保护焊一样，是以可熔化的药芯焊丝作为电极及填充材料，在外加气体如CO_2保护下进行焊接的电弧方法。与普通熔化极气体保护焊的主要区别在于焊丝内部装有药粉，焊接时在电弧热作用下熔化状态的药芯焊丝、焊丝金属、母材金属和保护气体之间发生冶金作用，形成一层较薄的液态熔渣包覆滴并覆盖溶池，对融化金属又形成一层保护。这种焊接方法实质上是一种气渣联合保护的方法，如图4－15所示。

小知识

药芯焊丝气体保护焊熔池表面覆盖有熔渣，焊缝成形类似于焊条电弧焊，焊缝外观比实心焊丝CO_2焊美观。

2. 药芯焊丝气体保护焊的特点

药芯焊丝气体保护焊综合了焊条电弧焊和普通熔化极气体保护焊的优点。其主要优点如下：

(1)采用气渣联合保护，保护效果好，抗气孔能力强，焊缝成形美观，电弧稳定性好，飞溅少且颗粒细小。

(2)焊丝熔敷速度快，熔敷速度明显高于焊条，且略高于实芯焊丝，熔敷效率和生产率都较高，生产率比焊条电弧焊高 3 ~ 4 倍，经济效益显著。

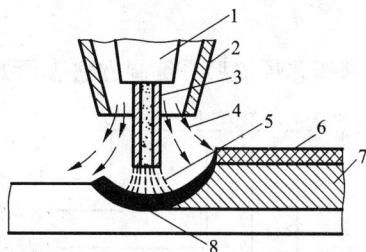

图 4 – 15 药芯焊丝气体保护焊

1—导电嘴；2—喷嘴；3—药芯焊丝；4—CO_2气体；
5—电弧；6—熔渣；7—焊缝；8—熔池

(3)焊接各种钢材的适应性强。通过调整药粉的成分与比例，可焊接和堆焊不同成分的钢材。

(4)由于药粉改变了电弧特性，对焊接电源无特殊要求，交、直流，平缓外特性均可。

药芯焊丝气体保护焊也有不足之处：焊丝制造过程复杂；送丝较实芯焊丝困难，需要采用较低送丝压力的送丝机构等。焊丝外表易锈蚀、药粉易吸潮，故使用前应对焊丝外表进行清理并在 250℃ ~300℃ 下烘烤。

3. 药芯焊丝的组成、型号、牌号及焊接工艺

(1)药芯焊丝的组成

药芯焊丝是由金属外皮(08A)和芯部药粉组成，即由薄钢带卷成圆形或异形钢管的同时，填满一定成分的药粉后经拉制而成。其截面形状有"E"形、"O"形和"梅花"形、中间填丝形、"T"形等，各种药芯焊丝截面形状如图 4 – 16 所示。药粉的成分与焊条的药皮类似，目前国产的 CO_2 气体保护焊药芯焊丝多为钛型药粉焊丝，直径有 2.0 mm、2.4 mm、2.8 mm、3.2 mm 等几种。

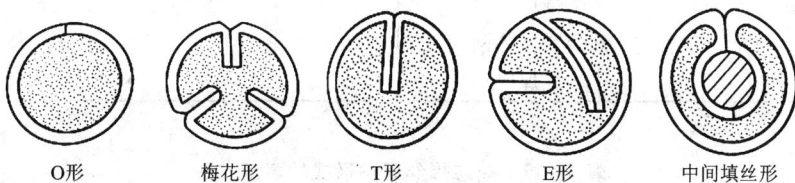

O形　　　梅花形　　　T形　　　E形　　　中间填丝形

图 4 – 16 药芯焊丝的截面形状

(2)碳钢药芯焊丝的型号

根据 GB/T 10045—2002《碳钢药芯焊丝》标准规定，碳钢药芯焊芯型号是根据熔敷金属力学性能、焊接位置及焊丝类别特点(保护类型、电流类型及渣系特点等)进行划分的。

字母"E"表示焊丝、"T"表示药芯焊丝，字母"E"后的 2 位数表示熔敷金属的力学性能最小值。第 3 位数字表示推荐的焊接位置，其中"M"表示平焊和横焊位置，"1"表示全位置。短划线后面的数字表示焊丝的类别特点，字母"M"表示保护气体为 75% ~80% Ar + CO_2，当无字母"M"时，表示保护气体为 CO_2 或自保护类型。字母"L"表示焊丝熔敷金属的冲击性能

在 -40℃时，其 V 行缺口冲击功不小于27J，无"L"时，表示焊丝熔敷金属的冲击性能符合一般要求。

碳钢药芯焊接型号编制方法表示如下：

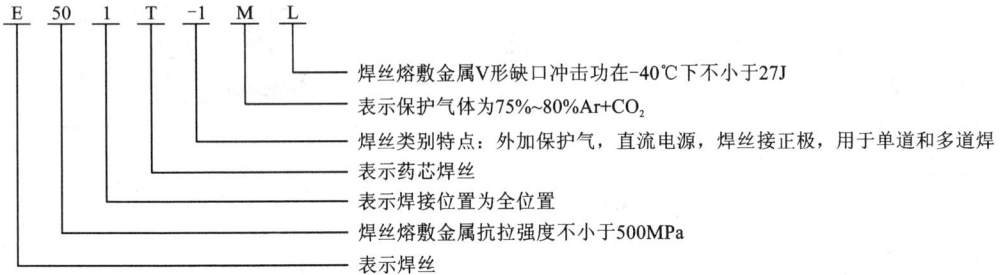

```
E  50  1  T  -1  M  L
```

- 焊丝熔敷金属V形缺口冲击功在-40℃下不小于27J
- 表示保护气体为75%~80%Ar+CO₂
- 焊丝类别特点：外加保护气，直流电源，焊丝接正极，用于单道和多道焊
- 表示药芯焊丝
- 表示焊接位置为全位置
- 焊丝熔敷金属抗拉强度不小于500MPa
- 表示焊丝

（3）药芯焊丝的牌号

焊丝牌号举例：

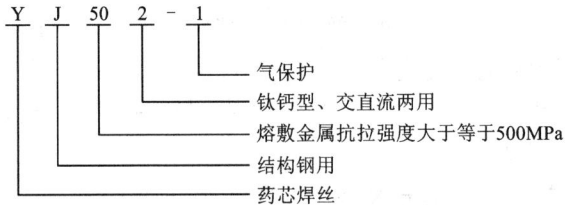

```
Y  J  50  2  -1
```

- 气保护
- 钛钙型、交直流两用
- 熔敷金属抗拉强度大于等于500MPa
- 结构钢用
- 药芯焊丝

药芯焊丝牌号以字母"Y"表示，其后字母表示用途或钢种类别，见表4-16。字母后的第1、第2位数字表示熔敷金属抗拉保证值，单位 MPa。第3位数字表示药芯类型及电流种类（与电焊条相同），第4位数字代表保护形式，见表4-17。

表4-16 药芯焊丝牌号表示方法

字母	钢类别	字母	钢类别
J	结构钢用	G	铬不锈钢
R	低合金耐热钢	A	奥氏体不锈钢
D	堆焊		

表4-17 药芯焊丝保护形式的表示方法

牌号	焊接时保护类型	牌号	焊接时保护类型
YJ××-1	气保护	YJ××-3	气保护、自保护两用
YJ××-2	自保护	YJ××-4	其他保护形式

（4）药芯焊丝气体保护焊工艺参数

药芯焊丝 CO_2 气体保护电弧焊工艺与实芯焊丝 CO_2 气体保护焊相似，其焊接工艺参数主要有焊接电流、电弧电压、焊接速度、焊丝伸长度等。电源一般采用直流反接，焊丝伸出长度一般为 15~25 mm，焊接速度通常为 30~50 mm/min。焊接电流与电弧电压必须匹配，一般焊接电流增加电弧电压应适当提高。不同直径药芯焊丝 CO_2 气体保护焊常用焊接电流、电弧电压范围见表4-18。药芯焊丝半自动 CO_2 气体保护焊焊接工艺参数见表4-19。

表4-18　不同直径药芯焊丝常用焊接电流、电弧电压范围

焊丝直径/mm	1.2	1.4	1.6
电流/V	110~350	130~400	150~450
电弧电压/A	18~32	20~34	22~23

表4-19　药芯焊丝半自动 CO_2 气体保护焊焊接工艺参数

工件厚度 /mm	坡口形式及尺寸		焊接电流 /A	电弧电压 /V	气体流量 /(L·min^{-1})	备 注
	坡口形式	尺寸/mm				
3	I形坡口对接	$b=0~1$	260~270	26~27	15~16	焊一层
6			270~280	27~28	16~17	焊一层
9		$b=0~2$	260~270	26~27	16~17	正面焊一层
			270~280	27~28	16~17	反面焊一层
12	Y形坡口对接	$\alpha=40°~45°$ $p=3$ $b=0~2$	280~300	29~31	18~19	正面焊二层
15			270~280	27~28	16~17	正面焊一层
			280~290	28~30	17~18	反面焊一层
20	双Y形坡口对接	$\alpha=40°~45°$ $p=3$　$b=0~1$	300~320	30~32	18~19	正面焊一层
			310~320	31~32	17~19	反面焊一层
焊脚	6	I形坡口，T形接头	$b=0~2$	280~290	28~30	17~18	焊一层
	9			290~310	29~31	18~19	焊两层两道
	12			280~290	28~30	17~18	焊两层三道
	15			290~310	29~31	19~20	焊两层三道

4.6.2　脉冲熔化极惰性气体保护焊

利用脉冲电流进行焊接的熔化极惰性气体保护电弧焊称为脉冲熔化极气体保护焊。这种焊接方法的焊接电流特征是在较低的基值电流上周期性地叠加高峰值的脉冲电流，而脉冲电流的波形及其基本参数可以在较宽的范围内进行调节与控制。由于采用可控的脉冲电流取代恒定的直流电流(如图4-17所示)，可以方便可靠地调节电弧能量，从而扩大了应用范围，提高焊接质量。这种方法特别适于热敏金属材料和薄、超薄板工件及薄壁管子的全位置焊接。

1. 脉冲熔化极惰性气体保护焊的特点

(1)具有较宽的焊接参数调节范围

由于焊接电流由较大的脉冲电流 I_p 和较小的基值电流 I_b 组成，在平均电流 I_a 小于连续射流过渡氩弧焊的临界电流值 I_c 时，也可实现稳定的射流过渡焊接，而且电流的调节范围可以从几十安培到几百安培。

（2）可以精确控制电弧的能量

对于脉冲熔化极惰性气体保护焊，焊接电流可以由以下四个参数来进行调节：脉冲电流 I_p、基值电流 I_b、脉冲电流时间 t_p、基值电流时间 t_b。这样可以保证在焊缝成形的前提下，降低焊接电流的平均值，减小电弧的热输入，焊缝热影响区和工件变形较小，因此，适合于焊接热敏感性较大的金属材料。

（3）适于焊接薄板和全位置焊

采用脉冲熔化极惰性气体保护焊焊接时，无论仰焊或立焊，熔滴都呈轴向过渡，飞溅小。另外，平均电流小，熔池体积小，且熔池在基值电流期间可冷却结晶，所以液体金属不易流失，焊接热输入可精确控制，因而可用于焊接铝合金薄板（厚度 $1.6 \sim 2.0 \, mm$）及全位置焊接。

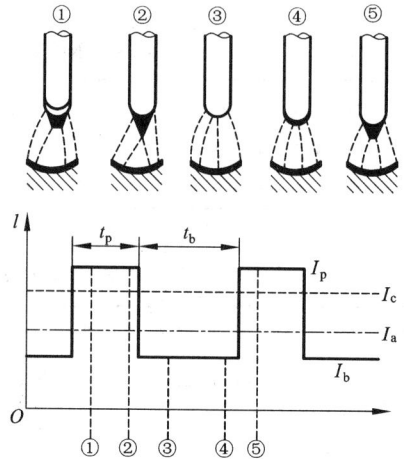

图 4-17　脉冲熔化极惰性气体保护焊电流波形及熔滴过渡示意图

I_p—脉冲电流；I_b—基值电流；
t_p—脉冲电流持续时间；t_b—基值电流持续时间；
I_a—平均电流；I_c—射流过渡临界电流

2. 焊接工艺参数的选择

脉冲熔化极惰性气体保护焊的焊接工艺参数有：脉冲电流、基值电流、脉冲电流时间、基值电流时间、脉冲频率、焊丝直径、焊接速度等。选择脉冲熔化极惰性气体保护焊工艺参数必须考虑母材的性质、种类以及焊缝的空间位置。

（1）脉冲电流

脉冲电流是决定熔池形状及熔滴过渡形式的主要参数，为了保证熔滴呈射流过渡，必须使脉冲电流值高于连续射流过渡的临界电流值。但脉冲电流值不能过高，否则会引起旋转电流现象。

在平均电流和送丝速度不变的情况下，随着脉冲电流的增大，熔深也相应增大。反之，熔深减小。因此可以通过调节电流的大小来调节熔深的大小。随着工件厚度增加，为了保证焊缝根部焊透，脉冲电流也应增大。

（2）基值电流

基值电流主要作用是在脉冲电流休止期间，维持电弧稳定燃烧，同时预热母材和焊丝，为脉冲电流期间熔滴过渡做准备。调节基值电流也可调节母材的热输入。基值电流增大，母材热输入增加，反之减小。

（3）脉冲电流持续时间

脉冲电流持续时间和脉冲电流一样是控制母材热输入的主要参数。时间长，母材的热输入就大；反之，热输入就小。在其他参数不变的条件下，只改变脉冲电流和脉冲电流持续时间，就可获得不同的熔池形状。

（4）脉冲频率

脉冲频率的大小主要由焊接电流来决定，应该保证熔滴过渡形式呈射流过渡，力求一个脉冲至少过渡一个熔滴。脉冲频率的选择有一定范围，过高会失去脉冲焊接的特点，过低则焊接过程不稳定。熔化极脉冲氩弧焊的频率一般为 $30 \sim 120$ 次/s。

（5）脉宽比

脉宽比是脉冲电流持续时间和脉冲周期之比，反应脉冲焊接特点的强弱。脉宽比过大，特点不明显；过小，影响电弧稳定。

4.6.3　窄间隙熔化极活性气体保护焊

窄间隙熔化极活性气体保护焊是焊接大厚板对接焊缝的一种高效的特种焊接技术。接头形式为对接接头，不开坡口或开小角度 V 形坡口，间隙范围为 6～15 mm，采用单道多层或双道多层焊，可焊厚度为 30～300 mm，见图 4-18。

1. 特点及应用

（1）特点

①窄间隙熔化极活性气体保护焊因接头不需开坡口，减少了填充金属量，焊后又不清渣，故可节省时间和材料，提高焊接生产率。

②焊缝热输入较低，热影响区小，焊接应力和工件变形都小，裂纹倾向小，焊缝力学性能高。

③窄间隙熔化极活性气体保护焊可以应用于平焊、立焊、横焊及全位置焊接。

④窄间隙熔化极活性气体保护焊中，熔池和电弧观察比较困难，要求焊枪位置能方便的进行调整。

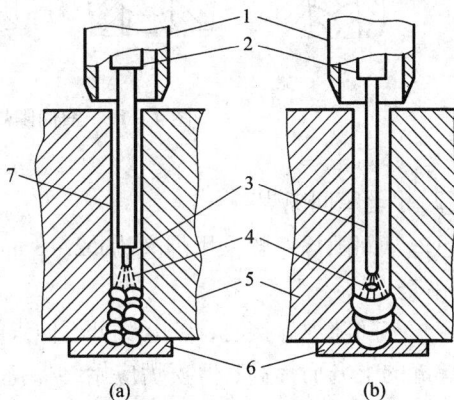

图 4-18　窄间隙熔化极活性气体保护焊示意图

（a）粗丝窄间隙焊；（b）细丝窄间隙焊
1—喷嘴；2—导电嘴；3—焊丝；4—电弧；
5—工件；6—衬垫；7—绝缘导管

（2）应用

窄间隙熔化极活性气体保护焊可焊接钢铁材料和非铁金属，目前主要用于焊接低碳钢、低合金高强度钢、高合金钢和铝、钛合金等。应用领域主要是锅炉、石油化工行业的压力容器，其次是机械制造和建筑以及管道、造船等行业。

2. 窄间隙熔化极活性气体保护焊焊接技术

窄间隙熔化极活性气体保护焊可分为两种：细丝窄间隙焊和粗丝窄间隙焊。

（1）细丝窄间隙焊

细丝窄间隙焊一般采用的焊丝直径为 0.8～1.6 mm，接头间隙为 6～9 mm。为了提高生产率，采用双丝或三丝，每根焊丝都有独立的送丝系统、控制系统和焊接电流。焊接电流一般采用的是直流反极性，熔深大，能够保证焊透，裂纹倾向小。

细丝窄间隙焊由于焊丝细，必须采用导电嘴在坡口内的焊枪，且导电管要求绝缘、水冷。另外，由于接头坡口深而窄，要向坡口底部输送保护气体有困难，为了提高保护效果，必须采用特殊的送气装置，否则，保护效果差、易产生气孔。保护气体一般采用的是混合气体，混合体积大约为 Ar（>80%），CO_2（<20%）。

细丝窄间隙焊由于热输入低、熔池体积小，可以全位置焊接，且残留应力和工件变形都小。这种方法采用的是多道焊，后道焊缝对前道焊缝有回火作用，而前道焊缝对后道焊缝又有预热作用，所以焊缝金属的晶粒细小均匀，焊缝的力学性能好。为了保证每一道焊层与坡口两侧均匀熔合，焊丝在坡口内应采取摆动送丝措施。常用的摆动送丝方式见图 4-19。

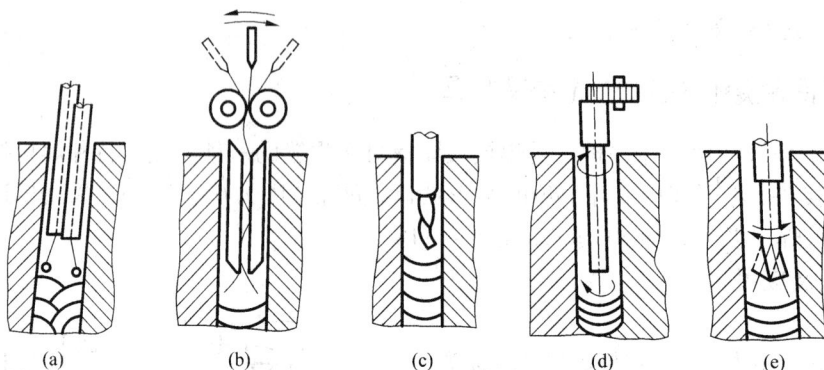

(a)　　　　　　(b)　　　　　　(c)　　　　　　(d)　　　　　　(e)

图 4-19　窄间隙焊焊接的送丝方式示意图

（2）粗丝窄间隙焊

粗丝窄间隙焊一般采用焊丝为 $\phi 2 \sim 3$ mm，接头间隙在 10~15 mm。焊丝可以用单丝，也可以用多丝。

粗丝窄间隙焊焊接时，导电嘴可不伸入间隙，为了保证焊丝的伸出长度不变，导电嘴应随着焊缝的上升而提高，但喷嘴应始终保持在坡口的上表面，这样气体保护效果才好。保护气体为 CO_2 或 Ar 和 CO_2 的混合气体。焊接电流一般采用的是直流正极性，熔滴细小且过渡平稳、飞溅小、焊缝成形系数大、裂纹倾向小。若采用反极性，熔深大、焊缝成形系数小、容易产生裂纹。

粗丝窄间隙焊焊接时，因导电嘴在坡口表面，焊丝的伸出长度较长，焊缝参数也较大，故热输入大，焊接生产率高。由于焊丝的伸出长度的限制，所含工件厚度小于 300 mm，只适合于平焊位置的焊缝。

3. 焊接工艺参数

窄间隙焊接的工艺参数必须根据其母材性质、焊接位置、焊缝性能和焊接变形等进行选择。表 4-20 列出了钢材窄间隙焊接的典型工艺参数。

表 4-20　钢材窄间隙焊接的典型工艺参数

送丝方式	波状焊丝法	波状焊丝法	麻花焊丝法	偏心旋转焊丝法	双丝纵向焊丝法	导电嘴焊丝法
焊接位置	平	平	平	平	横	横角
焊丝直径/mm	1.2	1.2	2×2	1.2	1.2,1.6	1.6
保护气体(体积分数)	Ar+20% CO_2	Ar+20% CO_2	Ar+(10%~20%)CO_2	Ar+20% CO_2	Ar+20% CO_2	CO_2
坡口形状(间隙)	I形(9mm)	V形(1°~4°)	I形(14mm)	I形(16~18mm)	I形(10~14mm)	I形(13mm)
焊接电流/A	280~300	260~280	480~550	300	前丝170 后丝140	320~380
电弧电压/V	28~32	29~30	30~32	33	21~23	32~38
焊接速度/(cm·min⁻¹)	22~25	18~22	20~35	25	18~20	25~35
摆动	—	250~900 次/min	—	最大 150Hz	—	45 次/min

4.7　技能训练：CO_2气体保护焊操作实例

本实训以 Q235 钢板对接为例来讲述 CO_2 气体保护焊的操作过程。

Q235 钢板对接 CO_2 气体保护焊的焊件及技术要求如图 4 - 20 所示。

1. 焊前准备

(1)焊机采用 NBC - 200 型 CO_2 气体保护焊机，焊机直流反接。

(2)焊件为 Q235 钢板 300 mm × 100 mm × 10 mm，在一侧加工 30°坡口，两块组对成一焊件。

(3)焊丝为 ER50 - 6，直径为 1.0 mm。

(4)CO_2 气体为纯度 99.5%。

(5)装配与定位焊。将焊件坡口 20 mm 范围内的铁锈清理干净，按表 4 - 21 中的装配尺寸，在焊件两端定位焊。

表 4 - 21　焊件装配的各项尺寸

坡口角度 /(°)	根部间隙/mm		钝边 /mm	反变形角度 /(°)	错边量 /mm
	始焊端	终焊端			
60	2.5	3.5	0 ~ 0.5	3	≤0.5

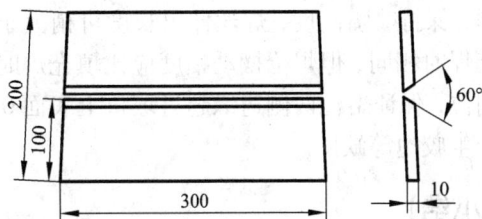

图 4 - 20　焊件及技术要求

技术要求
1. 单面焊双面成形
2. 母材Q235

2. 焊接工艺参数

焊接工艺参数见表 4 - 22。

表 4 - 22　焊接工艺参数

焊道层次	电源极性	焊丝直径 /mm	焊丝伸出长度 /mm	焊接电流 /A	电弧电压 /V	气体流量 /(L·min⁻¹)
打底焊	反极性	1.0	10 ~ 15	90 ~ 95	18 ~ 20	8 ~ 12
填充焊			10 ~ 15	110 ~ 120	20 ~ 22	
盖面焊				110 ~ 120	20 ~ 22	

(1)打底焊

打底焊采用左向焊法，焊前将焊件间隙小的一端放在右侧，将焊丝端头放在焊件右端约 20 mm 处坡口内的一侧，与其保持 2 ~ 3 mm 的距离，按下焊枪扳机。气阀打开提前送气 1 ~ 2 s，焊接电源接通，焊丝送出，焊丝与焊件接触，同时电弧引燃，迅速右移至焊件右端头。然后向左开始焊接打底焊道。焊枪沿坡口两侧小幅度月牙形横向摆动，当坡口根部熔孔直径达到 3 ~ 4 mm 时转入正常焊接，同时严格控制喷嘴高度，既不能遮挡操作，又要保证气体保护效果。

焊丝端部要始终在熔池前半池部燃烧,不得脱离熔池(防止焊丝前移过大而通过间隙出现穿丝现象),并控制电弧在坡口两侧要稍作 $0.5 \sim 1\ s$ 的停留。若坡口间隙较大,应在横向摆动的同时适当地前后移动作倒退式月牙摆动,这样摆动可避免电弧直接对准间隙,以防止烧穿。焊接过程中要仔细观察熔孔,并根据间隙和熔孔直径的变化调整横向摆动幅度和焊接速度,尽量维持熔孔的直径不变,以保证获得宽窄一致,高低均匀的背面焊缝。

(2)填充焊

将打底层焊道表面清理干净。调试好填充层的焊接参数后,在焊接的右端开始施焊。采用锯齿形摆动,焊枪的横向摆动幅度稍大于打底层,注意熔池两侧熔化情况,控制焊道厚度,使焊道表面平整稍下凹,其高度应低于母材表面 $1.5 \sim 2\ mm$,不允许熔化坡口棱边。

(3)盖面焊

将填充焊道表面清理干净,焊接电流和电弧电压调整至合适的范围内,在焊件的右端施焊,保持喷嘴高度,焊丝伸出长度可稍大于打底焊 $1 \sim 2\ mm$。焊枪角度及焊枪摆动方法与填充焊时相同,但焊枪摆动幅度应比填充焊时稍大,施焊时焊枪在坡口两侧均匀缓慢地摆动要到位,保证熔池两侧边缘超过坡口上表面 $0.5 \sim 1.5\ mm$,使焊道表面平整且宽窄一致,避免产生咬边等缺陷。

【小结】

知识点

1. 熔化极气体保护焊的本质;
2. 熔化极气体保护焊的类型和特点。

能力点

1. 各种熔化极气体保护焊设备的正确使用与安全防护;
2. 各种熔化极气体保护焊方法的操作。

【综合训练与思考】

一、填空题

1. 熔化极气体保护电弧焊焊接按保护气体不同可分为 _____、_____ 和 _____ 三类。

2. CO_2 气体保护焊的优点是 CO_2_____。

3. CO_2 气体保护焊按所用的焊丝直径可分为 _____ 和 _____ 两种,前者使用的焊丝直径是 _____,后者使用的焊丝直径是 _____。

4. CO_2 气体保护焊按操作方法不同可分为_____ 和_____ 两类,它们的区别是_____。

5. CO_2 气体保护焊熔滴过渡的形式主要有_____ 和_____。

6. CO_2 气体保护焊时,可能出现三种气孔,即_____、_____、_____。

7. CO_2 气体保护焊用 CO_2 气体的纯度要大于_____,含水量不超过_____。

8. 半自动 CO_2 气体保护焊的送丝方式有_____、_____、_____。

9. 用在惰性气体(Ar)中加入少量的_____气体组成的混合气体作为保护气体的焊接方法称为_____,简称_____焊,由于混合气体中_____所占比例大,故常称为_____。

10. 药芯焊丝气体保护焊根据保护气体不同，可分为_____、_____、_____等，其中_____应用最广。

11. 药芯焊丝由_____和_____组成，其截面形状有_____形、_____形、_____形、_____形等。

二、判断题

1. 氧化性气体由于本身氧化性强，所以不适合作为保护气体。　　　　　　（　　）

2. 因氮气不溶于铜，故可以用氮气作为焊接铜及铜合金的保护气体。　　（　　）

3. 气体保护焊很适合全位置焊接。　　　　　　　　　　　　　　　　　（　　）

4. CO_2气体保护焊电源采用直流正接时，产生的飞溅要比直流反接时严重很多。（　　）

5. CO_2气体保护焊和埋弧焊用的都是焊丝，所以一般可以互用。　　　　（　　）

6. CO_2气体保护焊用的焊丝有镀铜和不镀铜两种，镀铜的作用是防止生锈，改善导电性能，提高焊接过程的稳定性。　　　　　　　　　　　　　　　　　　　　　　（　　）

7. 推丝式送丝机构用于长距离输送焊丝。　　　　　　　　　　　　　　（　　）

8. 熔化极氩弧焊熔滴过渡的形式采用喷射过渡。　　　　　　　　　　　（　　）

9. 药芯焊丝CO_2气体保护焊是气－渣联合保护。　　　　　　　　　　　（　　）

10. 富氩混合气体保护焊与纯CO_2焊相比，电弧燃烧稳定、飞溅小，且易形成喷射过渡。
　　　　　　　　　　　　　　　　　　　　　　　　　　　　　　　　（　　）

三、简答题

1. CO_2气体保护焊产生飞溅的原因是什么？减少飞溅的措施有哪些？

2. 药芯焊丝气体保护焊的原理及特点是什么？

3. CO_2气体、氮气、氩气都是保护气体，它们的性质和用途有何不同？

4. 气体保护电弧焊的原理及主要特点是什么？

5. 脉冲熔化极惰性气体保护焊的特点有哪些？

6. 简述窄间隙熔化极活性气体保护焊的特点及应用。

模块五

钨极惰性气体保护焊(TIG 焊)

[学习指南]

1. 掌握钨极惰性气体保护焊的原理、特点和设备；
2. 掌握钨极氩弧点焊、热丝钨极氩弧焊等其他钨极惰性气体保护焊方法；
3. 掌握钨极惰性气体保护焊工艺及焊接参数的选择；
4. 通过技能训练熟悉典型件的钨极惰性气体保护焊施焊方法和技巧。

重点：钨极惰性气体保护焊原理；钨极惰性气体保护焊设备；钨极惰性气体保护焊工艺。

难点：钨极惰性气体保护焊设备；钨极惰性气体保护焊工艺。

[相关链接]

钨极惰性气体保护焊(Tungsten Inert Gas Arc Welding)是使用纯钨或活化钨(如钍钨、铈钨等)作为非熔化电极，采用惰性气体(如氩气、氦气等)作为保护气体的电弧焊方法，简称 TIG 焊。当采用氩气作为保护气体时，钨极惰性气体保护焊称为钨极氩弧焊，是典型的惰性气体保护焊。

钨极惰性气体保护焊根据不同的分类方式大致有如下几种：

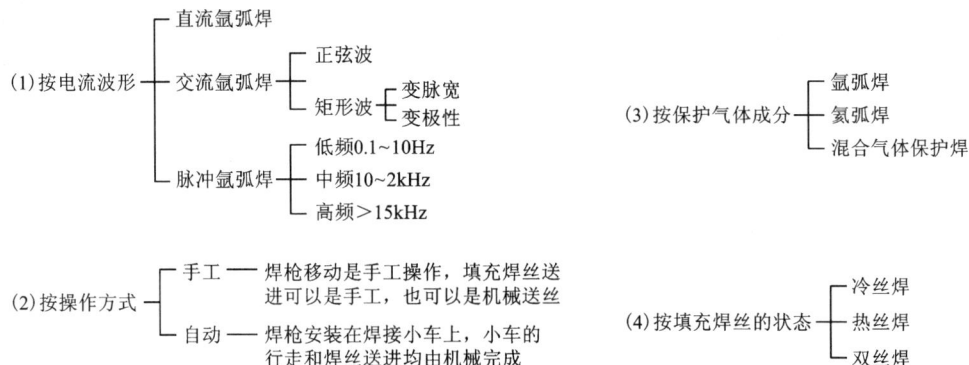

(1)按电流波形
- 直流氩弧焊
- 交流氩弧焊
  - 正弦波
  - 矩形波
    - 变脉宽
    - 变极性
- 脉冲氩弧焊
  - 低频0.1~10Hz
  - 中频10~2kHz
  - 高频>15kHz

(3)按保护气体成分
- 氩弧焊
- 氦弧焊
- 混合气体保护焊

(2)按操作方式
- 手工 —— 焊枪移动是手工操作，填充焊丝送进可以是手工，也可以是机械送丝
- 自动 —— 焊枪安装在焊接小车上，小车的行走和焊丝送进均由机械完成

(4)按填充焊丝的状态
- 冷丝焊
- 热丝焊
- 双丝焊

5.1　钨极惰性气体保护焊的工作原理及特点

5.1.1　TIG 焊的工作原理

TIG 焊的工作原理是将钨极 1 作为电极被夹持在电极夹 4 上，从 TIG 焊焊枪的喷嘴中伸出一定长度，如图 5 - 1 所示。在伸出的钨极端部与焊件 8 之间产生电弧 5，对焊件进行加热。与此同时，惰性气体 2 进入枪体，从钨极的周围通过喷嘴 3 连续喷向焊接区，在电弧周围形成气体保护层隔绝空气，以防止其对钨极、熔池 7 及邻近热影响区的有害影响，从而获得优质的焊缝 6。焊接过程根据工件的具体要求可以加或者不加填充焊丝 9。

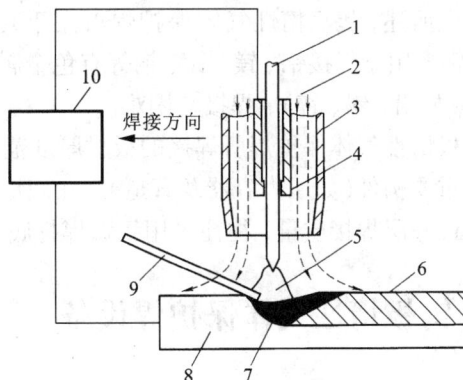

图 5 - 1　钨极惰性气体保护焊工作原理示意图

1—钨极；2—惰性气体；3—喷嘴；4—电极夹；5—电弧；
6—焊缝；7—熔池；8—焊件；9—填充焊丝；10—焊接电源

5.1.2　TIG 焊的特点

1. TIG 焊的优点

(1)惰性气体具有极好的保护作用，能有效地隔绝周围空气；它本身既不与金属起化学反应，也不溶于金属，焊接过程中熔池的冶金反应简单易控制，这为获得高质量的焊缝提供了良好的条件。

(2)钨极电弧非常稳定，呈典型的钟罩形，如图 5 - 2 所示，即使在很小电流的情况下(＜10A)仍可稳定燃烧，特别适合于薄板材料焊接。

(3)热源和填充焊丝可分别控制，从而热输入容易调整，因此这种焊接方法可进行全位置焊接，这也是实现单面焊双面成形的理想方法。

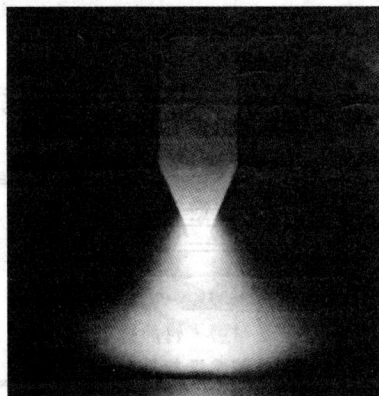

图 5 - 2　钨极氩弧焊时的电弧形态

(4)由于填充焊丝不通过电流，故不会产生飞溅，焊缝成形美观。

(5)交流氩弧具有焊接过程中能够自动清除工件表面的氧化膜作用，因此，可成功地焊接一些化学活泼性强的有色金属，如铝、镁及其合金。

(6)TIG 焊可靠性高，可以焊接重要的构件，如核电站及航空、航天工业使用的构件。

2. TIG 焊的缺点

(1)钨极承载电流能力较差，过大的电流会引起钨极的熔化和蒸发，其微粒有可能进入熔池而引起夹钨。因此，熔敷速度小、熔深浅、生产率低。

(2)采用的惰性气体较贵，熔敷率低，且氩弧焊机又较复杂，和其他焊接方法(如焊条电弧焊、埋弧焊、CO_2 气体保护焊)比较，生产成本较高。

(3)氩弧受周围气流影响较大，不适宜室外工作。

(4)氩气没有脱氧和去氢作用，所以焊前对焊件的除油、去锈、去水等准备工作要求严格，否则易产生气孔，影响焊缝的质量。

综上所述，钨极惰性气体保护焊可用于几乎所有金属和合金的焊接，但由于其成本较高，通常多用于焊接铝、镁、钛、铜等有色金属以及不锈钢、耐热钢等。对于低熔点和易蒸发的金属(如铅、锡、锌)，焊接较困难。

钨极惰性气体保护焊所焊接的板材厚度范围，从生产率考虑以 3 mm 以下为宜。对于某些厚壁重要构件(如压力容器及管道)，在底层熔透焊道焊接、全位置焊接和窄间隙焊接时，为了保证底层焊接质量，往往采用氩弧焊打底。

5.2 钨极惰性气体保护焊设备

手工 TIG 焊设备通常由焊接电源、引弧及稳弧装置(交流焊接设备用)、焊枪、供气系统、水冷系统和焊接程序控制装置等部分组成。对于自动 TIG 焊还应包括焊接小车行走机构及送丝装置。现在生产的新型直流 TIG 焊设备及方波交流 TIG 焊设备中，控制系统等已经和焊接电源合为一体，如图 5 - 3 所示。在普通的交流 TIG 焊设备中仍将控制系统、引弧装置、稳弧装置以及隔直装置等单独安装在一个控制箱内。

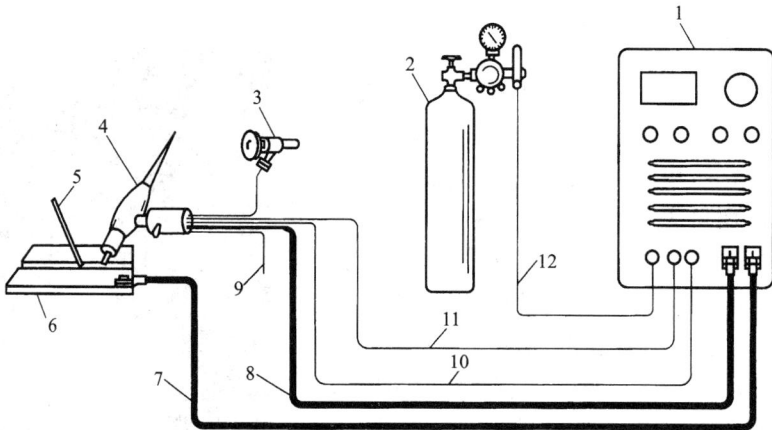

图 5 - 3 手工钨极气体保护焊设备

1—焊接电源及控制系统；2—气瓶；3—供水系统；4—焊枪；5—焊丝；6—工件；
7—工件电缆；8—焊枪电缆；9—出水管；10—开关线；11—焊枪气管；12—供气气管

5.2.1 焊接电源

1. 电源的外特性

TIG 焊要求采用陡降外特性的电源，以减少或排除因弧长变化而引起的焊接电流波动，如图 5 - 4(a)所示。通常外特性曲线工作部分斜率最大，为 7 V/100 A，且越大越好。为了减少接触引弧时钨棒烧损，有些电源采用图 5 - 4(b)所示的电源外特性，取得了良好的效果。

2. 电源种类

TIG 焊的电源有直流电源、交流电源、交直流两用电源及脉冲电源。焊接时选择哪种电源以及选定直流电源时极性接法是十分重要的，应该根据被焊材料来选择。对于不同的被焊材料可以参照表 5 - 1 进行选择。

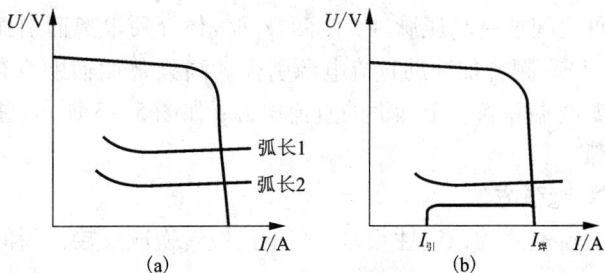

图 5 - 4　焊接电源外特性曲线
（a）陡降外特性；（b）内拖外特性

表 5 - 1　不同被焊材料选择的电源种类和直流接法

材　料	直　流		交　流
	正极性	反极性	
铝（2.4 mm 以下）	×	○	△
铝（2.4 mm 以上）	×	×	△
铝青铜、铁青铜	×	○	△
铸铝	×	×	△
黄铜、铜基合金	△		○
铸铁	△	×	○
异种金属	△		○
合金钢堆焊	○	×	△
低碳钢、高碳钢、低合金钢	△	×	○
镁（3 mm 以下）	×	○	△
镁（3 mm 以上）	×	×	△
镁铸件	×	○	△
高合金、镍及镍基合金、不锈钢	△	×	○
钛	△	×	○

注：△最佳；○良好；×最差。

5.2.2　引弧及稳弧方法

1. 引弧方法

（1）短路引弧。短路引弧依靠钨极和引弧板或者工件之间接触引弧。其缺点是引弧时钨极损耗较大，端部形状容易被破坏，应尽量少用。

（2）高频引弧。高频引弧是利用高频振荡器产生的高频高压击穿钨极与工件之间间隙（3 mm 左右）而引燃电弧。

（3）高压脉冲引弧。高压脉冲引弧是在钨极

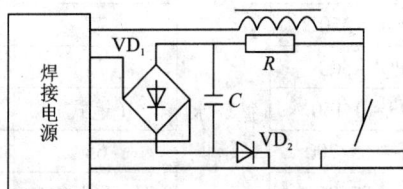

图 5 - 5　高频叠加辅助直流电源引弧

与工件之间加一高压脉冲，使两极间气体介质电离而引弧（脉冲幅值≥800V）。

（4）高频叠加辅助直流电源引弧。高频叠加辅助直径电源引弧盖是指在交流氩弧焊时，在电源两端并联一个辅助的直流电源，如图5-5所示，提供一个正接的恒定电流（约5A）帮助引弧。

2. 稳弧方法

交流氩弧的稳定性很差，在正接性转换成反接性瞬间必须采取稳弧措施。主要稳弧措施如下。

（1）高频高压稳弧。采取高频高压稳弧，可以在稳弧时适当降低高频的强度。

（2）高压脉冲稳弧。高压脉冲稳弧是在电流过零瞬间加上一个高压脉冲。

（3）交流矩形波稳弧。交流矩形波稳弧是利用交流矩形波在过零瞬间有极高的电流变化率，帮助电弧在极性转换时很快反向引燃。

5.2.3 焊枪

1. 焊枪的作用

焊枪的作用是夹持钨极，传导焊接电流和输送保护气。应满足下列要求：

（1）保护气流具有良好的流动状态和一定的挺度；

（2）枪体有良好的导电性能、气密性和水密性；

（3）枪体能被充分冷却，以保证持久工作；

（4）喷嘴与钨极间绝缘良好，以免喷嘴和焊件不慎接触时产生短路、打弧；

（5）质量轻、结构紧凑、可达性好、装拆维修方便。

2. 焊枪类型和结构

焊枪分气冷式和水冷式两种，前者用于小电流（≤150 A）焊接，其冷却作用主要是由保护气体的流动来完成，其质量轻、尺寸小、结构紧凑、价格比较便宜；后者用于大电流（≥150 A）焊接，其冷却作用主要通过流过焊枪内导电部分和焊接电缆的循环水来实现，结构比较复杂，比气冷式重而贵。表5-2列出了典型的手工钨极氩弧焊焊枪的技术参数。图5-6为一种水冷式焊枪结构，其中喷嘴的形状对气流的保护性能影响较大。

表5-2　手工钨极氩弧焊焊枪的技术参数

型　　号	冷却方式	出气角度/(°)	额定焊接电流/A	适用钨极尺寸/mm 长度	直径	开关型式	质量/kg
Ql - 150		65	150	110	1.6,2,3	推键	0.13
PQl - 350		75	350	150	3,4,5	推键	0.3
PQl - 500		75	500	180	4,5,6	推键	0.45
QS - 0/150	循环水冷却	0（笔式）	150	90	1.6,2,2.5	按钮	0.14
QS - 65/700		65	200	90	1.6,2,2.5	按钮	0.11
QS - 85/250		85（近直角）	250	160	2,3,4	船形开关	0.26
QS - 65/300		65	300	160	3,4,5	按钮	0.26
QS - 75/400		75	400	150	3,4,5	推键	0.40

型　　号	冷却方式	出气角度/(°)	额定焊接电流/A	适用钨极尺寸/mm		开关型式	质量/kg
				长度	直径		
QQ – 0/10		0(笔式)	10	100	1.0,1.6	微动开关	0.08
QQ – 65/75		65	75	40	10,1.6	微动开关	0.09
QQ – 0 ~ 90/75		0 ~ 90(可变角)	75	70	1.2,1.6,2	按钮	0.15
QQ – 85/100	气冷却(自冷)	85(近直角)	100	160	1.6,2	船形开关	0.2
QQ – 0 ~ 90/150		0 ~ 90	150	70	1.6,2,3	按钮	0.2
QQ – 85/150 – 1		85	150	110	1.6,2,3	按钮	0.15
QQ – 85/150		85	150	110	1.6,2,3	按钮	0.2
QQ – 85/200		85(近直角)	200	150	1.6,2,3	船形开关	0.26

自动 TIG 焊用的是水冷、笔式的焊枪,往往是在大电流条件下连续工作,其内部结构与手工 TIG 焊焊枪相似。

3. 喷嘴

喷嘴的材料有陶瓷、纯铜和石英三种。高温陶瓷喷嘴既绝缘又耐热,应用广泛,但通常焊接电流不能超过 350 A。纯铜喷嘴使用电流可达 500 A,需用绝缘套将喷嘴和导电部分隔离。石英喷嘴较贵,但焊接时可见度好。

当前生产中使用的喷嘴形式有三种,其喷嘴截面为收敛形、等截面形和扩散形,如图 5 – 7 所示。其中等截面形喷嘴喷出气流有效保护区域最大,应用最广泛;收敛形喷嘴电弧可见度较好,便于操作,应用也很普遍;扩散形喷嘴通常用于熔化极气体保护焊。喷嘴内表面应保持清洁,若喷孔沾有其他物质,将会干扰保护气柱或在气柱中产生紊流,从而影响保护效果。

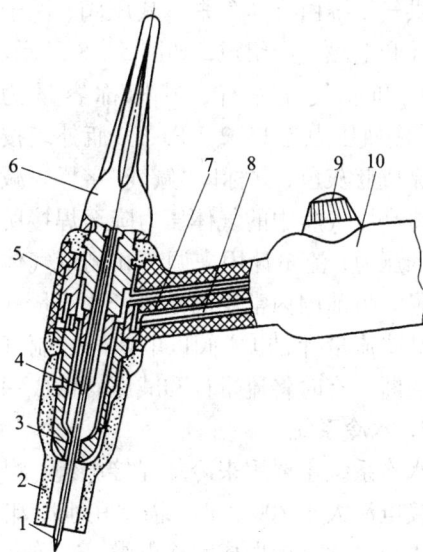

图 5 – 6　水冷式 TIG 焊焊枪结构

1—钨电极;2—陶瓷喷嘴;3—导气套管;4—电极夹头;5—枪体;6—电极帽;7—进气管;8—冷却水管;9—控制开关;10—焊枪手柄

喷嘴的形状尺寸对气流的保护性能影响很大。当喷嘴出口处获得较厚的层流层时,保护效果良好。因此,有时在气流通道中加设多层铜丝或多孔隔板以限制气体横向运动,以利于形成层流。在喷嘴的下部为圆柱形通道,通道越长保护效果越好;通道直径越大,则保护范围越宽,但可达到性变差,且影响视线。如果以 mm 为单位,通常圆柱通道内径 D_n、长度 l_0 和钨极直径 d_w 之间的关系为:

$$D_n = (2.5 \sim 3.5)d_w \tag{5 – 1}$$

$$l_0 = (1.4 \sim 1.6)D_n + (7 \sim 9) \tag{5 – 2}$$

表 5 – 3 列出了喷嘴孔径与钨极直径之间的相应关系。

表 5 - 3　喷嘴孔径与钨极直径之间的相应关系

喷嘴孔径/mm	钨极直径/mm
6.4	0.5
8	1.0
9.5	1.6 或 2.4
11.1	3.2

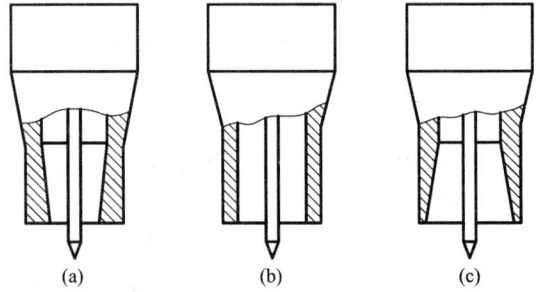

图 5 - 7　常见的喷嘴形式

(a)截面呈收敛形；(b)截面呈等截面形；(c)截面呈扩散形

5.2.4　供气系统和水冷系统

1. 供气系统

供气系统由高压气瓶、减压阀、浮子流量计和电磁气阀组成，如图 5 - 8 所示。氩气瓶和氧气瓶一样，其标称容量为 40 L，满瓶压力为 15.2 MPa，气瓶外表按规定涂成蓝灰色，并标以"氩气"字样。减压阀将高压气瓶中的气体压力降至焊接所要求的压力，流量计用来调节和测量气体的流量。目前国内常用的是浮子式流量计和指针式流量计，电磁阀以电信号控制气流的通断。有时将流量计和减压阀做成一体，成为组合式。

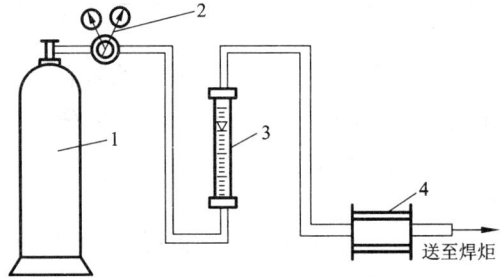

图 5 - 8　供气系统组成

1—高压气瓶；2—减压阀；3—流量计；4—电磁气阀

2. 水冷系统

水冷系统主要用来冷却焊接电缆、焊枪和钨棒。当焊接电流小于 100 A 时不需要水冷；当焊接电流大于 100 A 时，需要用水冷却焊枪和钨极。对于手工水冷式焊枪，通常将焊接电缆装入通水软管中做成水冷电缆，这样可大大提高电流密度、减轻电缆质量，使焊枪更轻便。有时水路中还接入水压开关，保证冷却水接通并有一定压力后才能启动焊机。必要时可采用水泵，将水箱内水循环使用。目前的 TIG 焊设备中还设置了电磁阀以控制冷却水的流通。

5.2.5　焊接程序控制装置

TIG 焊焊接过程涉及送气、引弧、电源输出、焊丝送进以及焊车行走等。为了获得优质焊缝，无论是手工 TIG 焊还是自动 TIG 焊都必须有序地进行。通常焊接程序控制装置应满足如下要求：

(1)起弧前，必须由焊枪向起始焊点提前 1.5 ~ 4 s 输送保护气，以驱赶管内及焊接区域空气；

(2)灭弧后，应滞后 5 ~ 15 s 停气，以保护尚未冷却的钨极与熔池。焊枪须待停气后才离开终焊处，以保证焊缝末端的质量。

(3)自动接通并切断引弧和稳弧电路。

(4)控制电源的通断。

(5)焊接结束前电流自动衰减,以消除火口和防止弧坑开裂。这对于环缝焊接及热裂纹敏感材料尤其重要。

图5-9(a)、(b)分别为手工和自动 TIG 焊的程序循环图。

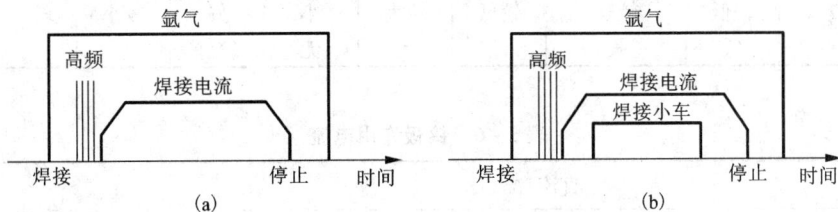

图5-9　TIG 焊的程序循环图
(a)手工 TIG 焊;(b)自动 TIG 焊

5.3　钨极惰性气体保护焊焊接材料

5.3.1　钨电极

在 TIG 焊工艺中,钨极采用的材料是十分重要的,它对钨极材料的损耗、电弧的稳定性和焊接质量有很大的影响。因此,对钨极材料的基本要求是:发射电子能力要强、耐高温而不易熔化烧损、有较大的许用电流。

小知识

选用钨极时,尽量用铈钨极。修磨钨极时,要戴口罩和手套,工作后要洗手。存放钨极时,若数量较大,最好放在铅盒中保存。

钨具有熔点(3410℃)和沸点(5900℃)高、强度大(可达850~1100 MPa)、热导率小和高温挥发性小等特点,因此适合做不熔化电极。目前国内所用的钨极有纯钨、钍钨和铈钨三种,其牌号、化学成分如表5-4所示;三种钨极的性能比较见表5-5,不同直径钨极的许用电流范围如表5-6所示。有些国家还采用锆钨、镧钨、钇钨作为电极,进一步提高钨极的性能,表5-7列出部分钨棒的国际标准。

表5-4　钨极氩弧焊常用电极的化学成分

电极牌号	化学成分(质量分数)/%						
	W	ThO₂	CeO	SiO₂	Fe₂O₃ + Al₂O₃	Mo	CaO
W₁	>99.92	—	—	0.03	0.03	0.01	0.01
W₂	>99.85	—	—	—	总含量不大于0.15%		
WTh-10	余量	1.0~1.49		0.06	0.02	0.01	0.01
WTh-15	余量	1.5~2.0		0.06	0.02	0.01	0.01
WCe-20	余量		2.0	0.06	0.02	0.01	0.01

表 5 - 5　钨极性能比较

名称	空载电压	电子逸出功	小电流下断弧间隙	弧压	许用电流	放射性剂量	化学稳定性	大电流时烧损	寿命	价格
纯钨	高	高	短	较高	小	无	好	大	短	低
钍钨	较低	较低	较长	较低	较大	小	好	较小	较长	较高
铈钨	低	低	长	低	大	无	较好	小	长	较高

表 5 - 6　钨极许用电流

电极直径/mm	直流/A				交流/A	
	正接(电极 -)		反接(电极 +)		钍钨	钍钨、铈钨
	纯钨	钍钨、铈钨	纯钨	钍钨、铈钨		
0.5	2 ~ 20	2 ~ 20	—	—	2 ~ 15	2 ~ 15
1.0	10 ~ 75	10 ~ 75	—	—	15 ~ 55	15 ~ 70
1.6	40 ~ 130	60 ~ 150	10 ~ 20	10 ~ 20	45 ~ 90	60 ~ 125
2.0	75 ~ 180	100 ~ 200	15 ~ 25	15 ~ 25	65 ~ 125	85 ~ 160
2.5	130 ~ 230	160 ~ 250	17 ~ 30	17 ~ 30	80 ~ 140	120 ~ 210
3.2	160 ~ 310	225 ~ 330	20 ~ 35	20 ~ 35	150 ~ 190	150 ~ 250
4.0	275 ~ 450	350 ~ 480	35 ~ 50	35 ~ 50	180 ~ 260	240 ~ 350
5.0	400 ~ 625	500 ~ 675	50 ~ 70	50 ~ 70	240 ~ 350	330 ~ 460
6.3	550 ~ 675	650 ~ 950	65 ~ 100	65 ~ 100	300 ~ 450	430 ~ 575
8.0	—					650 ~ 830

表 5 - 7　钨电极的国际标准(ISO)

牌号	化学成分(质量分数)/%			标准颜色
	氧化物	杂质	W	
Wp	—	—	≤0.20	99.8	绿色
WT4	ThO_2	0.35 ~ 0.55	<0.20	余量	蓝色
WT10	ThO_2	0.85 ~ 1.20	<0.20	余量	黄色
WT20	ThO_2	1.70 ~ 2.20	<0.20	余量	红色
WT30	ThO_2	2.80 ~ 3.20	<0.20	余量	紫色
WT40	ThO_2	3.80 ~ 4.20	<0.20	余量	橙色
WZ3	ZrO_2	0.15 ~ 0.50	<0.20	余量	棕色
WZ8	ZrO_2	0.70 ~ 0.90	<0.20	余量	白色
WL10	LaO_2	0.90 ~ 1.20	<0.20	余量	黑色
WC20	CeO_2	1.80 ~ 2.20	<0.20	余量	灰色

5.3.2　保护气体

　　焊接时, 保护气体不仅仅是焊接区域的保护介质, 也是产生电弧的气体介质。因此保护气的特性(如物理特性、化学特性等)不仅影响保护效果也影响电弧的引燃、焊接过程的稳定以及焊缝的成形与质量。

　　TIG 焊的保护气体使用最广泛的是氩气, 因此我们习惯把 TIG 焊简称为氩弧焊。其次是氦(He)气,由于氦气比较稀缺、提炼困难、价格昂贵,国内用得极少。使用较少的是混合气体,由氦气与氩气按一定的配比混合后使用。

1. 氩气(Ar)

氩气是惰性气体,无色无味,几乎不与任何金属发生化学反应,也不溶于金属中。氩气的性能见表 5 - 8。其密度比空气大,而比热容和热导率比空气小,因此氩气在各种保护气体中稳定性最好,一般电弧电压仅 8 ~ 15 V,具有良好的保护作用。但电弧容易扩展,呈典型的钟罩形,加热不够集中。不同金属焊接时对氩气纯度要求见表 5 - 9。

表 5 - 8　某些气体性能参数

气体	分子量 (或相对 原子质量)	密度 (273 K,0.1 MPa) /(kg·m⁻³)	电离电位 /V	比热容 (273 K 时) /(J·g·K⁻¹)	热导率 (273 K 时) /(W·m·K⁻¹)	5000 K 时离解程度
Ar	39.944	1.782	15.7	0.523	0.0158	不离解
He	4.003	0.178	24.5	5.230	0.1390	不离解
H_2	2.016	0.089	13.5	14.232	0.1976	0.96
N_2	28.016	1.250	14.5	1.038	0.0243	0.038
空气	29	1.293	—	1.005	0.0238	—

表 5 - 9　各种金属焊接时对氩气纯度要求

焊接材料	厚度/mm	焊接方法	氩气纯度(体积分数)/%	电流种类
钛及其合金	0.5 以上	钨极手工及自动焊	99.99	直流正接
镁及其合金	0.5 ~ 2.0	钨极手工及自动焊	99.9	交流
铝及其合金	0.5 ~ 2.0	钨极手工及自动焊	99.9	交流
铜及其合金	0.5 ~ 3.0	钨极手工及自动焊	99.8	直流正接或交流
不锈钢、耐热钢	0.1 以上	钨极手工及自动焊	99.7	直流正接或交流
低碳钢、低合金钢	0.1 以上	钨极手工及自动焊	99.7	直流正接或交流

2. 氦气(He)

氦气也是惰性气体,由表 5 - 8 可知,氦气的电离电位很高,故焊接时引弧较困难。氦气和氩气相比,由于其电离电位高、热导率大,在相同的焊接电流和电弧长度下,氦弧的电弧电压比氩弧高(即电弧的电场强度高),使电弧有较大的功率。氦气的冷却效果好,电弧能量密度大,弧柱细而集中,焊缝有较大的熔透率。

氦气的原子质量轻、密度小,要有效地保护焊接区域,其流量要比氩气大得多。由于价格昂贵,只在某些特殊场合下应用,如核反应堆的冷却棒、大厚度的铝合金的焊接等。

钨极氦弧焊一般用直流正接。即使铝镁及其合金的焊接也不采用交流电源,因为电弧不稳定,阴极清理作用也不明显。由于氦弧发热量大且集中,电弧穿透力强,在电弧很短时,正接也有一定的去除氧化膜效果。直流正接氦弧焊焊接铝合金,单道焊接厚度可达 12 mm,正反双面焊可达 20 mm。与交流氩弧焊相比,熔深大、焊道窄、变形小、软化区小、金属不易过烧。对于热处理强化铝合金(如锻铝 LD10),其接头的常温及低温力学性能均优于交流氩弧焊。

3. 混合气体

在单一气体的基础上加入一定比例的某些气体可以改变电弧形态、提高电弧能量、改善焊缝成形及力学性能、提高焊接生产率。目前用得较多的混合气体有以下几种配比:

(1)氩 - 氦混合气体

其特点是电弧燃烧稳定柔和、阴极清理作用好、具有高的电弧温度、工件热输入大、熔透深,焊接速度几乎为氩弧焊的两倍。一般混合体积为氦 75% ~ 80%,氩 25% ~ 20%(体积分数)。当用氩气保护焊接铝时,为了获得较大熔深可加入氦。随着氦加入量的增加,熔深也随之增加,实际使用时,以加至达到所需熔深为准。

(2)氩 - 氢混合气体

氩气中添加氢气也可提高电弧电压,从而提高电弧热功率,增加熔透,并有防止咬边,抑制 CO 气孔产生的作用。氩 - 氢混合气体中氢是还原性气体,只限于焊接不锈钢、镍基合金和镍 - 铜合金。常用的配比是 Ar + H(5% ~ 15%)(体积分数),用它焊接厚度为 1.6 mm以下的不锈钢对接接头,焊接速度比纯氩快 50%。氢添加量过多会出现氢气孔,手工 TIG 焊时以 5% 为好,焊后焊缝表面很光亮。

5.3.3 焊丝

薄板 TIG 焊可以不加填充金属,厚板的 TIG 焊须采用带坡口的接头,因此焊接时需用填充金属。手工 TIC 焊用的填充金属是直棒(条),其直径为 0.8 ~ 6 mm,长度在 1 m 以内。焊接时用手送向焊接熔池;自动焊用的是盘状焊丝,其直径最细为 0.5 mm,大电流或堆焊用的焊丝直径可达 5 mm。

一般要求焊丝化学成分与母材相同,这是因为在惰性气体保护下焊接时不会发生金属元素的烧损,填充金属熔化后其成分基本不变。因此,在对焊缝金属没有特殊要求的情况下,可以采用从母材上剪下的一定规格的条料,或采用成分与母材相当的标准焊丝作填充金属材料。

为了满足特殊接头尺寸形状的要求,可以专门设计可熔夹条(又称接头插入件)。由于焊接时夹条也熔入熔池并成为焊缝的组成部分,故亦视为填充金属。实质上使用可熔夹条是对接接头单面焊背面成形工艺中采取的一种特殊措施。焊前把它放在接头根部,焊接时被熔透,从而获得良好的背面成形。可熔夹条在管子对接中常采用,有些兼顾定位作用。可熔夹条的材质与母材相同,其断面形状由用途决定,有些已规格化并专门制造。

5.4 钨极惰性气体保护焊工艺

5.4.1 接头及坡口形式

钨极氩弧焊的接头形式有对接、搭接、角接、T 形接和端接五种基本类形,如图 5 - 10 所示,其中最常见的是板材对接。当焊接厚度为 3 mm 以下的薄板时,一般不需加工坡口和填充焊丝,焊件装配后可以利用自身的熔化形成接头,这样得到的焊缝表面实际上略有凹陷,

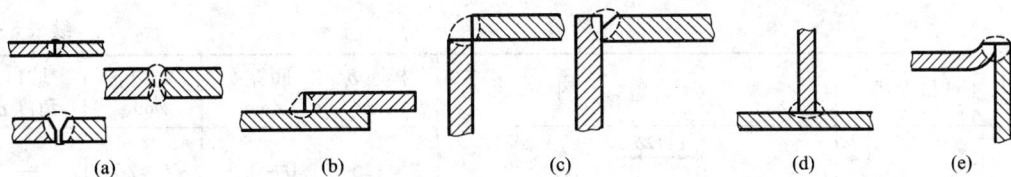

图5-10 五种基本接头形式

(a)对接接头；(b)搭接接头；(c)角接接头；(d)T形接头；(e)端接接头

如图5-11(a)所示。因此，有时也将焊件卷边后装配焊接。在焊接厚度为6 mm以上的厚板时，通常需要焊件开有坡口，并需加填充金属，形成的焊缝如图5-11(b)所示。在焊接厚度超过10 mm的铝及铝合金时，为了保证焊透，还需要预热，温度为150℃~250℃。而TIG焊中的端接接头仅在薄板焊接时采用。

坡口的形状和尺寸取决于工件的材料、厚度和工作要求。表5-10为铝及铝合金焊接的接头和坡口形式。

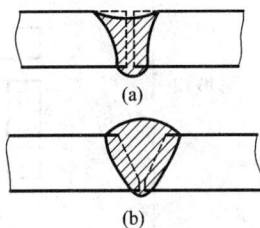

图5-11 TIG焊焊缝截面形状

(a)无坡口，不填充焊丝；
(b)开坡口，填充焊丝

表5-10 铝及铝合金焊接的接头和坡口形式

接头坡口形式		示 意 图	板厚 δ /mm	间隙 b /mm	钝边 p /mm	坡口角度 α
对接接头	卷边		≤2	<0.5	<2	—
	I形坡口		1~5	0.5~2	—	—
	V形坡口		3~5	1.5~2.5	1.5~2	60°~70°
			5~12	2~3	2~3	60°~70°
	X形坡口		>10	1.5~3	2~4	60°~70°

接头坡口形式		示　意　图	板厚 δ /mm	间隙 b /mm	钝边 p /mm	坡口角度 α
搭接接头			< 1.5	0 ~ 0.5	L≥2δ	—
			1.5 ~ 3	0.5 ~ 1	L≥2δ	—
角接接头	I 形坡口		< 12	< 1	—	—
	V 形坡口		3 ~ 5	0.8 ~ 1.5	1 ~ 1.5	50° ~ 60°
			> 5	1 ~ 2	1 ~ 2	50° ~ 60°
T 形接头	I 形坡口		3 ~ 5	< 1	—	—
			6 ~ 10	< 1.5	—	—
	K 形坡口		10 ~ 16	< 1.5	1 ~ 2	60°

5.4.2　工件和填充焊丝的焊前清理

氩气的惰性为获得高质量焊缝提供了良好条件。但是氩气不像还原性气体或氧化性气体那样具有脱氧或去氢能力，因此 TIG 焊焊接时，对材料的表面质量要求很高，焊前必须经过严格清理，清除填充焊丝及工件坡口和坡口两侧表面至少 20 mm 范围内的油污、水、灰尘、氧化膜等。否则在焊接过程中将影响电弧稳定性，恶化焊缝成形，并可能导致气孔、夹杂、未熔合等缺陷。

1. 去除油污、灰尘

油污、灰尘可以用有机溶剂(汽油、丙酮、三氯乙烯、四氯化碳等)擦洗焊件和焊丝表面，然后擦干。也可配制专用化学溶液进行清洗。表 5 - 11 为铝及铝合金去油污的溶液配方及清洗工艺。

表 5 – 11　铝及铝合金去油污的溶液配方及清洗工艺

溶液成分/(g·L^{-1})	去油污		冲洗时间/min	
	溶液温度/℃	去油时间/min	热水(50℃~60℃)	流动冷水
工业磷酸三钠　40~50				
碳酸钠　40~50	60~70	5~8	2	2
水玻璃　20~30				
水　余量				

2. 除氧化膜

除氧化膜常用的方法有机械清理和化学清理，或两者联合进行。

(1)机械清理主要有机械加工、打磨、刮削、喷砂及抛光等方法。此法只适用于工件，对于焊丝不适用。机械清理通常是用不锈钢丝或铜丝轮(刷)，将坡口及其两侧氧化膜清除。对于不锈钢及其他钢材也可用砂布打磨。铝及铝合金材质较软，用刮刀清理也较有效。但机械清理效率低，去除氧化膜不彻底，一般只用于尺寸大、生产周期长或化学清洗后局部沾污的工件。

(2)化学清理主要用于铝、镁、钛及其合金等有色金属的焊件与焊丝表面的氧化膜清理，效果好、且生产率高。化学清理是依靠化学反应的方法去除焊丝或工件表面的氧化膜，清洗溶液和方法因材料而异，表 5 – 12 为铝及铝合金的化学清理方法。

表 5 – 12　铝及铝合金的化学清理方法

材　料	碱　洗			冲洗	中和光化			冲洗	干燥
	溶液	温度/℃	时间/min		溶液	温度/℃	时间/min		
纯铝	NaOH 6%~10%	40~50	≤20	清水	HNO$_3$30%	室温	1~3	清水	风干或低温干燥
铝镁、铝锰合金	NaOH 6%~10%	40~50	≤7	清水	HNO$_3$30%	室温	1~3	清水	

通常在清理后立即焊接，或者妥善放置与保管焊件和焊丝，一般应在 24h 内焊接完。为防止再次沾上油污，通常焊前再用酒精或丙酮在坡口处擦一遍。当大型工件的生产周期较长时，为保证焊缝质量还必须在焊前重新清理。

5.4.3　焊接工艺参数的选择

TIG 焊的工艺参数主要有焊接电流种类及极性、焊接电流、钨极直径及端部形状、保护气体流量等，对于自动钨极氩弧焊，其工艺参数还包括焊接速度和送丝速度等。合理的选择焊接参数是获得优质焊接接头的重要保证。

1. 焊接电流种类及大小

焊接电流是决定焊缝熔深的最主要参数，要按照焊件材料、厚度、接头形式、焊接位置等因素来选定。一般先确定电流类型和极性,然后确定电流的大小。

焊接电流通过工位操作盒或焊机上的电流调整旋钮设定。TIG 焊开始和结束时的焊接电流通常都采取缓升和缓降,即在焊接引弧时采用较小的电流引燃电弧,然后焊机自动按所设定的时间速率提升至所要使用的焊接电流值。这是为了减少钨极的过热与烧损,同时给焊接行走(动作开始)提供一个缓冲时间,也利于对电弧引燃后初始状态进行观察,如观察电弧是否在焊接线上燃烧。在焊接结束时,焊接电流按设定的时间速率下降最后熄灭,这主要是使电弧下方的熔池凹陷区有一个金属回填过程,防止大电流熄弧时在焊缝上形成弧坑,同时在封闭形焊缝焊接时,使焊缝的最后连接部位不致产生过量熔化。

2. 电弧电压

电弧电压主要影响焊缝宽度,由电弧长度决定。TIG 焊电弧长度根据电流值的大小通常选择 1.2 ~ 5 mm,需要填加焊丝时,要选择较长的电弧长度。

如果电弧长度增加,钨极与母材的距离过大,会使电弧对母材的熔透能力降低,也会增加对焊接保护的难度,引起钨极的异常烧损,并在焊缝中易产生气孔。反之,如果钨极过于接近母材,电弧长度过短,容易使钨极与熔池接触造成断弧,或在焊缝中出现夹钨缺陷。

3. 焊接速度

焊接速度的选择主要根据工件厚度决定并和焊接电流、预热温度等配合以保证获得所需的熔深和熔宽。在高速自动焊时,还要考虑焊接速度对气体、保护效果的影响,如图 5 – 12 所示。焊接速度过大,保护气流严重偏后,可能使钨极端部、弧柱、熔池暴露在空气中。因此必须采用相应措施,如加大保护气体流量或将焊炬前倾一定角度,以保持良好的保护作用。

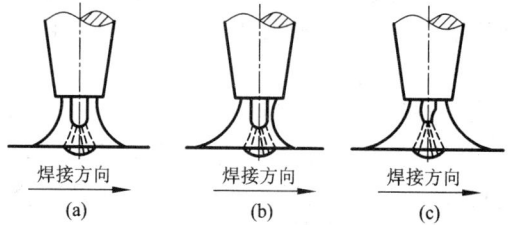

图 5 – 12 焊接速度对氩气保护效果的影响
(a)焊枪不动;(b)正常速度;(c)速度过大

4. 焊丝直径与填丝速度

焊丝直径与焊接板厚及接头间隙有关。当板厚及接头间隙大时,焊丝直径应选大一些。焊丝直径选择不当可能造成焊缝成形不好、焊缝余高过高或未焊透等缺陷。焊丝的送丝速度则与焊丝的直径、焊接电流、焊接速度和接头间隙等因素有关。一般焊丝直径大时送丝速度慢,焊接电流、焊接速度和接头间隙大时,送丝速度快。送丝速度选择不当,可能造成焊缝出现未焊透、烧穿、焊缝凹陷、焊缝余高太高、成形不光滑等缺陷。

5. 钨极直径及端部形状

钨极直径根据焊接电流大小、电流种类选择(参阅表 5 – 6)。

钨极端部形状是一个重要工艺参数,根据所用焊接电流种类,选用不同的端部形状,如图 5 – 13 所示。尖端角度 α 的大小会影响钨极的许用电流、引弧及稳弧性能。表 5 – 13 列出了钨极不同尖端尺寸推荐的电流范围:小电流焊接时,选用小直径钨极和小的锥角,可使电弧容易引燃和稳定;在大电流焊接时,增大锥角可避免尖端过热熔化、减少损耗,并防止电弧往上扩展而影响阴极斑点的稳定性。

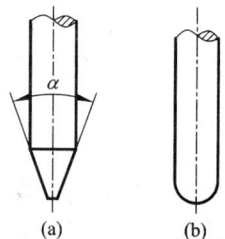

图 5 – 13 钨极端部的形状
(a)直接正流;(b)交流

钨极尖端角度对焊缝熔深和熔宽也有一定影响。减小锥角，焊缝熔深减小、熔宽增大，反之则熔深增大、熔宽减小。

表 5 – 13   钨极不同尖端尺寸推荐的电流范围(直流正接)

钨极直径/mm	尖端直径/mm	尖端角度/(°)	电流/A	
			恒定电流	脉冲电流
1.0	0.125	12	2 ~ 15	2 ~ 25
1.0	0.25	20	5 ~ 30	5 ~ 60
1.6	0.5	25	8 ~ 50	8 ~ 100
1.6	0.8	30	10 ~ 70	10 ~ 140
2.4	0.8	35	12 ~ 90	12 ~ 180
2.4	1.1	45	15 ~ 150	15 ~ 250
3.2	1.1	60	20 ~ 200	20 ~ 300
3.2	1.5	90	25 ~ 250	25 ~ 350

6. 气体流量和喷嘴直径

在一定条件下，气体流量和喷嘴直径有一个最佳范围，此时，气体保护效果最佳，有效保护区最大。如气体流量过低，气流挺度差，排除周围空气的能力弱，保护效果不佳；流量太大，容易变成紊流，使空气卷入，也会降低保护效果。同样，在流量一定时，喷嘴直径过小，保护范围小，且因气流速度过快而形成紊流；喷嘴过大，不仅妨碍焊工观察，而且气流流速过慢、挺度小，保护效果也不好。所以，气体流量和喷嘴直径要有一定配合。一般手工氩弧焊喷嘴孔径和保护气流量的选用见表 5 – 14。

表 5 – 14   喷嘴孔径与保护气流量选用范围

焊接电流/A	直流正接性		保护情况	
	喷嘴孔径/mm	流量/(L·min⁻¹)	喷嘴孔径/mm	流量/(L·min⁻¹)
10 ~ 100	4 ~ 9.5	4 ~ 5	8 ~ 9.5	6 ~ 8
101 ~ 150	4 ~ 9.5	4 ~ 7	9.5 ~ 11	7 ~ 10
151 ~ 200	6 ~ 13	6 ~ 8	11 ~ 13	7 ~ 10
201 ~ 300	8 ~ 13	8 ~ 9	13 ~ 16	8 ~ 15
301 ~ 500	13 ~ 16	9 ~ 12	16 ~ 19	8 ~ 15

7. 喷嘴与工件的距离

喷嘴与工件的距离越大，气体保护效果越差。但距离太近会影响焊工视线，且容易使钨极与熔池接触而短路，产生夹钨。一般喷嘴端部与工件的距离在 8 ~ 14 mm。

8. 钨极伸出长度

钨极伸出长度是指钨极从喷嘴端部伸出的距离。它对焊接保护效果及焊接操作性均有影响。该长度应根据接头的形状确定，并对气体流量作适当的调整。

通常钨极伸出长度主要取决于焊接接头的外形。内角焊缝要求钨极伸出长度最长，这样电极才能达到该接头的根部，并能较多地看到焊接熔池。卷边焊缝只需很短的钨极伸出长度，其至可以不伸出。常规的钨极伸出长度一般为 1~2 倍钨极直径。在短弧焊时，其伸出长度通常比常规的大些，以便给焊工提供更好的视野，并有助于控制弧长。但是，外伸过长，为了维持良好的保护状态，势必要加大保护气体流量。此外，由于钨极本身的电阻热，钨极伸出长度使电极最大允许电流值降低。比如 1.6 mm 直径的钨极，从电极夹中伸出 20 mm，在 200 A 电流下仍然可以使用，但当伸出长度增加到 40 mm 后，在 150 A 电流下就会被烧断。

实际焊接时，确定各焊接参数的顺序是：根据被焊材料的性质，先选定焊接电流的种类、极性和大小，然后选定钨极的种类和直径，再选定焊枪喷嘴直径和保护气体流量，最后确定焊接速度。在施焊的过程中根据情况适当地调整钨极伸出长度和焊枪与焊件相对的位置。表 5-15 到表 5-19 列出了几种材料钨极氩弧焊的参考焊接条件。

表 5-15　纯铝、铝镁合金手工钨极氩弧焊焊接条件(对接接头、交流)

板厚 /mm	坡口形式	焊接层数 (正面/反面)	钨极直径 / mm	焊丝直径 /mm	预热温度 /℃	焊接电流 /A	氩气流量 /(L·min⁻¹)	喷嘴孔径 /mm
1	卷边	正 1	2	1.6	—	45~60	7~9	8
1.5	卷边或 I 形	正 1	2	1.6~2.0	—	50~80	7~9	8
2	I 形	正 1	2~3	2~2.5	—	90~120	8~12	8~12
3		正 1	3	2~3	—	150~180	8~12	8~12
4		(1~2)/1	4	3	—	180~200	10~15	8~12
5		(1~2)/1	4	3~4	—	180~240	10~15	10~12
6		(1~2)/1	5	4	—	240~280	16~20	14~16
8		2/1	5	4~5	100	260~320	16~20	14~16
10	Y 形坡口	(3~4)/(1~2)	5	4~5	100~150	280~340	16~20	14~16
12		(3~4)/(1~2)	5~6	4~5	150~200	300~360	18~22	16~20
14		(3~4)/(1~2)	5~6	5~6	180~200	340~380	20~24	16~20
16		(4~5)/(1~2)	6	5~6	200~220	340~380	20~24	16~20
18		(4~5)/(1~2)	6	5~6	200~240	360~400	25~30	16~20
20		(4~5)/(1~2)	6	5~6	200~260	360~400	25~30	20~22
16~20	双 Y 形坡口	(2~3)/(2~3)	6	5~6	200~260	300~380	25~30	16~20
22~25		(3~4)/(3~4)	6~7	5~6	200~260	360~400	30~35	20~22

表 5-16　铝及铝合金自动钨极氩弧焊焊接条件(交流)

板厚 /mm	焊接层数	钨极直径 /mm	焊丝直径 /mm	焊接电流 /A	氩气流量 /(L·min⁻¹)	喷嘴孔径 /mm	送丝速度 /(cm·min⁻¹)
1	1	1.5~2	1.6	120~160	5~6	8~10	—
2	1	3	1.6~2	180~220	12~14	8~10	108~117
3	1~2	4	2	220~240	14~18	10~14	108~117
4	1~2	5	2~3	240~280	14~18	10~14	117~125
5	2	5	2~3	280~320	16~20	12~16	117~125
6~8	2~3	5~6	3	280~320	18~24	14~18	125~133
8~12	2~3	6	3~4	300~340	18~24	14~18	133~142

表5-17 不锈钢钨极氩弧焊焊接条件(单道焊)

板厚/mm	接头形式	钨极直径/mm	焊丝直径/mm	氩气流量/(L·min^{-1})	焊接电流/A(直流正接)	焊接速度/(cm·min^{-1})
0.8	对接	1.0	1.6	5	20~50	66
1.0	对接	1.6	1.6	5	50~80	56
1.5	对接	1.6	1.6	7	65~105	30
1.5	角接	1.6	1.6	7	15~125	25
2.4	对接	1.6	2.4	7	85~125	30
2.4	角接	1.6	2.4	7	95~135	25
3.2	对接	1.6	2.4	7	100~135	25
3.2	角接	1.6	2.4	7	115~145	25
4.8	对接	2.4	3.2	8	150~225	25
4.8	角接	3.2	3.2	9	175~250	20

表5-18 钛及钛合金手工钨极氩弧焊焊接条件(对接、直流正接)

板厚/mm	坡口形式	焊接层数	钨极直径/mm	焊丝直径/mm	焊接电流/A	氩气流量/(L·min^{-1}) 主喷嘴	拖罩	背面	喷嘴孔径/mm	备注
0.5	I形坡口	1	1.5	1.0	30~50	8~10	14~16	6~8	10	对接接头的间隙0.5 mm,也可不加钛丝间隙1.0 mm
1.0		1	2.0	1.0~2.0	40~60	8~10	14~16	6~8	10	
1.5		1	2.0	1.0~2.0	60~80	10~12	14~16	8~10	10~12	
2.0		1	2.0~3.0	1.0~2.0	80~110	12~14	16~20	10~12	12~14	
2.5		1	2.0~3.0	2.0	110~120	12~14	16~20	10~12	12~14	
3.0	Y形坡口	1~2	3.0	2.0~3.0	120~140	12~14	16~20	10~12	14~18	坡口间隙2~3 mm,钝边0.5 mm,焊缝反面衬有钢垫板,坡口角度60°~150°
3.5		1~2	3.0~4.0	2.0~3.0	120~140	12~14	16~20	10~12	14~18	
4.0		2	3.0~4.0	2.0~3.0	130~150	14~16	20~25	12~14	18~20	
4.0		2	3.0~4.0	2.0~3.0	200	14~16	20~25	12~14	18~20	
5.0		2~3	4.0	3.0	130~150	14~16	20~25	12~14	18~20	
6.0		2~3	4.0	3.0~4.0	140~180	14~16	25~28	12~14	18~20	
7.0		2~3	4.0	3.0~4.0	140~180	14~16	25~28	12~14	20~22	
8.0		3~4	4.0	3.0~4.0	140~180	14~16	25~28	12~14	20~22	
10.0	双Y形坡口	4~6	4.0	3.0~4.0	160~200	14~16	25~28	12~14	20~22	坡口角度60°,钝边1 mm;坡口角度55°,钝边1.5~2.0 mm;坡口角度55°,钝边1.5~2.0 mm,间隙1.5 mm
13.0		6~8	4.0	3.0~4.0	220~240	14~16	25~28	12~14	20~22	
20.0		12	4.0	4.0	200~240	12~14	20	10~12	18	
22		6	4.0	4.0~5.0	230~250	15~18	18~20	18~20	20	
25		15~16	4.0	3.0~4.0	200~220	16~18	26~30	20~26	22	
30		17~18	4.0	3.0~4.0	200~220	16~18	26~30	20~26	22	

表 5 – 19　钛及钛合金自动钨极氩弧焊焊接条件(对接接头、直流正接)

板厚 /mm	坡口 形式	焊接 层数	成形槽的 垫板尺寸		钨极 直径 /mm	焊丝 直径 /mm	焊接 电流 /A	电弧 电压 /V	焊接速度 /(cm·min⁻¹)	氩气流量/(L·min⁻¹)		
			宽度 /mm	深度 /mm						主喷嘴	拖罩	背面
1.0	I 形	1	5	0.5	1.6	1.2	70 ~ 100	12 ~ 15	30 ~ 37	8 ~ 10	12 ~ 14	6 ~ 8
1.2	I 形	1	5	0.7	2.0	1.2	100 ~ 120	12 ~ 15	30 ~ 37	8 ~ 10	12 ~ 14	6 ~ 8
1.5	I 形	1	5	0.7	2.0	1.2 ~ 1.6	120 ~ 140	14 ~ 16	37 ~ 40	10 ~ 12	14 ~ 16	8 ~ 10
2.0	I 形	1	6	1.0	2.5	1.6 ~ 2.0	140 ~ 160	14 ~ 16	33 ~ 37	12 ~ 14	14 ~ 16	10 ~ 12
3.0	I 形	1	7	1.1	3.0	2.0 ~ 3.0	200 ~ 240	14 ~ 16	32 ~ 35	12 ~ 14	16 ~ 18	10 ~ 12
4.0	I 形,留 2mm 间隙	2	8	1.3	3.0	3.0	200 ~ 260	14 ~ 16	32 ~ 33	14 ~ 16	18 ~ 20	12 ~ 14
6.0	Y 形 60°	3	—	—	4.0	3.0	240 ~ 280	14 ~ 18	30 ~ 37	14 ~ 16	20 ~ 24	14 ~ 16
10.0	Y 形 60°	3	—	—	4.0	3.0	200 ~ 260	14 ~ 18	15 ~ 20	14 ~ 16	18 ~ 20	12 ~ 14
13.0	双 Y 形 60°	4	—	—	4.0	3.0	220 ~ 260	14 ~ 18	33 ~ 42	14 ~ 16	18 ~ 20	12 ~ 14

5.4.4　操作技术

焊接时,焊枪、焊丝和工件之间必须保持正确的相对位置(如图 5 – 14 所示),焊直缝时通常采用左向焊法。焊丝与工件间的角度不宜过大,否则会扰乱电弧和气流的稳定。手工钨极氩弧焊时,送丝可以采用断续送进和连续送进两种方法。要绝对防止焊丝与高温的钨极接触,以免钨极被污染、烧损,电弧稳定性被损坏。断续送丝时要防止焊丝端部移出气体保护

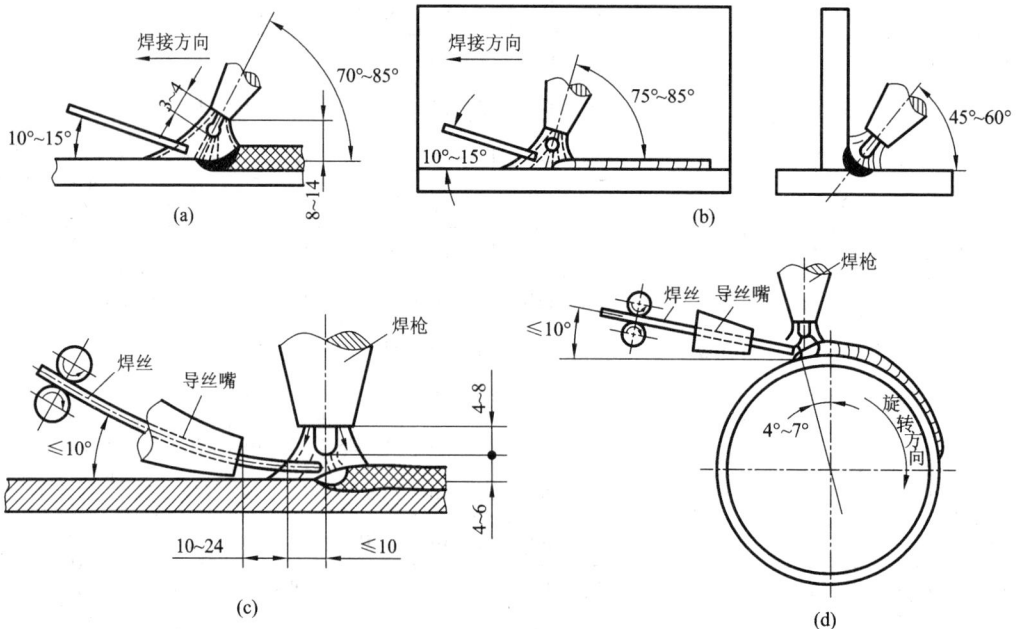

图 5 – 14　焊枪、焊丝和工件之间的相对位置

(a)对接焊条电弧焊;(b)角接焊条电弧焊;(c)平对接自动焊;(d)环缝自动焊

区而氧化。环缝自动钨极氩弧焊时,焊枪应逆旋转方向偏离工件中心线一定距离,以便于送丝和保证焊缝的良好成形。

5.4.5 安全技术

1. 氩弧焊的有害因素

（1）放射性

钍钨极中的钍是放射性元素,但钨极氩弧焊时钍钨极的放射剂量很小,在允许范围之内,危害不大。如果放射性气体或微粒进入人体作为内放射源,则会严重影响身体健康。

（2）高频电磁场

采用高频引弧时,产生的高频电磁场强度为 $60 \sim 110$ V/m,超过参考卫生标准(20 V/m)数倍。但由于时间很短,对人体影响不大。如果频繁起弧,或者把高频振荡器作为稳弧装置在焊接过程中持续使用,则高频电磁场可成为有害因素之一。

（3）有害气体——臭氧和氮氧化物

氩弧焊时,弧柱温度高,紫外线辐射强度远大于一般焊条电弧焊,因此在焊接过程中会产生大量的臭氧和氮氧化物,尤其臭氧的浓度远远超出参考卫生标准。如不采取有效通风措施,这些气体对人体健康影响很大,是氩弧焊最主要的有害因素。

2. 安全防护措施

（1）通风措施

氩弧焊工作现场要有良好的通风装置,以排出有害气体及烟尘。除厂房通风外,可在焊接工作量大、焊机集中的地方,安装几台抽风机向外排风。

此外,还可采用局部通风的措施将电弧周围的有害气体抽走,例如采用明弧排烟罩、隐弧排烟罩、排烟焊枪、轻便小风机等。

（2）防护射线措施

尽可能采用放射剂量极低的铈钨极。钍钨极和铈钨极加工时,应采用密封式或抽风式砂轮磨削。操作者应佩戴口罩、手套等个人防护用品,加工后要洗净手脸。钍钨极和铈钨极应放在铝盒内保存。

（3）防护高频的措施

为了防护和削弱高频电磁场的影响,采取的措施有:①良好接地,焊枪电缆和地线要用金属编织线屏蔽;②适当降低频率;③使用高频振荡器作为稳弧装置,减少高频电作用时间。

（4）其他个人防护措施

氩弧焊时,由于臭氧和紫外线作用强烈,应穿戴非棉布工作服(如耐酸呢、柞绸)。在容器内焊接又不能采用局部通风的情况下,可以采用送风式头盔、送风口罩或防毒口罩等个人防护措施。

5.5 钨极惰性气体保护焊的其他方法

5.5.1 钨极氩弧点焊

钨极氩弧点焊的原理如图5-15所示,焊枪端部的喷嘴将被焊的两块母材压紧,保证连接面密合，然后靠钨极和母材之间的电弧使钨极下方金属局部熔化形成焊点。适用于焊接各种薄板结构以及薄板与较厚材料的连接，所焊材料目前主要为不锈钢、低合金钢等。

和电阻点焊比较，钨极氩弧点焊有如下优点：

（1）可从一面进行点焊，方便灵活。对于那些无法从两面操作的构件，更有特别的意义。

（2）更易于点焊厚度相差悬殊的工件，且可将多层板材点焊。

（3）焊点尺寸容易控制，焊点强度可在很大范围内调节。

（4）需施加的压力小，无需加压装置。

（5）设备费用低廉，耗电量小。

其缺点是：

（1）焊接速度不如电阻点焊高。

（2）焊接费用（人工费、氩气消耗等）较高。

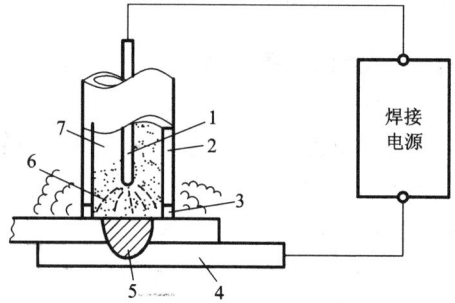

图 5-15　钨极氩弧点焊原理示意图

1—钨极；2—喷嘴；3—出气孔；
4—母材；5—焊点；6—电弧；7—氩气

5.5.2　热丝 TIG 焊

传统的 TIG 焊由于电极载流能力有限，电弧功率受到限制，焊缝熔深浅、焊接速度低。对于中等厚度的焊接结构（10 mm 左右），还需要开坡口并采用多层焊，焊接效率低的缺点更为突出。因此，很多年来许多研究都集中在如何提高 TIG 焊的焊接效率上。热丝 TIG 焊就是为了提高 TIG 焊的焊接效率发展起来的新工艺之一。

热丝 TIG 焊是利用附加电源预先加热填充焊丝，从而提高焊丝的熔化速度、增加熔敷金属量，达到生产高效率的一种 TIG 焊方法，其原理如图 5-16 所示。在普通 TIG 焊的基础上，与钨极成 40°～60°角从电弧的后方向熔池输送一根焊丝，但在焊丝进入熔池之前约 100 mm 处由附加电源通过导电块对其通电，使其产生电阻热，提高热输入量，增加焊丝熔化速度，从而提高焊接速度。

与普通 TIG 焊相比，由于热丝 TIG 焊大大提高了热量输入，同时又保持了 TIG 焊具有高质量焊缝的特点，因此适于焊接中等厚

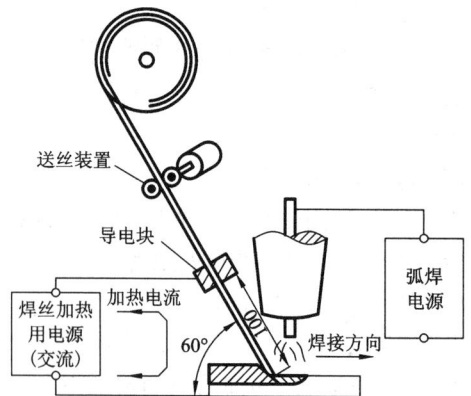

图 5-16　热丝 TIG 焊原理示意图

度的焊接结构。热丝 TIG 焊明显地提高了熔敷率，使焊丝熔化速度增加 20～50g/min。在相同电流的情况下焊接速度可提高一倍以上，达到 100～300 mm/min。与 MIG 焊相比，其熔敷率相差不大，但是热丝 TIG 焊的送丝速度独立于焊接电流之外，因此能够更好地控制焊缝成形。对于开坡口的焊缝，其侧壁的熔合性比 MIG 焊好得多。

热丝 TIG 焊已成功地用于焊接碳钢、低合金钢、不锈钢、镍和钛等。但对于高导电性材

料如铝和铜，由于电阻率小，需要很大的加热电流，造成过大的磁偏吹，影响焊接质量，因而不适合采用这种方法。

表5-20是使用冷丝和热丝两种不同方法焊接窄间隙试样时焊接参数的比较，可以看出，热丝TIG焊焊接速度比冷丝TIG焊整整提高了一倍。热丝法还可减少焊缝中的裂纹。可以预料，热丝焊方法在海底管线、油气输送管线、压力容器及堆焊等领域中的应用会进一步扩大，是一种很有发展前途的焊接方法。

表5-20　冷丝与热丝TIG窄间隙焊焊接参数比较

		焊层	1	2	3	4	5	6
冷丝		焊接电流/A	300	350	350	350	300	300
		焊接速度/(mm·min⁻¹)	100	100	100	100	100	100
		送丝速度/(m·min⁻¹)	1.5	2	2	2	2	2.7
热丝		焊层	1	2	3	4	5	
		焊接电流/A	300	350	350	310	310	
		焊接速度/(mm·min⁻¹)	200	200	200	200	200	
		送丝速度/(m·min⁻¹)	3	4	4	4	4	

5.5.3　管道焊接技术

在锅炉、化工、电力、原子能等工业部门的管线及换热器生产和安装中，经常要遇到管道及管—管板的焊接问题，在这个领域内广泛采用钨极氩弧焊。

在工业管道制造和安装过程中，许多情况下管道是固定不动的，此时，要求焊枪围绕工件作360°的旋转。所以，完成一条焊缝的过程实际上是全位置焊接，每种位置需要匹配不同的规范参数。为了保证焊缝获得均匀的熔透和熔宽，要求参数稳定而精确。同时要求机头的转速稳定而可靠，并与规范参数相适应。厚板大直径管道焊接时，机头还需进行不同形式和不同频率的摆动。钨极氩弧焊或者脉冲钨极氩弧焊过程由于电弧非常稳定、无飞溅、热输入调节方便，易得到单面焊双面成型的焊缝，所以是管道焊接的理想方法。

1. 坡口形式

根据管子壁厚和生产条件，可以采用多种坡口形式。以不锈钢管对接为例，焊接坡口形式如表5-21所示。为了保证一定余高，焊前将管端适当扩口或者添加填充焊丝，也可以用钨极氩弧焊打底后再用焊条电弧焊盖面。

2. 焊接工艺

表5-22和表5-23分别列出了各种材料管子全位置钨极氩弧焊和钨极脉冲氩弧焊的焊接条件。表5-23所列的管内通以1~3 L/min的氩气，有利于不锈钢焊缝的反面保护和反面成形。

小知识

垂直固定管焊接时即所谓的横焊，液体金属因自重下淌，产生上咬边下焊瘤及未焊透等缺陷，应采用较小的焊接电流、短弧焊，焊枪倾角随着焊道部位不同而相应的变化。

焊接方法与设备

在一个接头的焊接过程中，焊接电流大小和机头运动速度应相互配合，在电弧引燃后焊接电流逐渐上升至工作值，将工件预热并形成熔池，待底层完全熔透后，机头才开始转动。电弧熄灭前，焊接电流逐渐衰减，机头运动逐渐加快，以保证环缝首尾平滑地搭接。理想的焊接程序如图 5-17 所示。按不同的位置分区改变电流或焊接速度的程序控制，可以获得更高的焊接质量，目前也已得到了应用，并有专用的焊机。

表 5-21　不锈钢管子对接焊坡口形式

坡口形式	焊接方法	坡口尺寸/mm				坡 口 图
		δ	b	α	p	
I 形	加填充丝钨极氩弧焊	≤1.5	≤0.1	—	—	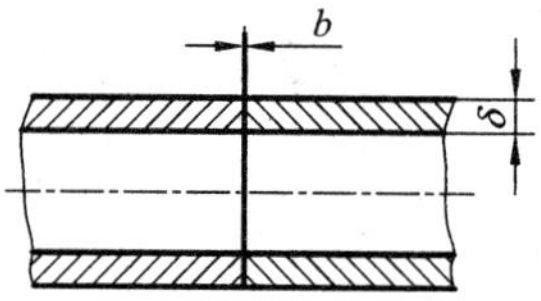
扩口形	无填充丝钨极氩弧焊	≤2	≤0.1	60±10°	—	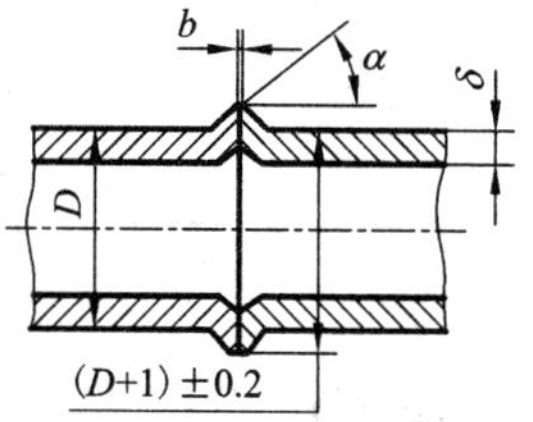
V 形	钨极氩弧焊或钨极氩弧焊封底加焊条电弧焊	2~10	≤0.1	80°	0.1~10	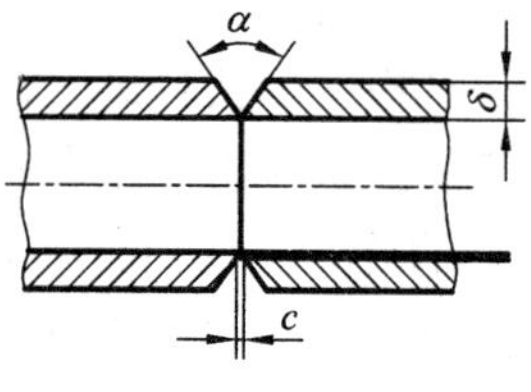
	衬熔化垫圈钨极氩弧焊	≥2	<0.2	50°	0.1~10	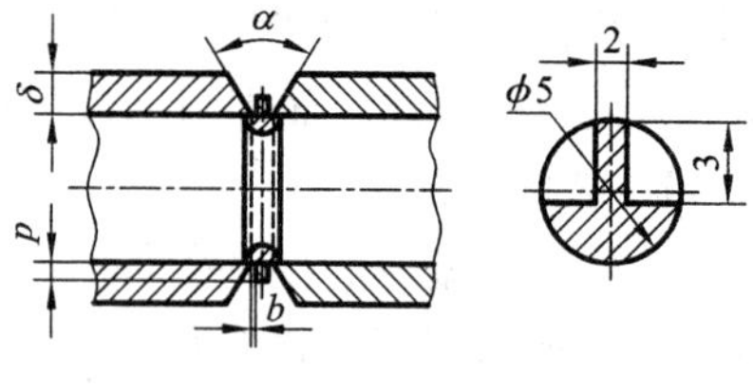
U 形	钨极氩弧焊或钨极氩弧焊封底加焊条电弧焊	12	≤0.1	15°	0.1~10	
		20	≤0.1	13°	0.1~10	

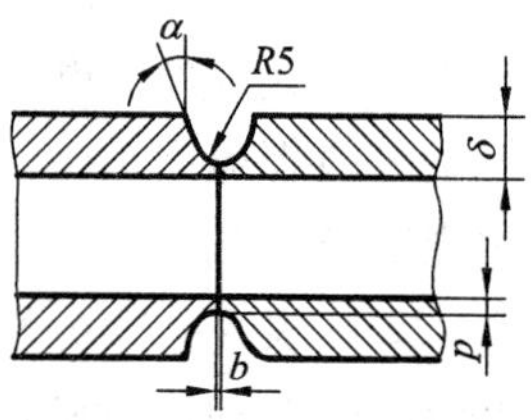

表 5-22　1Cr18Ni9Ti 不锈钢管子对接全位置自动钨极氩弧焊焊接条件（直流正接）

管子尺寸/mm	坡口形式	层数	钨极直径/mm	填充丝直径/mm	焊接电源/A	电弧电压/V	焊接速度/(周·s⁻¹)	送丝速度/(cm·min⁻¹)	氩气流量/(L·min⁻¹)	
									喷嘴	管内
φ18×1.25	管子扩口	1	2	—	60~62	9~10	12.5~13.5	—	8~10	1~3
φ32×1.5		1	2	—	54~59	8~9	18.5~22.0		10~13	1~3
φ32×3	V形	1	2~3		110~120	10~12	24~28	—	8~10	4~6
		2~3	2~3	0.8	110~120	12~14	24~28	76~80	8~10	4~6

表 5-23　各种材料管子对接全位置自动钨极脉冲氩弧焊焊接条件（直接正接）

材料	管子尺寸/mm	电流/A		持续时间/s		弧长/mm	焊接速度/(cm·min⁻¹)	氩气流量/(L·min⁻¹)
		脉冲	基值	脉冲电流时	基值电流时			
Q235A	φ25×2	80~70	20~25	0.5	0.5	1~1.2	15~17	8~10
1Cr18Ni9Ti	φ30×2.7	120~100	25~30	0.4	0.5	1.2~1.5	8~10	8~10
Q235A	φ32×3	140~120	25~30	0.7	0.8	1.2~1.5	8~10	8~10
12Cr1MoV	φ42×3.5	170~130	35~40	1.0	1.0	2	8~10	10~15
12Cr1MoV	φ42×5	190~140	40~45	1.2	1.2	2~2.5	6~7	10~15

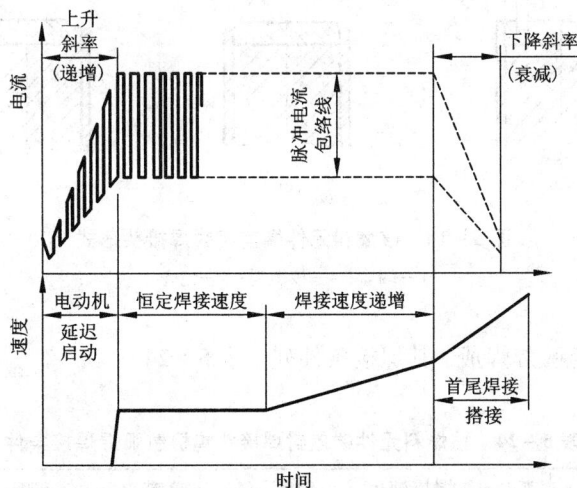

图 5-17　管道自动钨极氩弧焊
全位置焊接的电流和焊接速度程序

5.6 技能训练：钨极惰性气体保护焊焊接实例

5.6.1 铝合金包壳核燃料元件端盖密封焊接

核反应堆所用的核燃料有的用铝及铝合金管作为包壳，内装核燃料（铀或钚等）后两端加端盖，用钨极氩弧焊焊接。

1. 接头形式

可供选择的接头形式如图5-18所示。以焊接的角度，图5-18(c)(d)比较合理：管壁和端盖焊接部位等厚、受热均匀、容易获得高质量的焊缝，对装配要求也低。但焊后管端表面有凹陷。反应堆运行时其表面积水，局部死水会影响冷却性能，这对核燃料元件来说是不允许的。而接头(f)不但容易焊接，而且焊后端盖表面光滑平整，焊缝成形美观，是一种比较满意的接头形式。

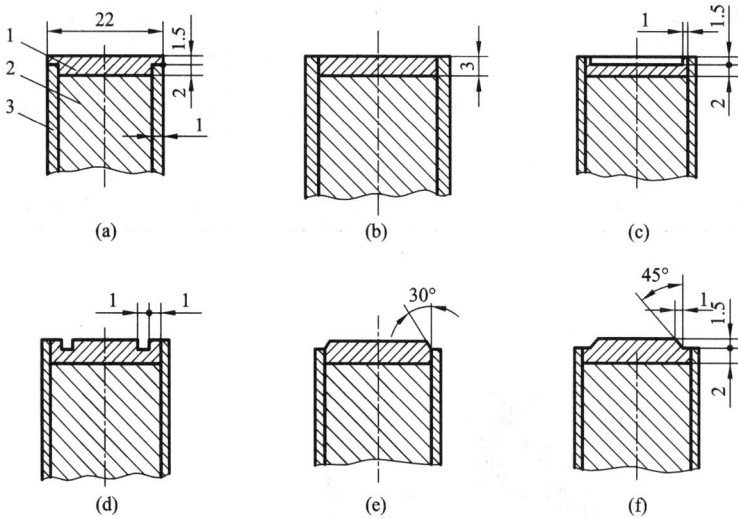

图5-18 核燃料元件端盖密封焊接头形式

1—端盖；2—核燃料；3—包壳

2. 焊接条件

接头用手工钨极氩弧焊焊成，其焊接条件列于表5-24。

表5-24 核燃料元件端盖封焊接头钨极氩弧焊焊接条件

钨极直径/mm	焊接电流/A	弧长/mm	焊接速度/(r·min⁻¹)	氩气流量/(L·min⁻¹)	喷嘴直径/mm	喷嘴距工件距离/mm	钨极伸出喷嘴外长度/mm
3(磨尖)①	40~50(交流)	2	约10	10	12	6~8	约5

注：①如用φ2 mm的钨极，焊接时间稍长，端部易熔化并伸长，采用短弧焊时会经常短路。故改为φ3 mm并磨尖，焊接效果较好。

5.6.2 1035 工业纯铝卧式储罐手工 TIG 焊

4 m³ 卧式储罐的外形如图 5 - 19 所示。筒体由三个筒节组成,每个筒节由两块 6 mm 厚的 1035 工业纯铝焊成;封头由 8 mm 厚的 1035 工业纯铝板拼焊后压制而成。采用手工交流钨极氩弧焊焊接。经过焊接工艺评定合格的焊接工艺如下。

1. 焊前准备

筒体用板不开坡口,装配定位焊后的间隙为 2 mm;封头用板开 70°的 V 形坡口,钝边为 1 ~ 1.5 mm,装配定位焊后的间隙为 3 mm。焊前,对焊件进行清理,先用丙酮清洗油污,然后用直径小于 0.15 mm 的不锈钢钢丝刷,对坡口及其两侧来回刷几次,并用刮刀将坡口内清理干净,对焊丝用化学法清洗。

2. 焊接材料

焊丝采用与母材同牌号的焊丝;氩气纯度(体积分数)为 99.89%,氮气不超过 0.105%,氧气不超过 0.0031%;钨极采用铈钨极。

3. 焊接参数

对于 6 mm 厚的板,焊丝直径为 5 ~ 6 mm,钨极直径为 5 mm,焊接电流为 190 A,喷嘴直径为 14 mm,电弧长度为 2 ~ 3 mm,焊前不预热;对于 8 mm 厚的板,焊丝直径为 6 mm,钨极直径为 6 mm,焊接电流为 260 ~ 270 A,喷嘴直径为 14 mm,电弧长度为 2 ~ 3 mm,焊前预热 150℃。

焊后,对储罐所有的环缝、纵缝进行煤油试验及 100% X 射线无损检测,未发现任何焊接缺陷,质量合格。

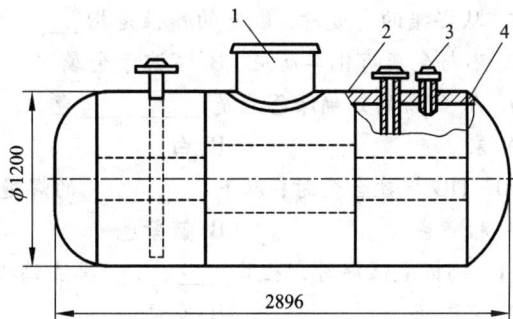

图 5 - 19 4 m³ 工业铝储罐外形
1—人孔;2—筒体;3—管接头;4—封头

【小结】

知识点
1. 钨极惰性气体保护焊的原理和特点;
2. 钨极惰性气体保护焊的设备;
3. 钨极惰性气体保护焊工艺;
4. 钨极惰性气体保护焊的其他方法。

能力点
1. 正确选择钨极惰性气体保护焊的主要工艺参数;
2. 钨极惰性气体保护焊的基本操作。

【综合训练与思考】

一、选择题

1. 手工脉冲 TIG 焊适用的电流脉冲频率为_____Hz。

    A. 1   B. 2   C. 5   D. 6   E. 9   F. 10

2. 钨极氩弧焊时，若根据电流选定钨极直径为 3.0 mm，你应选用下列直径_____ mm 的焊丝。

    A. 1.5   B. 3.2   C. 5.0

3. 钨极氩弧焊焊接不锈钢时，应用_____接法。

    A. 直流正接   B. 直流反接   C. 交流

4. 钨极氩弧焊焊接铝合金时，不应采用_____接法。

    A. 直流正接   B. 直流反接   C. 交流

5. 氩弧焊机的高频振荡常用于_____。

    A. 稳弧   B. 引弧   C. 焊接

6. 钨极氩弧焊用_____接法没有"阴极雾化"作用。

    A. 正接   B. 反接   C. 交流

7. 钨极氩弧焊接不锈钢，焊缝表面颜色为_____色时，保护效果较好。

    A. 金黄   B. 蓝   C. 灰黑

8. 从焊接的角度看，氩气的惰性是指_____。

    A. 不与金属有化学反应   B. 不溶于金属   C. 既不反应也不溶解

9. Ar 气瓶的正确涂色应是_____色。

    A. 灰   B. 白   C. 铝白

10. TIG 焊钛合金时，以下_____的焊缝，其气体保护效果最好。

    A. 橙黄色   B. 蓝紫色   C. 青灰色

11. 钨极氩弧焊时，采用_____接法钨极烧损最小。

    A. 直流正   B. 交流   C. 直流反

12. 按 GB/T 4842—1995《纯氩》的要求，焊接用氩气的纯度应≥_____%（V/V）。

    A. 99.5   B. 99.7   C. 99.99

13. 混合气 $Ar + CO_2 + O_2$（80∶15∶5）常用来焊接_____。

    A. 碳钢和低合金钢   B. 不锈钢   C. 铝合金

14. 焊丝的干伸长度增加，使喷射过渡的临界电流_____。

    A. 增加   B. 减小   C. 不变

15. 电流相同时，为获得相同的保护效果，熔化极氩弧焊所用的气体流量与钨极氩弧焊相比_____。

    A. 更大   B. 更小   C. 相等

16. 下列的熔滴过渡形式，通常容易获得较大熔深的是_____。

    A. 颗粒   B. 短路   C. 喷射

二、判断题

1. 气体保护焊接为获得最佳保护效果，在气流量增加时喷嘴孔径应相应减小。 （   ）

2. 钨极氩弧焊主要用于打底焊、有色金属以及厚大焊件的焊接。 （   ）

3. 与其他焊接方法一样，钨极氩弧焊也可以直接在焊件的坡口面内接触引弧。 （   ）

4. 钨极氩弧焊由于没有冶金反应，所以焊前清理要求严格。 （   ）

5. 钨极氩弧的弧长对电弧电压的影响较小，所以焊接时可以用较长的电弧。 （   ）

6. 氩气较难电离，但氩弧引燃后，较低的电弧电压即可维持电弧稳定燃烧。　　（　　）

三、简答题

1. 试述 NBA1 –500 型半自动熔化极氩弧焊机的组成部分。

2. 亚射流过渡的特点有哪些？

3. 什么是电弧自身调节系统？说明电弧自身调节系统静特性曲线的意义。

4. 除了纯钨、钍钨和铈钨这"老三件"外，钨极氩弧焊所用的电极你还知道有哪些，它们都有些什么特点？请叙述打磨钨极时的安全措施？

5. TIG 焊的焊接工艺参数有哪些？

6. 钨极氩弧焊电极的端部形状有哪几种形式，各适用于什么场合？

7. 解释下列名词：TIG 焊；阴极破碎作用；直流正极性；直流反极性。

8. 简述 TIG 焊的原理及特点。

9. 交流 TIG 焊焊接铝、镁及其合金时，为什么会产生直流分量？有什么危害性？如何消除？

10. 为什么 TIG 焊要采用陡降外特性的电源？

11. 为什么 TIG 焊焊接时要提前供气和滞后停气？

12. TIG 焊按电流种类和极性可分为哪几种？试述每种方法的优缺点。

模块六

等离子弧焊与切割

[学习指南]

1. 掌握等离子弧的形成及其特性，等离子弧焊接和切割的特点、工艺及设备；
2. 了解等离子弧堆焊的特点及其工艺。

重点： 等离子弧的形成；等离子弧焊接和切割的特点、工艺及设备。

难点： 等离子弧的形成；等离子弧焊接的工艺。

[相关链接]

1954 年，美国 Union Carbide 公司的 Robert Gage 发现，经过压缩的电弧能量更加集中，电弧温度和射流速度大幅度提高。这种具有高温、长弧柱特性的拘束态电弧很快被用于切割有色金属，随后进一步的实验研究证实，这种压缩电弧也可用于焊接。

等离子弧焊刚一问世，就得到工业界的极大关注，尤其是国防与航空航天工业。1966年，美国 Linde 公司与 Westinghouse 电气公司合作开发研制了一套自动化等离子弧焊设备，用于焊接直径为 3 m、壁厚为 9.5 mm、材料为 D6AC 钢的大力神Ⅲ-C 火箭助推器壳体，这标志着等离子弧焊正式应用于实际产品的生产。原来采用 TIG 焊需要 1 层封底焊和 3~4 层填充焊，采用等离子弧焊，只需 1 层穿透焊和 1 层盖面焊，焊接工时缩短 50%，而且焊接质量要优于 TIG 焊。其他的应用实例还有 B-1 轰炸机主翼机匣、RB-211 喷气发动机中心压气机壳体、直升机桨叶圆柱大梁、钛合金机翼蒙皮、高强钢筒形蓄压器等。

20 世纪 60 年代初期美国 Thermal Dynamic 公司首先采用直流反极性等离子弧焊进行了铝合金焊接实验研究，与 TIG 焊相比，等离子弧焊的生产率和焊接质量都明显提高，但钨极烧损严重，电弧的稳定状态容易受到破坏。70 年代初期美国波音公司的 B. P. VanCleave 采用西雅基公司制造的变极性方波电源开发出变极性等离子弧焊工艺，随后 Hobart Brothers 公司根据等离子弧焊工艺要求，设计制造了第 1 台变极性等离子弧焊电源。自此，变极性等离子弧焊(VPPAW)技术以其特有的工艺优势在铝合金构件焊接中得到广泛应用。

1978 年，美国 NASA 宇航局马歇尔宇航中心购买了由 Hobart Brothers 公司制造、专用于铝合金焊接的大功率变极性等离子弧焊系统，并决定采用变极性等离子弧焊取代钨极气体保护焊，用于航天飞机外储箱的焊接，这一举措推动了等离子弧焊工艺、设备及焊缝成形与焊接质量控制等一系列研究课题的深入开展。

最新发展动态

　　为进一步提高等离子弧焊的效率、增强其工艺适应性、扩大应用范围，等离子弧焊方法也有较大的发展。在工业中得到实际应用的新型等离子弧焊方法有：脉冲气流等离子弧焊法、等离子弧焊＋钨极氩弧焊复合焊接法和等离子弧焊＋熔化极气体保护焊复合焊接法等。

6.1　等离子弧与等离子弧发生器

　　等离子弧是受外部拘束条件的影响使弧柱受到压缩的电弧。等离子弧弧区内的气体电离程度大，能量高度集中，能量密度很大，可达 $10^5 \sim 10^6$ W/cm^2，电弧温度高，可达 24000 ～ 50000 K，焰流速度大，可达 300 m/s，电弧挺直度好（电弧挺直度是指电弧沿电极轴线的挺直程度）、稳定性好、能迅速熔化金属材料，可用来焊接和切割。

6.1.1　等离子弧的形成及其分类

1. 等离子弧的形成

　　目前等离子弧的形成广泛采用的方法是将钨极缩入喷嘴内部，并且在水冷铜喷嘴中通以一定压力和流量的等离子气（产生等离子弧的气体，简称离子气，通常是氩气），在钨极与喷嘴之间或钨极与工件之间加一较高电压，经高频振荡使气体电离形成自由电弧，该电弧受下列三个压缩作用形成等离子弧，如图 6-1 所示。

　　（1）机械压缩作用。电弧经过有一定孔径的水冷喷嘴通道，使电弧截面不能自由扩大，这种拘束作用就是机械压缩作用。

　　（2）热压缩作用（热收缩作用）。喷嘴中的冷却水使喷嘴内壁附近形成一层冷气膜，使电弧外围受到强烈冷却，所以弧柱中心比其外围温度高、电离度高、导电性能好，迫使带电粒子流（离子和电子）往弧柱中心集中，电流自然趋向弧柱中心，弧柱被进一步压缩，产生热收缩效应。

　　（3）磁压缩作用（电磁收缩作用）。电弧中定向运动的电子、离子流在自身磁场作用下产生的电磁力使弧柱进一步收缩。

　　以上三个作用中，机械压缩作用是前提条件，热压缩是最本质的原因，电磁收缩是必然存在的。

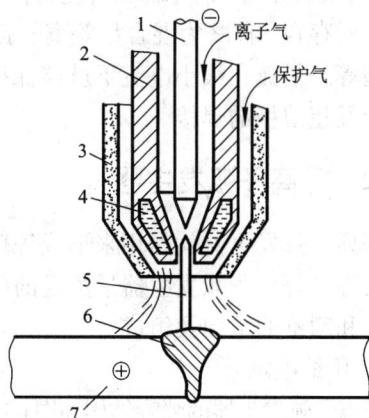

图 6-1　等离子弧的形成

1—钨极；2—水冷喷嘴；3—保护罩；4—冷却水；
5—等离子弧；6—焊缝；7—工件

小知识

　　自由电弧是未受到外界约束的电弧，如一般电弧焊产生的电弧。自由电弧弧区内的气体电离程度不大，能量未高度集中。

2. 等离子弧的分类

根据电源供电方式的不同,等离子弧有如下三种形式,如图6-2所示。

(1)非转移型等离子弧。钨极接电源的负极,喷嘴接电源的正极,焊件不接电源,电弧是在钨极与喷嘴孔壁之间燃烧的,如图6-2(a)所示。非转移型等离子弧又称等离子焰。这种电弧主要适用于焊接或切割较薄的金属及非金属。

(2)转移型等离子弧。钨极接电源的负极、焊件接电源的正极,等离子弧燃烧于钨极与焊件之间,如图6-2(b)所示。但这种等离子弧不能直接产生,必须首先引燃钨极和喷嘴之间的非转移弧(也称诱导弧),然后

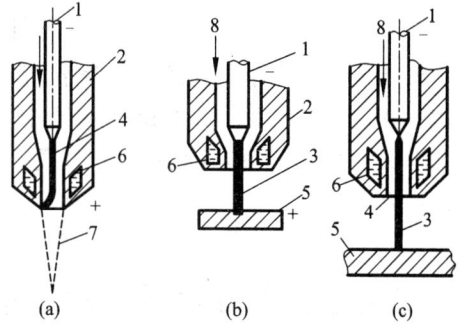

图6-2 等离子弧的类型

(a)非转移弧;(b)转移弧;(c)联合弧
1—钨极;2—喷嘴;3—转移弧;4—非转移弧;
5—工件;6—冷却水;7—弧焰;8—离子气

将电弧转移到钨极与工件之间。金属焊接和切割几乎都采用这种等离子弧,尤其是焊接较厚的金属。

(3)混合型等离子弧(联合型等离子弧)。在工作过程中非转移型等离子弧和转移型等离子弧同时存在,称之为混合型等离子弧,如图6-2(c)所示。联合弧需用两个独立电源供电。混合型等离子弧在很小电流下就能保持稳定,微束等离子弧采用了混合弧的形态,特别适合于薄板及超薄板的焊接。

6.1.2 等离子弧发生器

等离子弧发生器就是用来形成等离子弧的,按用途不同常被称为等离子弧焊枪、等离子弧割枪等。等离子弧发生器最关键的部件是压缩喷嘴及电极。图6-3和图6-4分别为等离子焊枪和割枪的结构及组成。

1. 压缩喷嘴

等离子弧发生器的喷嘴结构如图6-5所示。大多数喷嘴采用单孔式圆柱形压缩孔道,但也可采用圆锥形、台阶圆柱形等扩散形喷嘴,如图6-6所示。在焊接中还可以采用收敛形喷嘴,进一步提高其温度和能量密度,如图6-7所示。喷嘴孔径与等离子弧电流的关系见表6-1。

压缩喷嘴有两个重要的参数:喷嘴直径(喷嘴孔径)d和孔道长度L,实际常以L/d来表示喷嘴孔道压缩特征,L/d称为孔道比。通常要求L/d在一定范围之内,如表6-2所示。

2. 电极

大多数等离子弧发生器采用钍钨或铈钨电极,为了保证电弧稳定,不产生双弧,钨棒应与喷嘴保持同心。为了便于引弧和提高电弧稳定性,电极端头一般磨成具有20°~60°夹角的尖锥形或尖锥平台形,电流较大时还可磨成圆台形或球形,以减慢电极烧损。

由钨极安装位置所确定的钨极内缩长度L_g(见图6-8),是对等离子弧有很大影响的参数,L_g增大,压缩程度提高,但L_g过大会引起双弧。一般等离子弧焊枪的钨极内缩长度取$L_g = L \pm 0.2$ mm;割炬中取$L_g = L \pm (2 \sim 3)$ mm。表6-3给出了等离子弧用钨棒直径及其许用电流。

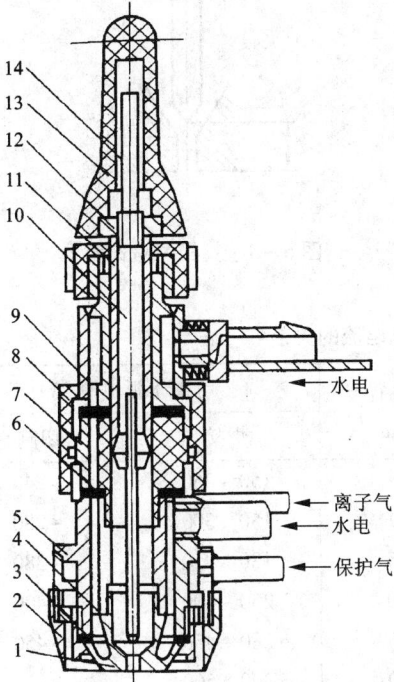

图 6-3 等离子弧焊枪结构

1—喷嘴；2—保护套外环；3、4、6—密封圈；
5—下枪体；7—绝缘柱；8—绝缘套；9—上枪体；
10—电极夹头；11—套管；12—螺母；
13—胶木套；14—钨极

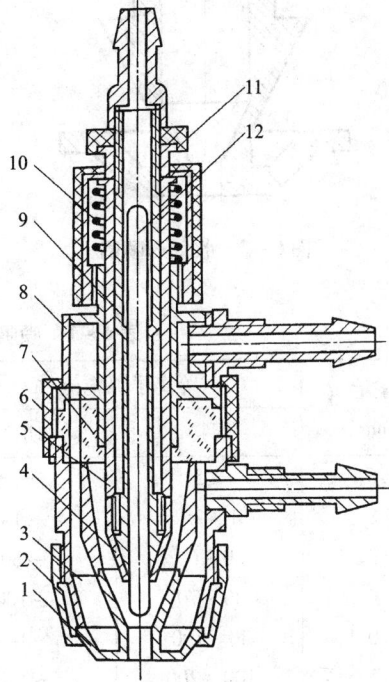

图 6-4 等离子弧割枪结构

1—喷嘴；2—喷嘴压盖；3—下枪体；4—导电夹头；
5—电极杆外套；6—绝缘螺母；7—绝缘柱；
8—上枪体；9—水冷电极杆；10—弹簧；
11—调整螺母；12—电极

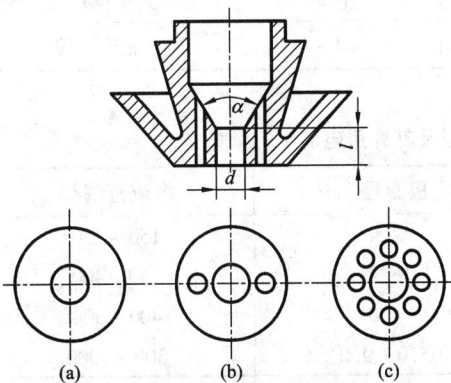

图 6-5 压缩喷嘴结构

(a)单孔式；(b)三孔式；(c)多孔式

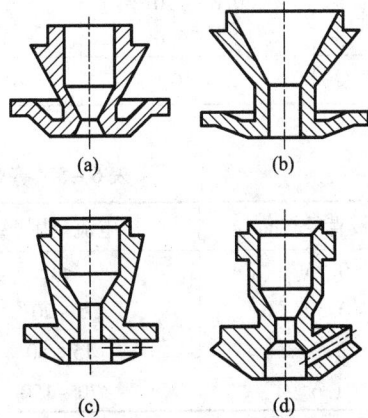

图 6-6 扩散形喷嘴

(a)焊接；(b)切割；(c)喷涂；(d)堆焊

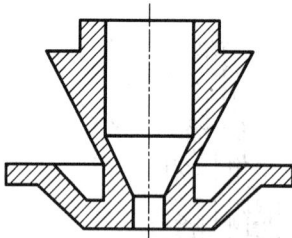

图 6-7　收敛形喷嘴

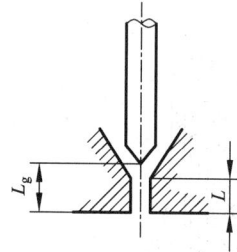

图 6-8　钨极内缩长度

表 6-1　喷嘴孔径与等离子弧电流的关系

喷嘴孔径 d /mm	等离子弧电流/A		喷嘴孔径 d /mm	等离子弧电流/A	
	焊接	切割		焊接	切割
0.6	≤5	—	2.8	150~250	~240
0.8	1~25	~14	3.2	150~300	~280
1.2	20~60	~80	3.5	180~350	~380
1.4	30~70	~100	4.0	250~400	~400
2.0	40~100	~140	4.5	280~450	~450
2.5	100~200	~180	5.0	300~500	—

表 6-2　喷嘴的孔道比及压缩角(锥角)

喷嘴用途	喷嘴孔径 d/mm	孔道比 L/d	压缩角(锥角)α/(°)	等离子弧类型
焊接	0.6~1.2	2.0~6.0	25~45	混合型弧
	1.6~3.5	1.0~1.2	60~90	转移型弧
切割	0.8~2.0	2.0~2.5	30~45	转移型弧
	2.5~5.0	1.5~1.8	30~45	转移型弧
堆焊	6~10	0.6~0.98	60~75	转移型弧

表 6-3　等离子弧钨棒直径及其许用电流

电极直径/mm	电流范围/A	电极直径/mm	电流范围/A
0.25	<15	2.4	150~250
0.50	5~20	3.2	250~400
1.0	15~80	4.0	400~500
1.6	70~150	5.0~9.0	500~1000

6.2　等离子弧焊接

用等离子弧作为热源进行焊接的方法称为等离子弧焊接。焊接时离子气(形成离子弧)和保护气(保护熔池和焊缝不受空气的有害作用)常为氩气。等离子弧焊所用电极一般为钨极(与钨极氩弧焊相同,国内主要采用钍钨极和铈钨极,国外还采用锆钨极和锆极),有时还需添加填充金属(焊丝)。故等离子弧焊接实质上是一种具有压缩效应的钨极气体保护焊。

6.2.1　等离子弧焊的基本方法

等离子弧焊的主要优点是可进行单面焊双面成形的焊接,特别适用于背面可达性不好的结构。等离子弧焊最薄的可焊厚度为 0.01 mm。但等离子弧焊的设备投资大,对操作者的技术要求高,焊接参数的精度要求较严格。

等离子弧焊按焊缝成形原理(或焊透母材的方式),有两种基本焊接方法:穿透型等离子弧焊及熔透型等离子弧焊,其中30 A以下的熔透型等离子弧焊又可称为微束等离子弧焊。

> **小知识**
>
> 双弧现象:在使用转移型等离子弧进行焊接或切割过程中,正常的等离子弧应稳定地在电极与焊件之间燃烧,但由于某些原因(如离子气过小,电流过大或喷嘴与工件接触),喷嘴内壁表面的冷气膜被击穿而形成串联双弧,这时,一个电弧产生在电极与喷嘴之间,另一个电弧产生在喷嘴与工件之间,这种现象就称为等离子弧的双弧现象。这将会破坏正常的焊接与切割,严重时还会烧毁喷嘴。

1. 穿透型等离子弧焊(小孔型等离子弧焊)

在等离子弧能量密度足够大和等离子流冲力足够大等条件下焊接,将工件完全熔透并产生一个贯穿工件的小孔,并从焊件背面喷出部分电弧(亦称尾焰),熔化金属被排挤在小孔周围和后方,随着等离子弧前移,小孔也前移,该现象叫小孔效应。该焊接工艺方法称为穿透型等离子弧焊,如图6-9所示。小孔周围的液体金属在电弧吹力、液体金属重力与表面张力作用下保持平衡。焊枪前进时,小孔在电弧后方锁闭,形成完全熔透的焊缝。

穿透型等离子弧焊可保证完全焊透,一般大电流等离子弧焊(100~500 A)大都采用此方法。但小孔效应只在足够的能量密度条件下形成,而等离子弧能量密度的提高受到限制,故该方法只能在有限板厚内进行(因为板厚增加时所需能量密度也增加),目前该方法最适合于焊接厚度3~8 mm不锈钢、厚度12 mm以下钛合金、板厚2~6 mm低碳或低合金结构钢以及铜、黄铜、镍及镍合金的对接焊缝。这一厚度范围内可在不开坡口,不加填充金属,不用衬垫的条件下实现单面焊双面成形。厚度大于上述范围时可采用V形坡口多层焊等方法。

2. 熔透型等离子弧焊(熔入型焊接法)

熔透型等离子弧焊的工作原理如图6-10所示。当离子气流量较小,弧柱受压缩程度较弱时,在焊接过程中只熔化工件而不产生小孔效应,焊件背面无尾焰,液态金属熔池在弧柱的下面,靠熔池金属的热传导作用熔透母材,实现焊透,焊缝成形原理与钨极氩弧焊类似。主要用于薄板、多层焊缝的盖面及角焊缝的焊接。

> **小知识**
>
> 三种基本的等离子弧焊方法均可采用脉冲电流,以提高焊接过程的稳定性,此时称为脉冲等离子弧焊。脉冲等离子弧焊易于控制热输入和熔池,适于全位置焊接,并且其焊接热影响区和焊接变形都更小。脉冲频率一般为15Hz以下,但微束焊的脉冲频率可高达20kHz。
>
> 交流等离子弧焊具有阴极破碎作用,主要用来焊接铝、镁及其合金。熔化极等离子弧焊实质上是一种等离子弧焊和熔化极电弧焊组合在一起的联焊方法。其优点是:焊丝受等离子弧预热,熔化功率大、焊接速度快。

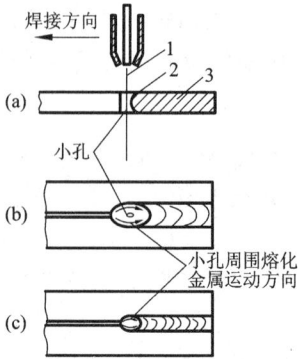

图 6-9　穿透型等离子弧焊

(a)焊接过程；(b)焊缝正面；(c)焊缝背面
1—等离子弧；2—熔池；3—焊缝金属

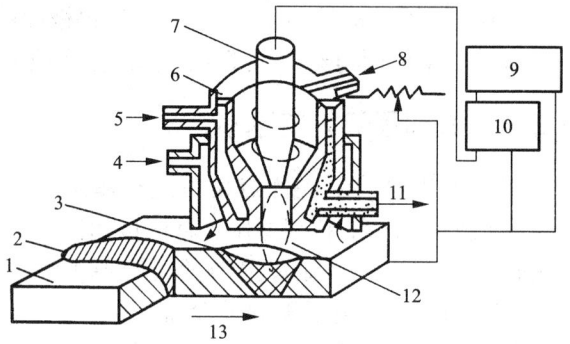

图 6-10　熔透型等离子弧焊

1—母材；2—焊缝；3—液态熔池；4—保护气；5—进水；
6—喷嘴；7—钨极；8—等离子气；9—焊接电源；
10—高频发生器；11—出水；12—等离子弧；13—焊接方向

3. 微束等离子弧焊

微束等离子弧焊通常采用混合型等离子弧及小孔径的压缩喷嘴(直径 0.6~1.2 mm)，需用两套独立焊接电源，一个电源向钨极与喷嘴之间的非转移弧供电，这个电弧称为维弧；另一个电源向钨极与焊件间的转移弧(主弧)供电。焊接过程中两个电弧同时工作，如图 6-11 所示。由于非转移弧的存在，焊接电流小至 1 A 以下，电弧仍具有较好的稳定性，特别适合焊接薄板、细丝及箔材。为保证焊接质量，应采用精密的装焊夹具保证装配质量和防止焊接变形。工件表面的清洁程度应给予特别重视。

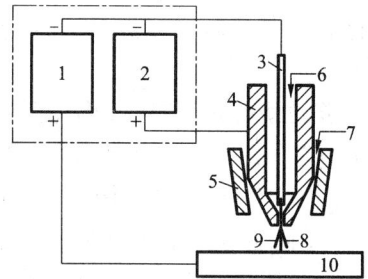

图 6-11　微束等离子弧焊

1—等离子弧电源；2—维护电源；3—钨极；
4—喷嘴；5—保护罩；6—等离子气；7—保护气；
8—等离子弧；9—维弧；10—焊件

6.2.2　等离子弧焊设备

等离子弧焊设备和钨极氩弧焊一样，按操作方式，可分为手工焊和自动焊两类。手工焊设备由焊接电源、焊枪、控制系统、气路和水路等部分组成。自动焊设备还包括焊接小车、转动夹具的行走系统、控制电路等部分。图 6-12 为典型的等离子弧焊接设备的组成。

1. 焊接电源

等离子弧焊设备一般采用具有陡降或垂直陡降外特性的弧焊电源，且最好具有电流递增及电

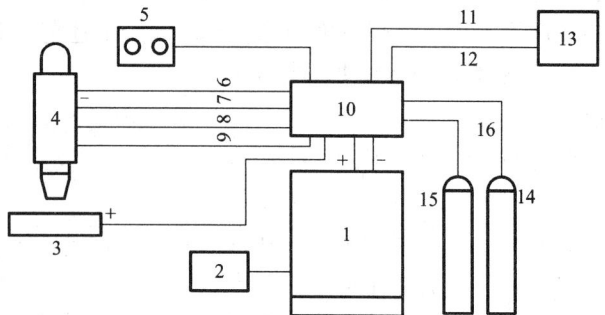

图 6-12　等离子弧焊接设备组成

1—焊接电源；2—控制盒；3—工件；4—焊枪；5—启动开关；
6—水冷导线(接电源负极)；7—等离子气入口管；8—水冷导线
(接电源正极)；9—保护气入口管；10—控制系统；11—冷却水入
口；12—冷却水出口；13—水泵；14、15—气瓶；16—气管

流衰减等功能,以满足起弧和收弧的工艺要求。一般只采用直流电源,并且要直流正接。与钨极氩弧焊相比,等离子弧焊所需的空载电压较高。如用氩气作离子气时,空载电压需 60～85 V;采用 Ar + H_2 或 Ar 与其他双原子的混合气体作等离子气时,空载电压需 110～120 V。

2. 气路系统

等离子弧焊接一般使用两路气体,离子气和保护气。图 6 – 13 为典型气路系统。

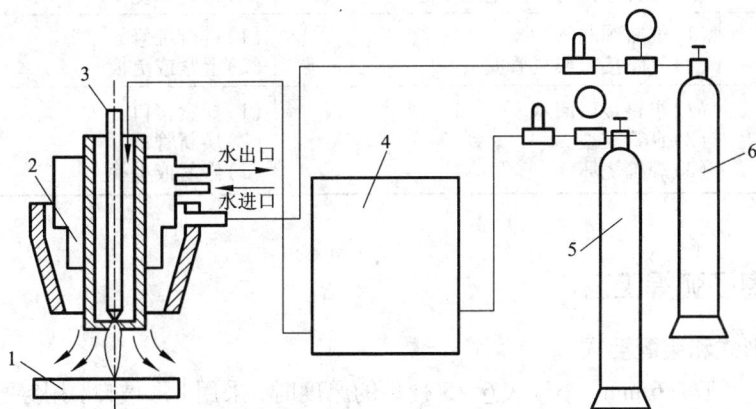

图 6 – 13　等离子弧焊的气路系统
1—焊件;2—焊枪;3—电极;4—控制箱;5—离子气;6—保护气瓶

3. 控制系统

手工等离子弧焊机的控制系统比较简单,只要能保证先通离子气和保护气,然后引弧即可。自动化等离子弧焊机控制系统通常由高频发生器、小车行走、填充焊丝送进拖动电路及程控电路组成。程控电路应能满足提前送气、高频引弧和转弧、离子气递增、延迟行走、电流和气流衰减熄弧、延迟停气等控制要求。

4. 水路系统

为了防止烧坏喷嘴,同时增加对电弧的压缩作用,必须对电极和喷嘴进行有效的水冷却。水路中应设有水压开关,当水压达不到要求时(冷却水的流量不得小于 3 L/min,水压不小于 0.15～0.2 MPa),能切断供电回路。

冷却水路为:水泵→水冷导线→焊枪下枪体→喷嘴→焊枪上枪体→水冷导线→水流开关→水箱。

6.2.3　等离子弧焊机常见故障分析

常用等离子弧焊机的型号有:LH3 – 16、LH – 315、LH3 – 100、LHJ8 – 160、LHMZ – 315等。在使用过程中,常出现的故障及相应的解决方法见表 6 – 4。

表 6-4 等离子弧焊机常见故障及解决方法

故障特征	产 生 原 因	解 决 方 法
引不起非转移弧	(1)高频不正常 (2)非转移弧线路断开 (3)继电器触头接触不良 (4)无离子气	(1)检查并修复 (2)接好非转移弧线路 (3)检修或更换继电器 (4)检查离子气系统,接通离子气
引不起转移弧	(1)主电路电缆接头与焊件接触不良 (2)非转移弧与工件电路不通	(1)使主电路电缆接头与焊件接触良好 (2)检查修复
气路漏气	(1)气瓶阀漏气 (2)气路接口或气管漏气	(1)进行维修 (2)上紧或更换
水路漏水	(1)水路接口漏水 (2)水管破裂 (3)焊枪烧坏	(1)拧紧接口 (2)换新管 (3)修复或更换

6.2.4 等离子弧焊工艺

1. 接头形式和装配要求

工件厚度大于 1.6 mm,小于表 6-5 列举的厚度时,采用 I 形坡口,用穿孔法单面焊双面成形一次焊透。工件厚度大于表 6-5 列举的数值时,根据厚度不同,可开 V 形、U 形或双 V 形、双 U 形坡口。

表 6-5 等离子弧焊一次穿透的板材厚度

材 料	不锈钢	钛及钛合金	镍及镍合金	低合金钢	低碳钢
焊件厚度/mm	≤8	≤12	≤6	≤7	≤8

工件厚度在 0.05 ~ 1.6 mm 时,常用微束等离子弧焊以熔透法焊接,接头形式有对接、卷边对接、卷边角接、端面接头。当厚度小于 0.8 mm 时,接头装配要求如表 6-6 所示。

表 6-6 厚度 $\delta < 0.8$ mm 薄板对接接头的装配要求

接头形式	对接间隙/mm	错边/mm	压板间距离/mm	衬垫槽宽度/mm
平板对接	$\leq 0.2\delta$	$\leq 0.4\delta$	$(10 \sim 20)\delta$	$(4 \sim 6)\delta$
卷边对接	$\leq 0.6\delta$	$\leq \delta$	$(15 \sim 30)\delta$	$(10 \sim 24)\delta$
端接	$\leq \delta$	$\leq 3\delta$	—	—

2. 引弧及收弧

板厚小于 3 mm 时,可直接在工件上引弧和收弧。利用穿孔法焊接厚板时,引弧及熄弧处容易产生气孔、下凹等缺陷。对于直缝,可采用引弧板及熄弧板来解决这个问题,即先在引弧板上形成小孔,然后再过渡到工件上去,最后将小孔闭合在熄弧板上。

大厚度的环缝,不便加引弧板和熄弧板时,应采取焊接电流和离子气流递增的办法在工件上起弧，完成引弧建立小孔并利用电流和离子气流衰减法来收弧闭合小孔。厚板环缝穿孔型焊接电流及离子气流控制曲线如图6-14所示。

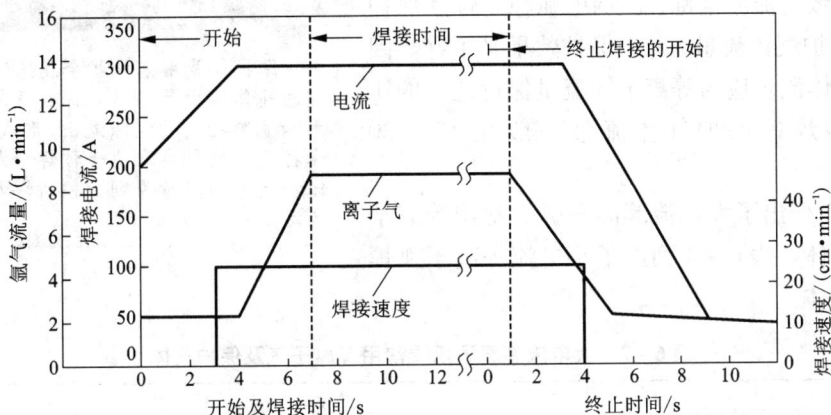

图6-14　厚板环缝穿孔型等离子弧焊时焊接电流及离子气流控制曲线

3. 等离子弧焊的焊接工艺参数

（1）穿透型焊接

①焊接电流　焊接电流根据板厚或熔透要求来选定。焊接电流过小，难于形成小孔效应；焊接电流增大，等离子弧穿透能力增大，但电流过大会造成熔池金属因小孔直径过大而坠落，难以形成合格焊缝，甚至引起双弧，损伤喷嘴并破坏焊接过程的稳定性。因此，在喷嘴结构确定后，为了获得稳定的小孔焊接过程，焊接电流只能在某一个合适的范围内选择，而且这个范围与离子气的流量有关。

②焊接速度　焊接速度应根据等离子气流量及焊接电流来选择。其他条件一定时，如果焊接速度增大，焊接热输入减小，小孔直径随之减小，直至消失，失去小孔效应。如果焊接速度太低，母材过热，小孔扩大，熔池金属容易坠落，甚至造成焊缝凹陷、烧穿等现象。因此，焊接速度、离子气流量及焊接电流这三个工艺参数应相互匹配。它们的匹配规律是：当焊接电流一定时，增加离子气流量，必须相应增加焊接速度；当离子气流量一定时，增加焊接速度，必须相应增大焊接电流；当焊接速度一定时，增加离子气流量，要相应减小焊接电流。

③喷嘴离工件的距离（喷嘴高度）　喷嘴离工件的距离过大，熔透能力降低；距离过小，易造成喷嘴被飞溅物堵塞，破坏喷嘴正常工作。喷嘴离工件的距离一般取3～8 mm。与钨极氩弧焊相比，喷嘴距离变化对焊接质量的影响不太敏感。

④离子气、保护气及流量　等离子气及保护气体通常根据被焊金属及电流大小来选择。大电流等离子弧焊接时，等离子气及保护气体通常采取相同的气体，否则电弧的稳定性将变差。小电流等离子弧焊接通常采用纯氩气作等离子气。这是因为氩气的电离电压较低，可保证非转移弧容易引燃和稳定燃烧。

离子气流量决定了等离子弧流力和熔透能力。等离子气的流量越大，熔透能力越大。但等离子气流量过大会使小孔直径过大而不能保证焊缝成形。因此，应根据喷嘴直径、等离子气的种类、焊接电流及焊接速度选择适当的离子气流量。利用熔入法焊接时，应适当降低等离子气流量，以减小等离子弧流力。

保护气体流量应根据焊接电流及等离子气流量来选择。在一定的离子气流量下，保护气体流量太大，会导致气流的紊乱，影响电弧稳定性和保护效果。而保护气体流量太小，保护效果又不好。因此，保护气体流量应与等离子气流量保持适当的比例。小孔型焊接保护气体流量一般在 15～30 L/min。

表 6-7 列出了大电流等离子弧焊常用等离子气及保护气体。表 6-8 列出了小电流等离子弧焊常用保护气体。

> **小知识**
>
> 保护气是用来保护金属熔池和高温焊缝的气体，由管路送入保护气罩，并从气罩和喷嘴之间的空隙流出，形成保护气幕。保护气体的种类取决于被焊金属的特性，保护气体的流量原则上按所焊母材的厚度选定。

表 6-7　大电流等离子弧焊常用等离子气及保护气体

金　属	厚度/mm	焊 接 工 艺	
		穿孔法	熔透法
碳钢(铝镇静钢)	<3.2	Ar	Ar
	>3.2	Ar	25% Ar + 75% He
低合金钢	<3.2	Ar	Ar
	>3.2	Ar	25% Ar + 75% He
不锈钢	<3.2	Ar 或 92.5% Ar + 7.5% H_2	Ar
	>3.2	Ar 或 95% Ar + 5% H_2	25% Ar + 75% He
铜	<2.4	Ar	He 或 25% Ar + 75% He
	>2.4	不推荐	He
镍合金	<3.2	Ar 或 92.5% Ar + 7.5% H_2	Ar
	>3.2	Ar 或 95% Ar + 5% H_2	25% Ar + 75% He
活性金属	<6.4	Ar	Ar
	>6.4	Ar + (50%～70%) He	25% Ar + 75% He

表 6-8　小电流等离子弧焊常用保护气体(等离子气为氩气)

金　属	厚度/mm	焊 接 工 艺	
		穿孔法	熔透法
铝	<1.6	不推荐	Ar 或 He
	>1.6	He	He
碳钢(铝镇静钢)	<1.6	不推荐	Ar 或 75% Ar + 25% He
	>1.6	Ar 或 25% Ar + 75% He	Ar 或 25% Ar + 75% He
低合金钢	<1.6	不推荐	Ar,He 或 Ar + (1%～5%) H_2
	>1.6	25% Ar + 75% He 或 Ar + (1%～5%) H_2	Ar,He 或 Ar + (1%～5%) H_2
不锈钢	所有厚度	Ar,25% Ar + 75% He 或 Ar + (1%～5%) H_2	Ar,He 或 Ar + (1%～5%) H_2
铜	<1.6	不推荐	75% Ar + 25% He 或 He 或 75% H_2 + 25% Ar
	>1.6	He 或 25% Ar + 75% He	He
镍合金	所有厚度	Ar,25% Ar + 75% He 或 Ar + (1%～5%) H_2	Ar,He 或 Ar + (1%～5%) H_2
活性金属	<1.6	Ar,He 或 25% Ar + 75% He	Ar
	>1.6	Ar,He 或 25% Ar + 75% He	Ar 或 25% Ar + 75% He

穿孔型等离子弧焊的焊接参数如表 6 - 9 所示。穿孔型等离子弧焊各焊接参数之间有着密切的联系，互相制约。选择调试各焊接参数时，应注意它们之间的匹配关系，才能获得最佳效果。

表 6 - 9　穿孔型等离子弧焊的焊接参数

焊件材料	板厚/mm	电流/A	电压/V	焊速/(cm·s^{-1})	气体流量/(L·h^{-1})			坡口形式
					种类	离子气	保护气	
低碳钢	3.2	185	28	0.51	Ar	364	1680	I
低合金钢	4.2	200	29	0.42	Ar	336	1680	I
	6.4	275	33	0.59	Ar	420	1680	I
不锈钢	2.5	115	30	1.01	Ar + H$_2$ 5%	168	980	I
	3.2	145	32	1.19	Ar + H$_2$ 5%	280	980	I
	4.2	165	36	0.60	Ar + H$_2$ 5%	364	1260	I
	6.4	240	38	0.59	Ar + H$_2$ 5%	504	1400	I
	12.7	320	26	0.45	Ar	—	—	I
钛合金	3.2	185	21	1.01	Ar	224	1680	I
	4.2	175	25	0.55	Ar	504	1680	I
	10.0	225	38	0.42	He75% + Ar	896	1680	I
	12.7	270	36	0.42	He75% + Ar	756	1680	I
	14.2	250	39	0.30	He75% + Ar	840	1680	V
铜	2.5	180	28	0.42	Ar	280	1680	I
黄铜	2.0	140	25	0.85	Ar	224	1680	I
	3.2	200	27	0.60	Ar	280	1680	I
镍	3.2	200	30	—	Ar + H$_2$ 5%	280	1200	I
	6.4	250	30	—	Ar + H$_2$ 5%	280	1200	I

（2）熔透型焊接

熔透型等离子弧焊的焊接参数与穿孔型等离子弧焊基本相同，焊件熔化和焊缝成形过程与钨极氩弧焊相似。熔透型等离子弧焊焊接参数如表 6 - 10 所示。

（3）微束等离子弧焊

常用的微束等离子弧焊的焊接参数如表 6 - 11 所示。

小知识

微束等离子弧焊的电流小，为便于引弧和稳弧，需要提高空载电压，一般空载电压是 120 ~ 160 V，有时高达200V，所以在进行微束等离子弧焊时，操作者应防触电。微束等离子弧焊枪体积小，在换喷嘴、换电极或电极对准时，都极易发生电极与喷嘴的接触，这时若误触动焊枪手把上的微动按钮，便会发生电极与喷嘴的电短路(打弧)，损伤喷嘴和电极。因此在更换电极、喷嘴和电极对准时，应将电源切断才能保证安全进行。

表 6 - 10　熔透型等离子弧焊的焊接参数

材料	板厚/mm	电流/A	电压/V	焊速/(cm·min⁻¹)	离子气流量/(L·min⁻¹)	保护气流量/(L·min⁻¹)	喷嘴孔径/mm	注
不锈钢	0.025	0.3	—	12.7	0.2	8(Ar + H$_2$ 1%)	0.75	卷边焊
	0.075	1.6	—	15.2	0.2	8(Ar + H$_2$ 1%)	0.75	
	0.125	1.6	—	37.5	0.28	7(Ar + H$_2$ 0.5%)	0.75	
	0.175	3.2	—	77.5	0.28	9.5(Ar + H$_2$ 4%)	0.75	
	0.25	5	30	32.0	0.5	7Ar	0.6	
	0.2	4.3	25	—	0.4	5Ar	0.8	对接焊（背后有铜垫）
	0.2	4	26	—	0.4	6Ar	0.8	
	0.1	3.3	24	37.0	0.15	4Ar	0.6	
	0.25	6.5	24	27.0	0.6	6Ar	0.8	
	1.0	2.7	25	27.5	0.6	11Ar	1.2	
	0.25	6	—	20.0	0.28	9.5(H$_2$ 1% + Ar)	0.75	
	0.75	10	—	12.5	0.28	9.5(H$_2$ 1% + Ar)	0.75	
	1.2	13	—	15.0	0.42	7(Ar + H$_2$ 8%)	0.8	
	1.6	46	—	25.4	0.47	12(Ar + H$_2$ 5%)	1.3	手工对接
	2.4	90	—	20.0	0.7	12(Ar + H$_2$ 5%)	2.2	
	3.2	100	—	25.4	0.7	12(Ar + H$_2$ 5%)	2.2	
镍合金	0.15	5	22	30.0	0.4	5Ar	0.6	对接焊
	0.56	4~6	—	15.0~20.0	0.28	7(Ar + H$_2$ 8%)	0.8	
	0.71	5~7	—	15.0~20.0	0.28	7(Ar + H$_2$ 8%)	0.8	
	0.91	6~8	—	12.5~17.5	0.33	7(Ar + H$_2$ 8%)	0.8	
	1.2	10~12	—	12.5~15.0	0.38	7(Ar + H$_2$ 8%)	0.8	
钛	0.75	3	—	15.0	0.2	8Ar	0.75	手工对接
	0.2	5	—	15.0	0.2	8Ar	0.75	
	0.37	8	—	12.5	0.2	8Ar	0.75	
	0.55	12	—	25.0	0.2	8(He + Ar 25%)	0.75	

表 6 - 11　微束等离子弧焊的焊接参数

材料	板厚/mm	转移弧电流/A	焊速/(cm·min⁻¹)	非转移弧电流/A	离子气流量(Ar)/(L·s⁻¹)	保护气体/(L·s⁻¹)
不锈钢	0.025	0.3	12.5	2	0.0025	0.15(Ar 99.5% + H$_2$ 0.5%)
	0.075	1.6	15		0.0033	0.15(Ar 99.5% + H$_2$ 0.5%)
	0.125	2.0	12.5		0.0033	0.15(Ar 99.5% + H$_2$ 0.5%)
	0.25	6.0	20		0.0047	0.15(Ar 99.5% + H$_2$ 0.5%)
	0.25	5.6	38		0.0047	0.133(Ar 97% + H$_2$ 3%)
	0.75	10	12.5		0.0047	0.113(Ar 99.5% + H$_2$ 0.5%)
镍基合金	0.3	6	38		0.0047	0.15(Ar 25% + H$_2$ 75%)
	0.4	3.5	15		0.0033	0.15(Ar 95% + H$_2$ 5%)
铜	0.075	10	15		0.0058	0.133(Ar 25% + H$_2$ 75%)
钛	0.2	5	12.5		0.0047	0.15(纯 Ar)
	0.38	6	12.5		0.0047	0.15(纯 Ar)
	0.55	10	18		0.0047	0.15(Ar 25% + H$_2$ 75%)

6.2.5 等离子弧焊的缺陷及其防止

等离子弧焊常见的缺陷是气孔、咬边和裂纹等。气孔多出现在焊缝根部,咬边多发生在不加填充焊丝的焊接过程,有单边和双边咬边。焊前清理焊件,提高装配质量,正确选择工艺参数,及时调整电极对中和焊枪位置等,是防止缺陷产生的有效措施,等离子弧焊常见缺陷产生原因及防止措施如表 6 - 12 所示。

表 6 - 12 等离子弧焊常见缺陷产生原因及防止措施

缺陷类型	产 生 原 因	预 防 措 施
单 侧 咬 边	(1)焊炬偏向焊缝一侧 (2)电极与喷嘴不同心 (3)两辅助孔偏斜 (4)接头错边量太大 (5)磁偏吹	(1)改正焊炬对中位置 (2)调整同心度 (3)调整辅助孔位置 (4)加填充焊丝 (5)改变地线位置
两 侧 咬 边	(1)焊接速度太快 (2)焊接电流太小	(1)降低焊接速度 (2)加大焊接电流
气 孔	(1)焊前清理不当 (2)焊丝不干净 (3)焊接电流太小 (4)填充丝送进太快 (5)焊接速度太快	(1)除净焊接区的油、锈及污物 (2)清洗焊丝 (3)加大焊接电流 (4)降低送丝速度 (5)降低焊接速度
热 裂 纹	(1)焊材或母材含硫量太高 (2)焊缝熔深、熔宽较大,熔池太长 (3)工件刚度太大	(1)选用含硫低的焊丝 (2)调整焊接工艺参数 (3)预热、缓冷

6.3 等离子弧堆焊

6.3.1 等离子弧堆焊原理及特点

堆焊是利用焊接的方法在零件表面堆敷一层具有特殊性能材料的工艺过程。堆焊过程的物理本质、冶金过程和热过程的基本规律与一般焊接过程相似。等离子弧堆焊的基本原理与等离子弧焊接近似,它是利用等离子弧作热源,把耐磨、耐蚀或耐高温氧化等合金材料熔敷在基体金属表面上的一种堆焊工艺方法,主要适用于质量要求高、批量大的零件表面堆焊。

等离子弧堆焊的优点是:等离子弧堆焊能迅速而顺利地堆焊难熔材料,由于堆焊材料的送进和等离子弧参数调节是独立进行的,所以稀释率和表面形状的控制较容易,稀释率最低可达 5% 左右,堆焊层厚度为 0.5 ~ 8 mm,焊道宽度为 3 ~ 40 mm。

等离子弧堆焊的缺点是:设备复杂,堆焊成本高,操作时会产生对人体有害的噪声、紫外线辐射、臭氧污染等。

6.3.2 等离子弧堆焊的分类

等离子弧堆焊按添加金属的不同形态主要分为填丝和粉末。根据填充焊丝进入等离子弧焊熔池前的受热状态，填丝等离子弧堆焊又分为冷丝和热丝等离子弧堆焊。冷丝等离子弧堆焊是把焊丝直接送入等离子弧区进行堆焊，如图 6-15 所示。冷丝堆焊在工艺和堆焊层质量上都比较稳定，应用于各种阀门耐磨、耐腐蚀零件的堆焊。

双热丝等离子弧堆焊如图 6-16 所示，采用了单独预热电源，利用电流通过焊丝所产生的电阻热预热焊丝，再将其送入等离子弧区进行堆焊，可用单丝或双丝自动送进。由于焊丝预热使熔敷效率提高和稀释率的降低都非常明显，并且可去除焊丝表面的水分，对减少堆焊层的气孔有利。双热丝等离子弧堆焊适用于大表面积的自动堆焊，如压力容器内壁的堆焊，常堆焊不锈钢、镍基合金、铜及铜合金等材料。

小知识

稀释率表示堆焊层含有母材金属的百分率。为了获得具有理想使用性能的表面堆焊层成分，应尽量减少母材在堆焊金属中的的熔入量，即降低稀释率。

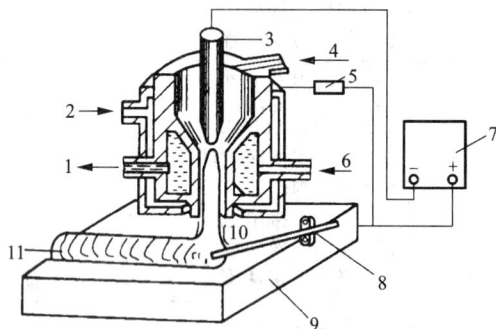

图 6-15　冷丝等离子弧堆焊

1—出水口；2—保护气进口；3—钨极；4—等离子气进口；
5—电阻；6—进水口；7—焊接电源；8—送丝机构；
9—焊件；10—等离子弧；11—堆焊层金属

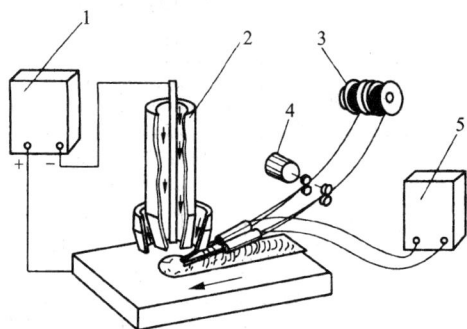

图 6-16　双热丝等离子弧堆焊

1—直流等离子弧焊接电源；2—等离子弧焊枪；
3—焊丝；4—送丝机构；5—交流热丝电源

粉末等离子弧堆焊时，除使用等离子气和保护气外，还要使用送粉气，通常也用氩气，主要用于把球形粉末状填充金属从送粉器送入等离子弧堆焊枪中。焊枪中的粉末经过均布之后，在压缩喷嘴的下方进入等离子弧柱。合金粉末被等离子弧加热并堆敷在焊件表面，与熔池接触时，完全熔化并与焊件熔合在一起，形成堆焊层，如图 6-17 所示。这种方法特别适合于轴承、轴颈、阀门板、阀门座、工具、蜗轮叶片等零部件的堆焊。粉末等离子弧堆焊因堆焊层不需要很大的熔深，喷嘴压缩孔道比一般小于 1。

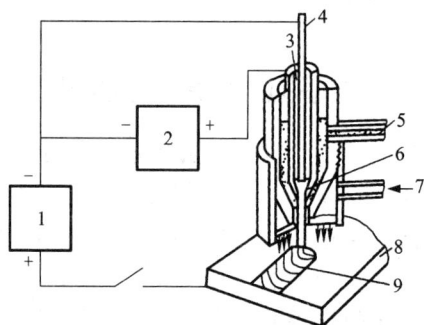

图 6-17　粉末等离子弧堆焊

1—转移电弧；2—非转移电弧电源；3—等离子气；
4—钨极；5—合金粉末及送粉气；6—喷嘴孔；
7—保护气；8—焊件；9—堆焊层

6.4 等离子弧切割

6.4.1 等离子弧切割原理及特点

1. 等离子弧切割原理

等离子弧切割是利用等离子弧的热能实现切割的方法。国际统称为 PAC（Plasma Arc Cutting）。

等离子弧切割的原理与氧气的切割原理有着本质的不同。氧气切割主要是靠氧与部分金属的化合燃烧和氧气流的吹力，使燃烧的金属氧化物熔渣脱离基体而形成切口的。因此氧气切割不能切割熔点低、导热性好、氧化物熔点高和粘滞性大的材料。等离子弧切割过程是靠熔化来切割工件的。它依靠高温高速和高能的等离子弧及其焰流，把切割区的材料熔化并吹离母材，随着割炬的移动而形成割缝，如图6-18所示。目前所有金属材料及非金属材料都能被等离子弧熔化，因而它的适用范围比氧气切割要大得多。

图6-18 等离子弧切割示意图
1—钨极；2—进气管；3—喷嘴；
4—等离子弧；5—割件；6—电阻

2. 等离子弧切割特点

（1）优点

与机械切割相比，等离子弧切割具有切割厚度大、切割灵活、装夹工件简单及可以切割曲线等优点。与氧-乙炔火焰切割相比，等离子弧切割具有能量集中，切割变形小及起始切割时不用预热等优点。

（2）缺点

与机械切割相比，等离子弧切割公差大，切割过程中产生弧光辐射、烟尘及噪声等公害。与氧-乙炔火焰切割相比，等离子弧切割设备费贵，切割用电源空载电压高，不仅耗电量大而且在割枪绝缘不好的情况下，易对操作人员造成电击。

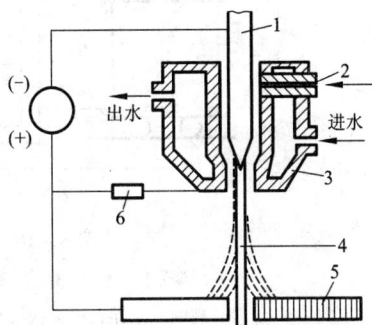

小知识

等离子弧切割方法产生于20世纪50年代，最初用于切割氧乙炔火焰无法切割的金属材料，如铝合金及不锈钢等。随着这种方法的发展，其应用范围已扩大到碳钢和低合金钢。

6.4.2 等离子弧切割设备

等离子弧切割的设备与等离子弧焊接的设备大致相同，主要由切割电源、高频发生器、供气系统、割炬、控制箱、切割机等几部分组成，如图6-19所示。

1. 切割电源

等离子弧切割与等离子弧焊接一样，一般都采用陡降外特性直流电源。但切割用电源空载电压较高，一般大于150V，等离子弧切割金属时，一般采用转移型电弧。

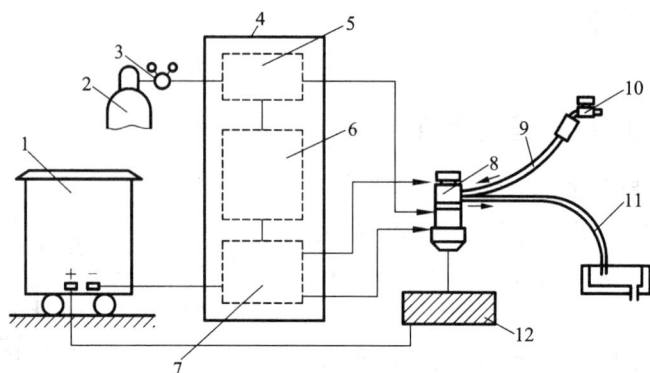

图 6 - 19　等离子弧切割设备的组成
1—电源；2—气源；3—调压表；4—控制箱；5—气路控制；6—程序控制；
7—高频发生器；8—割炬；9—进水管；10—水源；11—出水管；12—工件

2. 割枪(割炬)

等离子弧切割割枪基本上与等离子弧焊接的焊枪相同(如图 6 - 4 所示)，主要组件有割炬本体、电极、喷嘴和压帽等，手工割炬带有把手。割炬的结构取决于切割电流，一般 60 A 以下的割炬多采用风冷结构，利用高压气流对喷嘴及枪体冷却并对等离子弧进行压缩。切割电流 60 A 以上的割炬多采用水冷系统。

3. 供气系统

供气系统需连续、稳定地供给等离子弧工作气体。通常由气瓶(包括压力调节器、流量计)、供气电路和电磁阀组成。使用两种以上工作气体时，需要设置气体混合器和储气罐。

4. 冷却水系统

冷却水系统用于冷却电极、喷嘴和电源等，使之不致过热。通常使用自来水，当需水量大或采用内循环冷却水时，要配备水泵。

5. 控制箱

控制箱用于控制电弧的引燃，调整工作气体和冷却水的压力、流量等切割参数。

6. 高频发生器

高频发生器用于引燃等离子弧。一般设计成能产生 3 ~ 6 kV 高压，2 ~ 3 MHz 高频电流。一旦主电弧建立，高频发生器电路自行断开。

7. 切割机

常用的有半自动切割机、光电跟踪切割机和数控切割机等。

6.4.3　等离子弧切割方法

等离子弧切割方法除一般类型外，派生的类型有水再压缩等离子弧切割、空气等离子弧切割方法。

1. 一般等离子弧切割

等离子弧的工作气体和切割气体从同一个喷嘴内喷出。引弧时，喷出小气流的离子气体作为电离介质。切割时同时喷出大气流的气体以排除熔化金属。等离子弧切割可采用转移型电弧或非转移型电弧，切割金属材料通常采用转移型电弧。因为工件接电，电弧挺度好，可以切割较厚的钢板。切割薄金属板材时，可以采用微束等离子弧切割，以获得更窄的割口。常用工作气体有氮、氩或两者的混合气体。

2. 空气等离子弧切割

采用压缩空气作为离子气的等离子弧切割称为空气等离子弧切割。图6-20所示为空气等离子弧切割的原理。一方面，空气来源广、切割成本低，为使等离子弧切割用于普通钢材开辟了广阔的前景；另一方面用空气作离子气时，等离子弧热熔值高，在切割过程中氧与被切割金属发生氧化反应而放热，因而切割速度快、生产率高。近年来，空气等离子弧切割发展较快，应用越来越广泛。不仅能用于碳钢，也可用于切割铜、不锈钢、铝及其他材料。

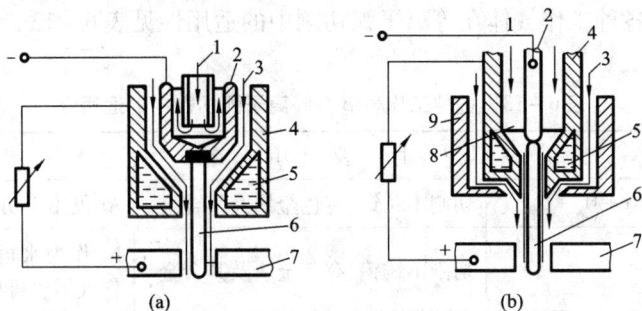

图6-20 空气等离子弧切割

(a)单一式空气等离子弧切割；(b)复合式空气等离子弧切割
1—电极冷却水；2—镶嵌式电极；3—压缩空气；
4—压缩喷嘴；5—压缩喷嘴冷却水；
6—等离子弧；7—工件；8—工作气体；9—外喷嘴

3. 水再压缩等离子弧切割

水再压缩等离子弧切割是在普通的等离子弧外围再用高速水束进行压缩。其原理示意图如图6-21所示。切割时，从割枪喷出的工作气体和伴有的高速流动水束，共同迅速地将熔化金属排开，形成切口。所以，水再压缩等离子弧切割可以提高切口质量、切割速度、降低成本，还可以有效地防止切割时产生金属蒸气、粉尘等有害物，改善劳动条件。

高速水束有三种作用：①增强喷嘴的冷却，对电弧起再压缩作用；②喷出的水束一部分被电弧蒸发，分解成氢与氧，一起参与构成切割气体，使等离子弧具有更高的能量；③分解成的氧气，在切割低碳钢和低合金钢时，会引起剧烈的氧化反应，加强了材质的燃烧和熔化。

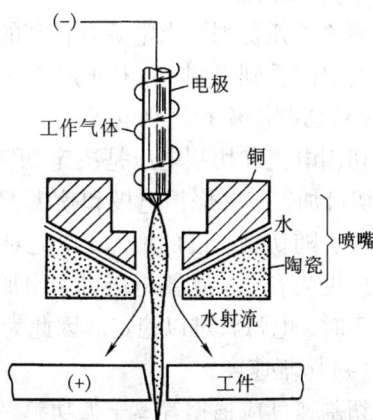

图6-21 水再压缩等离子弧切割原理示意图

6.4.4　等离子弧切割工艺

1. 切割工艺参数的选择

等离子弧切割工艺参数较多，主要有离子气的种类和流量、喷嘴孔径、空载电压、切割电流和切割电压、切割速度和喷嘴高度等。各种参数对切割过程的稳定性和切割质量均有不同程度的影响，切割时必须依据切割材料种类、工件厚度和具体要求来选择。

（1）离子气的种类和流量

等离子弧切割时，气体的作用是压缩电弧，防止钨极氧化，吹掉割缝中的熔化金属，保护喷嘴不被烧坏。离子气的种类和流量对上述作用有直接影响，从而影响切割质量。等离子弧切割最常用的气体为氩气、氮气、氮加氩混合气体、氮加氢混合气体等，依被切割材料及工艺条件而选用。各种工作气体在等离子弧切割中的适用性见表 6 – 13。

表 6 – 13　各种工作气体在等离子弧切割中的适用性

气　　体	主　　要　　用　　途	备　　注
$Ar, Ar + H_2, Ar + N_2, Ar + H_2 + N_2$	切割不锈钢、有色金属及其合金	Ar 仅用于切割薄金属
$N_2, N_2 + H_2$	切割不锈钢、有色金属及其合金	N_2 作为水再压缩等离子弧的工作气体也可用于切割碳素钢
O_2（或粗氧），空气	切割碳素钢和低合金钢，也用于切割不锈钢和铝	重要的铝合金结构件一般不用

气体流量要与喷嘴孔径相适应。气体流量大，利于压缩电弧，使等离子弧的能量更为集中，同时提高了工作电压，有利于提高切割速度和及时吹掉熔化金属。但气体流量过大，从电弧中会带走过多的热量，降低了切割能力，不利于电弧稳定。

（2）空载电压

等离子弧切割要求电源有较高的空载电压（一般不低于 150 V），因空载电压低将使切割电压的提高受到限制，不利于厚件的切割。

（3）切割电流和切割电压

切割电流和切割电压是决定切割电弧功率的两个重要参数。切割电流增大，使弧柱变粗、切口加宽、易烧损电极和喷嘴，甚至产生双弧，因此相应于一定的电极和喷嘴有一合适的电流。随切割厚度的增加，电流对切割速度的影响减小，因此切割大厚度工件时，提高切割电压更为有效。切割电压可借增加气流量或调整气体混合比来提高，但一般超过空载电压的 2/3 时，电弧就难以稳定。因此为提高切割电压，必须选用空载电压较高的电源。

（4）切割速度

切割速度应根据等离子弧功率、工件厚度和材质来确定。切割速度太慢，切口表面粗糙不平直，切口底部熔瘤增多，清理较困难，同时热影响区及切口宽度增加。切割速度太快，不能割穿工件。一般情况下，在保证切透的前提下尽可能选用大的切割速度。

（5）喷嘴高度

喷嘴端面至工件表面的距离为喷嘴高度。随喷嘴高度的增大，等离子弧的切割电压提高，电弧功率增大，等离子弧显露在空间的长度增加，使有效热量减少，对熔融金属的吹力减弱，切割质量明显变坏，还增加了出现双弧的可能性。但距离过小时，喷嘴与工件间易短路而烧坏喷嘴，破坏切割过程正常进行。在电极内缩量一定时（通常2~4 mm），喷嘴距离工件的高度一般在6~8 mm，空气等离子弧切割和水再压缩等离子弧切割的喷嘴距离工件高度可略小一点。

不同厚度材料的等离子弧切割工艺参数以及大厚度工件等离子弧切割的工艺参数分别见表6-14和表6-15。

表6-14　不同厚度材料的等离子弧切割工艺参数

材料	工件厚度/mm	喷嘴孔径/mm	空载电压/V	切割电流/A	切割电压/V	气体流量/(L·h^{-1})	切割速度/(m·h^{-1})
不锈钢	8	3	160	185	120	2100~2300	45~50
	20	3	160	220	120~125	1900~2200	32~40
	30	3	230	280	135~140	2700	35~40
	45	3.5	240	340	145	2500	20~25
铝及铝合金	12	2.8	215	250	125	4400	78~84
	21	3.0	230	300	130	4400	75~80
	34	3.2	240	350	140	4400	35
	80	3.5	245	350	150	4400	10
紫铜	5	—	—	310	70	1420	94
	18	3.2	180	340	84	1660	30
	38	3.2	252	304	106	1570	11.3
低碳钢	50	7	252	300	110	1050	10
	85	10	252	300	110	1230	5
铸铁	5	—	—	300	70	1450	60
	18	—	—	360	73	1510	25
	35	—	—	370	100	1500	8.4

表6-15　大厚度工件等离子弧切割的工艺参数

材料	厚度/mm	空载电压/V	切割电流/A	切割电压/V	功率/kW	切割速度/(m·h^{-1})	气体流量/(L·h^{-1}) 氮	气体流量/(L·h^{-1}) 氢	气体混合比/% 氮	气体混合比/% 氢	喷嘴直径/mm
铸铁	100	240	400	160	64	13.2	3170	960	77	23	5
	120	320	500	170	85	10.9	3170	960	77	23	5.5
	140	320	500	180	90	8.6	3170	960	77	23	5.5
不锈钢	110	320	500	165	82.5	12.5	3170	960	77	23	5.5
	130	320	550	175	87.5	9.8	3170	960	77	23	5.5
	150	320	440~480	190	91	6.6	3170	960	77	23	5.5

2. 割口质量

割口质量主要以割口宽度、割口垂直度、割口表面粗糙度、割纹深度、割口底部焊瘤及割口热影响区硬度和宽度来评定。

良好的割口标准是宽度要窄、割口表面光洁、割口横断面呈矩形、无熔渣或挂渣(熔瘤)。割口表面硬度应不妨碍割后的机加工。

上述割口质量评定因素都与切割工艺参数有关,假如采用的切割参数合适而割口质量不理想时,则要着重检查电极与喷嘴的同心度以及喷嘴结构是否合适。喷嘴的烧损会严重影响割口质量。利用等离子弧切割开坡口时,要特别注意割口底部不能残留熔渣,不然会增加焊接装配的困难。

6.4.5 等离子弧焊接(切割)的安全防护技术

1. 防电击

等离子弧焊接和切割用电源的空载电压较高,尤其在手工操作时,有电击的危险。因此,电源在使用时必须可靠接地,焊枪枪体或割枪枪体与手触摸部分必须可靠绝缘。可以采用较低电压引燃非转移弧后再接通较高电压的转移弧回路。如果启动开关装在手把上,必须对外露开关套上绝缘橡胶套管,避免手直接接触开关。尽可能采用自动操作方法。

2. 防电弧光辐射

电弧光辐射强度大,主要由紫外线辐射、可见光辐射与红外线辐射组成。等离子弧较其他电弧的光辐射强度更大,尤其是紫外线辐射强度更大,故对皮肤损伤严重,操作者在焊接或切割时必须带上面罩、手套,最好加上吸收紫外线的镜片。自动操作时,可在操作者与操作区设置防护屏。等离子弧切割时,可采用水中切割方法,利用水来吸收光辐射。

3. 防灰尘与烟气

等离子弧焊接与切割过程中伴随有大量汽化的金属蒸气、臭氧、氮化物等。尤其切割时,由于气体流量大,致使工作场地上的灰尘大量扬起,这些烟气与灰尘对操作工人的呼吸道、肺等产生严重影响。切割时,在栅格工作台下方还可以安置排风装置,也可以采取水中切割方法。

4. 防噪声

等离子弧会产生高强度、高频率的噪声,尤其采用大功率等离子弧切割时,噪声更大,对操作者的听觉系统和神经系统非常有害。其噪声能量集中在 2000~8000 Hz,要求操作者必须戴耳塞。在可能的条件下,尽量采用自动化切割,使操作者在隔音良好的操作室内工作,也可以采取水中切割方法,利用水来吸收噪声。

5. 防高频

等离子弧焊接和切割采用高频振高器引弧,高频对人体有一定的危害。引弧频率选择在 20~60 kHz 较为合适。要求工件接地可靠,转移弧引燃后,立即可靠地切断高频振荡器电源。

6.5　技能训练：不锈钢管纵缝等离子弧焊接工艺实例

不锈钢管的制造方法是用制管机把不锈钢带卷成定长的管坯，然后在专用焊管机上对管坯进行等离子弧纵缝焊接。焊接应在两压紧辊中心连线与接缝的交点处进行，因为此处间隙最小，焊接成功的可能性最大，如图 6 - 22 所示。一般要求当壁厚为 2 mm 左右时，间隙不得大于 0.4 mm。这可通过调整压紧辊来保证。常用的焊接工艺参数如表 6 - 16 所示。

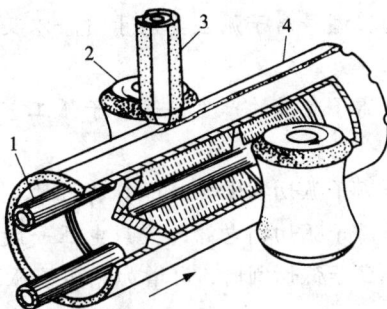

图 6-22　不锈钢管纵缝等离子弧焊示意图
1—背面气体进口；2—压紧辊；
3—等离子弧焊枪；4—被焊的不锈钢管

表 6-16　不锈钢管纵缝等离子弧焊的工艺参数

规　格 /mm	焊接电流 /A	焊接速度 /(mm·min^{-1})	等离子气 /(L·h^{-1})	保护气 Ar /(L·h^{-1})	喷嘴孔径 /mm	焊透方式
$\phi 27 \times 1.5$	90	450	45	200	2.5	熔透
$\phi 27 \times 2$	130	500	150	200	2.5	穿透

【小结】

知识点

1. 等离子弧的形成及其特性；
2. 等离子弧焊接、切割和堆焊的特点及工艺。

能力点

1. 等离子弧的应用；
2. 等离子弧焊接和切割设备的使用。

【综合训练与思考】

一、填空题

1. 等离子电弧又称为 _____。等离子弧按电源供电方式不同可分 _____、_____、_____。

2. 等离子弧电源绝大多数为具有 _____ 的直流电源。

3. 等离子焊的工作气体分为 _____ 和 _____ 两种。

4. 等离子弧焊有下列三种基本方法：_____、_____、_____。

5. 等离子弧堆焊主要分为 _____ 和 _____ 两种。

6. 等离子切割的气体全部是 _____，不需要 _____。

7. 等离子切割的工艺参数主要有 _____、_____、_____、_____、_____ 及 _____ 等。

二、判断题

1. 转移型等离子弧主要用于喷涂以及焊接、切割较薄金属或用于非导电材料。

                                                        (   )

2. 等离子双弧的产生与等离子弧工艺参数有关,与喷嘴的结构尺寸以及传热条件等因素无关。(   )

3. 等离子弧切割需要陡降外特性的直流电源。(   )

4. 等离子弧切割电源的空载电压一般在 150 ~ 400 V。(   )

5. 等离子弧切割时,用增加等离子弧工作电压来增加功率,往往比增加电流有更好的效果。(   )

6. 等离子弧切割时,毛刺的形式主要与气体流量和切割速度有关。(   )

7. 等离子弧切割时,气体流量过大反而会使切割能力减弱。(   )

8. 等离子弧切割时,钨极内缩量极大地影响着电弧压缩效果及电极的烧损。(   )

9. 等离子弧切割时,等离子的紫外线辐射强度比一般电弧强烈得多。(   )

10. 等离子弧切割时,会产生大量的金属蒸气及有害气体。(   )

11. 凡较长期使用等离子弧切割的工作场地,必须设置强迫抽风或设水工作台。(   )

12. 等离子弧切割时,电源一定要接地,割炬的手把绝缘要可靠,最好将工作台与地面绝缘起来。(   )

13. 等离子弧切割的离子气一般是纯氩或加入少量氢气。(   )

14. 穿透型等离子弧焊最适用于焊接 3 ~ 8 mm 厚的不锈钢、2 ~ 6 mm 厚的低碳钢或低合金钢的不开坡口一次焊透或多层焊第一道焊缝。(   )

15. 微束等离子弧焊的两个电弧分别由两个电源来供电。(   )

16. 穿透型等离子弧焊目前可一次焊透 20 mm 对接不开坡口的不锈钢。(   )

17. 等离子弧焊喷嘴孔径和孔道长度的选定,应根据焊件金属材料的种类和厚度以及需用的焊接电流值来决定。(   )

18. 穿透型等离子弧焊时,离子气流量主要影响电弧的穿透能力,焊接电流和焊接速度主要影响焊缝的成型。(   )

19. 穿透型等离子弧焊在焊接电流一定时,要增加等离子气流量就要相应地减小焊接速度。(   )

三、选择题

1. 中厚板以上的金属材料等离子弧切割时均采用(   )等离子弧。

A. 直接型   B. 转移型   C. 非转移型   D. 联合型

2. 微束等离子弧焊接采用(   )等离子弧。

A. 直接型   B. 转移型   C. 非转移型   D. 联合型

3. 等离子弧切割要求电源具有(   )外特性。

A. 水平   B. 陡降   C. 上升   D. 多种

4. 等离子弧切割电源空载电压要求(   )。

A. 60 ~ 80 V   B. 80 ~ 100 V   C. 100 ~ 150 V   D. 150 ~ 400 V

5. 等离子弧切割时工作气体应用最广的是(　　)。

A. 氩气　　　　　　B. 氦气　　　　　　C. 氮气　　　　　　D. 氢气

6. 等离子弧切割不锈钢、铝等厚度可达(　　) mm 以上。

A. 50　　　　　　B. 100　　　　　　C. 200　　　　　　D. 300

7. 穿透型等离子弧焊采用(　　)。

A. 正接型弧　　　　B. 转移型弧　　　　C. 非转移型弧　　　　D. 联合型弧

8. 等离子弧切割以(　　)气体切割效果最佳。

A. $N_2 + H_2$　　　　B. $Ar + H_2$　　　　C. $Ar + N_2$　　　　D. $CO_2 + N_2$

9. 提高等离子弧切割厚度,采用(　　)方法效果最好。

A. 增加切割电压　　B. 增加切割电流　　C. 减小切割速度　　　D. 增加空载电压

四、问答题

1. 等离子弧有哪些特点?

2. 等离子弧三种类型是什么? 各应用在哪些方面?

3. 什么是等离子弧切割? 等离子弧切割的特点有哪些?

五、思考题

1. 如图 6－23(a)和(b)是焊缝的截面形状图,试通过动手施焊并查阅有关资料判断哪一个是用等离子弧焊焊接的焊缝,哪一个是用 TIG 焊焊接的焊缝。

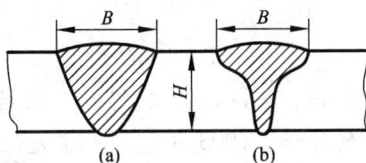

图 6－23

2. 如图 6－24 是进行薄板($\delta = 0.025 \sim 1$ mm)等离子弧焊接时常用的接头形式,试分别写出各个接头的名称,并进行实操练习。

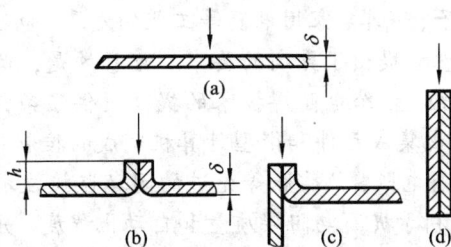

图 6－24

模块七

电阻焊

[学习指南]

1. 掌握电阻焊的实质、分类及特点；
2. 了解点焊、缝焊和对焊的工艺特点及适用范围。

重点：电阻焊的实质、分类；点焊、缝焊和对焊的工艺特点。

难点：点焊、缝焊和对焊的工艺特点。

[相关链接]

1885 年，美国人 E·汤姆逊（Elihu Thomson）获得的电阻对焊专利及 1886 年生产出的第一台电阻对焊机，是电阻焊历史的开始。1903 年德国人首先使用了闪光对焊。电阻焊与铆接或其他焊接方法相比，具有接头质量高、辅助工序少、无须添加焊接材料等优点，尤其易于机械化、自动化，生产效率高，经济效益显著。例如，在 1 min 内可分别完成快速点焊 600 个焊点、次级整流缝焊 26 m 或高频焊管 200 m。采用连续闪光对焊法生产铝合金车圈与采用氩弧焊方法相比，每生产 10 万辆自行车，仅此一项即可节约人民币 66 万元。

> **最新发展动态**
>
> 随着航空、航天、电子、汽车、家用电器等工业的发展，电阻焊越来越受到社会的重视，同时，对电阻焊的质量也提出了更高的要求。可喜的是，我国微电子技术的发展和大功率晶闸管、整流管的开发，给电阻焊技术的提高提供了条件。目前，我国生产了性能优良的二次整流焊机。由集成元件和微型计算机制成的控制箱已用于新焊机的配套和老焊机的改造。恒流、动态电阻，热膨胀等先进的闭环监控技术和点焊机器人已在生产中推广应用。这一切都将利于提高电阻焊质量和自动化程度，并扩大其应用领域。

7.1 电阻焊的分类及特点

电阻焊是将工件压紧于两电极之间，并通一电流，利用电流流过工件接触面及邻近区域产生的电阻热将其加热到熔化或塑性状态，使之结合的一种方法。

7.1.1 电阻焊的分类

1. 按工艺特点分类

电阻焊按工艺特点分为点焊、凸焊、缝焊和对焊(电阻对焊和闪光对焊)见图 7-1。

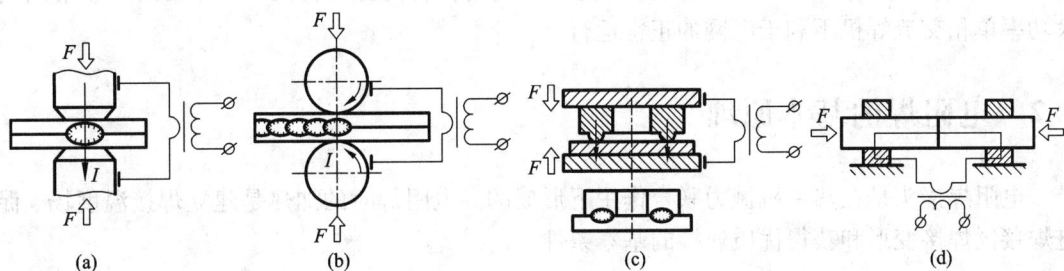

图 7-1 电阻焊方法
(a)点焊;(b)缝焊;(c)凸焊;(d)对焊

2. 按接头形式分类

按接头形式可把电阻焊分为搭接接头电阻焊和对接接头电阻焊两大类,前述的点焊、凸焊和缝焊同属搭接接头电阻焊,电阻对焊和闪光对焊都属对接接头电阻焊类。

3. 按焊接电流种类分类

按电阻焊使用的电流分,有交流、直流和脉冲三类。用交流的电阻焊中,应用最多的是工频(50 Hz)交流电阻焊。将工频变频后,使用 3~10 Hz 的称为低频电阻焊,主要用于大厚度或大断面焊件的点焊和对焊。使用 150~300 Hz 的称为中频电阻焊,使用 250~450 kHz 的称为高频电阻焊,中、高频电阻焊通常都用于焊接薄壁管。

近年来国内外已开始采用二次侧整流的直流电源,这样可以用小的功率焊接较厚较大的工件,具有节能等优点。

脉冲焊有电容储能焊和直流脉冲焊等。其特点是通电时间短、电流峰值高、加热和冷却很快。适于焊接导热性好的金属,如轻金属和铜合金的焊接。

7.1.2 电阻焊的特点

电阻焊有两大显著特点:一是焊接的热源为电阻热,故称电阻焊;二是焊接时需施加压力,故属于压焊。

1. 电阻焊的优点

(1)两金属是在压力下从内部加热完成焊接的,无论是焊点的形成过程或结合面的形成过程,其冶金问题都很简单。因此,焊接时无需焊剂或气体保护,也不需使用焊丝、焊条等填充金属便可获得质量较好的焊接接头,其焊接成本低。

(2)由于热量集中,加热时间短,故热影响区小,变形和应力也小。通常焊后不必考虑矫正或热处理工序。

(3)操作简单,易于实现机械化和自动化生产,无噪声及烟尘,劳动条件好。

(4)生产率高,在大批量生产中可以与其他制造工序一起编到组装生产线上。只有闪光对焊因有火花喷溅需要作适当隔离。

2.电阻焊的缺点

(1)目前尚缺乏可靠的无损检测方法，焊接质量只能靠工艺试样和破坏性试验来检查，以及靠各种监控技术来保证。

(2)点焊和缝焊需要搭接接头，增加了构件的质量，其接头的抗拉强度和疲劳强度较低。

(3)设备功率大，而且机械化和自动化程度较高，故设备投资大，维修较困难。常用的大功率单相交流焊机不利于电网的正常运行。

7.2 电阻焊的基本原理

电阻焊接头是在热-机械力联合作用下形成的。电阻焊时的加热是建立焊接温度场、促进焊接区焊接变形和获得优质连接的基本条件。

7.2.1 焊接的热量及其影响因素

1.焊接的热量

电阻焊时，电流通过焊件产生的热量由下式决定

$$Q = I^2 R t$$

式中：Q——产生的热量，J；

I——焊接电流，A；

R——电极间电阻，Ω；它包括工件本身电阻 R_w、两工件间接触电阻 R_c、电极与工件间接触电阻 R_{cw}，即 $R = 2R_w + R_c + 2R_{cw}$；

t——焊接时间，s。

公式表明决定电阻焊焊接热量的是焊接电流、两电极之间的电阻和通电时间三大因素。热量的一部分用来形成焊缝，另一部分散失于周围金属中。

2.影响焊接热量的因素

(1)电阻

①焊件的电阻 R_w

当工件和电极已定时，电阻 R_w 取决于焊件材料的电阻率。通常电阻率高的金属材料其导热性差，如不锈钢；电阻率低的金属材料其导热性好，如铝合金。因此，点焊不锈钢时产热容易而散热难，点焊铝合金时产热难而散热易。这样，前者就可以用较小的焊接电流(几千安培)；后者就必须用很大的焊接电流(几万安培)。

电阻率不仅取决于金属种类，还与金属的热处理状态、加工方式及温度有关。例如，随着温度升高，电阻率也增大，且金属熔化时的电阻率比熔化前高 1~2 倍。但另一方面随着温度升高，金属塑性变形容易，其压溃强度降低，工件与工件、工件与电极之间的接触面积增大，引起工件电阻减小。于是在焊接过程中焊件的电阻实际上是按图 7-2 所示的曲线变化，即开始增加，然后又逐渐下降。

②焊件间的接触电阻 R_c

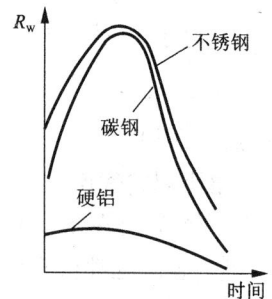

图 7-2　焊接过程中焊件的电阻变化曲线

任何两平面接触时，从微观看都只能在个别凸出点上发生接触，在接触点处形成电流流线的收拢，而电流通道的缩小构成了接触电阻。另一方面，焊件和电极表面有高电阻率的氧化物或脏物层，也使电流受到阻碍，构成接触电阻。过厚的氧化物或脏物层甚至不能通过电流。

接触电阻的大小与电极压力、材料性质、表面状态及温度有关。例如，接触电阻随着电极压力增大和温度的升高而显著减小。

③电极与焊件间的电阻 R_{cw}

由于电极材料通常是铜合金，其电阻率和硬度一般都比焊件低。所以 R_{cw} 比 R_c 更小，对熔核的形成影响也更小。

（2）焊接电流

焊接电流对产热的影响比电阻和通电时间都大。因此是必须严格控制的参数。引起电流变化的主要原因是电网电压波动和交流焊机次级回路阻抗变化。阻抗变化是因回路的几何形状变化或因在次级回路中引入了不同量的磁性金属。对于直流焊机，次级回路阻抗变化对电流无明显影响。

（3）通电时间（焊接时间）

为了保证熔核尺寸和焊点强度，焊接时间与焊接电流在一定范围内可以互为补充。为了获得一定强度的焊点，可以采用大电流和短时间，即所谓强条件（又称硬规范）焊接；也可以采用小电流和长时间，即所谓弱条件（又称软规范）焊接。在生产中选用强条件还是弱条件，取决于金属的性质、厚度和所用焊机的功率。

（4）电极压力

电极压力对两电极间总电阻 R 有显著影响，随着电极压力的增大，引起界面接触电阻减少。此时焊接电流因电阻减小而略有增大，但不足以影响因 R 减小而引起的产热量的减少。因此，焊点强度总是随着电极压力的增大而降低。为了使焊接热量达到原有水平，保持焊点强度不变，在增大电极压力的同时，也适当增大焊接电流或延长焊接时间以弥补电阻减小的影响。若电极压力过小，将引起飞溅，也会使焊点强度下降。

此外，电极形状及其材料、工件表面状况、金属成分等也对电阻焊焊接热量有一定影响。

7.2.2　热平衡及温度分布

1. 热平衡

点焊时，焊接所产生的热量只有一小部分用于加热焊接区金属形成足够尺寸的熔核，较大部分因向临近物质传导或辐射而损失掉了，其热平衡方程式如下：

$$Q = Q_1 + Q_2$$

式中：Q——产生的总热量；

　　　Q_1——形成熔核的有效热量；

　　　Q_2——损失的热量。

有效热量 Q_1 约占总热量的 10% ~ 30%。损失热量 Q_2 主要包括通过电极传导的热量（占总热量的 30% ~ 50%）和通过工件传导的热量（占总热量的 20% 左右）。辐射到大气中的热量（占总热量的 5% 左右），可以忽略不计。

2. 温度分布

焊接区的温度场是产热和散热的综合结果。点焊的温度分布如图7-3所示。最高温度总处于焊接区中心。超过被焊金属熔点 T_m 的部分便形成熔化核心。

缝焊时的温度与点焊略有不同，由于熔核不断形成，对已焊部位起到后热作用，对未焊部位起到预热作用，故温度分布要比点焊平坦。又因已焊部位有分流加热以及盘状电极离开后散热条件变坏的情况，故温度分布沿工件前进方向前后不对称，刚从盘状电极下离开的金属温度较高，如图7-4所示。

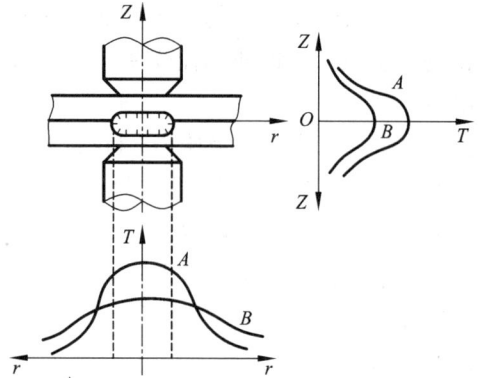

图7-3 点焊的温度分布

A—焊钢时；B—焊铝时

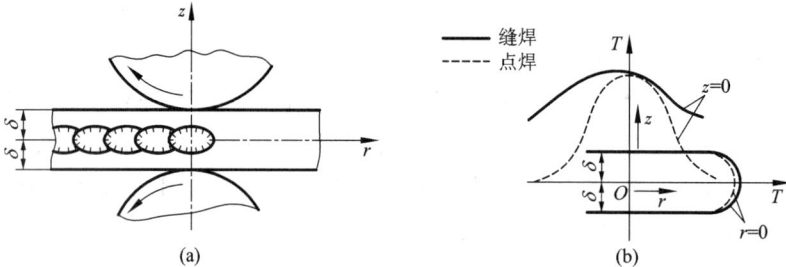

图7-4 缝焊的温度分布

（a）缝焊部位图；（b）相应的温度曲线

7.2.3 焊接循环

加压和通电是电阻焊过程的重要条件，不同加压和通电时间，不同的电极压力和电流强度及其变化形式等就组成了各种焊接循环。点焊和凸焊的焊接循环由四个基本阶段组成，分别是"预压"、"通电"、"维持"和"休止"，见图7-5所示。

（1）预压时间。预压时间是从电极开始下降到焊接电流开始接通的时间。这一时间是为

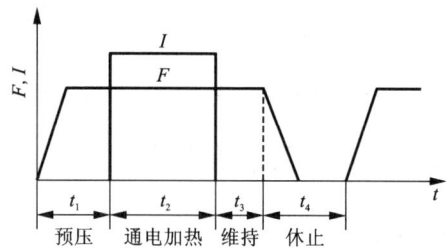

图7-5 点焊和凸焊的焊接循环

I—焊接电流；F—电极压力；t—时间

了确保在通电之前电极压紧工件，使工件间有适当的压力。

（2）焊接时间。焊接时间是焊接电流通过工件并产生熔核的时间。

（3）维持时间。维持时间是焊接电流切断后，电极压力继续保持的时间，在此时间内，熔核凝固并冷却至具有足够强度。

（4）休止时间。休止时间是指由电极开始提起到电极再次开始下降，准备在下一个待焊点压紧工件的时间。休止时间只适用于焊接循环重复进行的场合。

最简单的焊接循环是在整个焊接过程中供给均匀恒定的焊接电流和压力。实际生产中，

为了改善接头的性能，有时采用递增或递减的控制，需要将下列各项中的一个或多个加于基本循环：

①加大预压力以消除厚工件之间的间隙，使之紧密贴合。

②用预热脉冲提高金属的塑性，使工件易于紧密贴合、防止飞溅；凸焊时这样做可以使多个凸点在通电焊接前与平板均匀接触，以保证各点加热的一致。

③加大锻压压力(也即电极压力)以压实熔核，防止产生裂纹或缩孔。

④用回火或缓冷脉冲消除合金钢的淬火组织，提高接头的力学性能，或在不加大锻压力的条件下，防止裂纹和缩孔。

7.2.4 金属材料电阻焊时的焊接性

金属材料对电阻焊的适应性比熔焊好，因为电阻焊的冶金过程比熔焊简单，一般无需考虑空气侵袭等问题。影响金属电阻焊焊接性的因素主要是物理性能和力学性能。

(1)材料的导电性和导热性。导电性好的材料其导热性也好。材料的导电性、导热性愈好，在焊接区产生的热量愈小，散失的热量也就愈多，焊接区的加热就愈困难，其焊接性较差，需使用大功率焊机。

(2)材料的高温强度。这是决定焊接区金属塑性变形程度与飞溅倾向大小的重要因素之一。材料的高温强度越高，焊接区的变形抗力越大，焊接中产生必要塑性变形所需的电极压强就越高。因此，必须增大焊机的机械能力和机架刚性。例如：高温屈服强度大的金属，点焊时易产生飞溅、缩孔、裂纹等缺陷，需使用大的电极压力，有时还需在断电后施加大的锻压力，故其焊接性较差。

(3)材料的塑性温度范围。塑性温度范围较窄的金属(如铝合金)，对焊接工艺参数的波动非常敏感，要求使用能精确控制工艺参数的焊机，并要求电极的随动性好，因此其焊接性较差。

(4)材料对热循环的敏感性。有淬火倾向的金属、经形变强化或调制处理的材料，热敏感性都比较大，在焊接热循环的影响下，有淬火倾向的金属，易产生淬硬组织、冷裂纹；与易熔杂质易于形成低熔点共晶物的合金易产生热裂纹；经冷作强化的金属易产生软化区。为防止这些缺陷应该采取相应的工艺措施。因此，热循环敏感性大的金属焊接性也较差。此外，熔点高、线膨胀系数大，易形成致密的氧化膜的金属其焊接性一般也较差。

7.3 点焊、凸焊和缝焊

7.3.1 点焊

点焊时，工件只在有限的接触面上，即所谓"点"上被焊接起来，并形成扁球形的熔核。点焊的接头形式必须搭接。点焊在汽车、铁路车辆、飞机等薄板冲压件的装配焊接生产线上的应用很多。

1. 点焊方法的分类

点焊常按对焊件供电的方向和一次形成的焊点数进行分类，见表7-1。

2. 点焊工艺

（1）点焊接头的形式

点焊通常采用搭接接头和折边接头，见图7-6。接头可以由两个或两个以上等厚度或不等厚度的工件组成。在设计点焊结构时，必须考虑电极的可达性，即电极必须能方便地抵达构件的焊接部位。其次应考虑接头边距、点距、搭接量、装配间隙和焊点强度要求等因素。

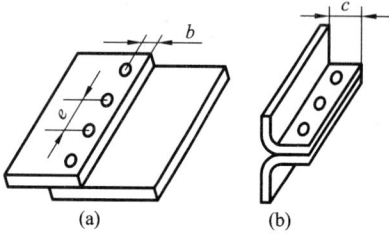

图7-6 点焊接头基本形式

（a）搭接接头；（b）折边接头

b—边距；e—点距；c—搭接量

小知识

点焊、缝焊和凸焊主要用于3 mm以下的薄板和各种薄壁焊件的焊接。对接焊适用的焊件尺寸几乎不受限制，主要取决于工厂电力设施的功率。

表7-1 点焊方法的种类

种　类		示　意　图
双面供电（电极由工件的两侧向焊接处馈电）	双面单点焊	
	双面双点焊	
	双面多点焊	

种　类		示　意　图
单面供电（电极由工件的同一侧向焊接处馈电）	单面双点焊	
	单面单点焊	
	单面多点焊	

　　边距是指从熔核中心到板边的距离。其最小值取决于被焊金属的种类、厚度和焊接条件。对于屈服强度高的金属、薄壁部件或采用强的焊接参数时，可取较小值。

　　搭接量是指接头重叠部分的尺寸。最小搭接量通常是最小边距的两倍。推荐的最小搭接量见表 7－2。

表 7－2　点焊接头的最小搭接量　　　　　　　　　（mm）

最薄板件厚度	单排焊点的最小搭接量			双排焊点的最小搭接量		
	结构钢	不锈钢及高温合金	轻合金	结构钢	不锈钢及高温合金	轻合金
0.5	8	6	12	16	14	22
0.8	9	7	12	18	16	22
1.0	10	8	14	20	18	24
1.2	11	9	14	22	20	26
1.5	12	10	16	24	22	30
2.0	14	12	20	28	26	34
2.5	16	14	24	32	30	40
3.0	18	16	26	36	34	46
3.5	20	18	28	40	38	48
4.0	22	20	30	42	40	50

点距是指相邻两焊点的中心距离。设计时规定点距最小值主要是考虑分流的影响。该最小值与被焊金属的厚度、导电率、表面清洁度以及熔核直径有关。表7-3为推荐的点距最小值。

表7-3　点焊接头焊点的最小点距 （mm）

最薄板件厚度	最小点距		
	结构钢	不锈钢及高温合金	轻合金
0.5	10	8	15
0.8	12	10	15
1.0	12	10	15
1.2	14	12	15
1.5	14	12	20
2.0	16	14	25
2.5	18	16	25
3.0	10	18	30
3.5	22	20	35
4.0	24	22	35

（2）点焊前的清理

电阻点焊前，焊件接合表面必须进行清理，以保证接头的质量。表面清理的方法有机械清理和化学清理两种。常用的机械清理方法有喷砂、喷丸、抛光以及用纱布、砂纸、砂带或钢丝刷打磨等。化学清理是采用各种酸碱溶液对金属表面进行酸洗、钝化处理。

（3）点焊工艺参数

电阻点焊的工艺参数主要有电极端面直径，电极压力，焊接时间（周波），焊接电流等。各工艺参数之间相互制约，并非孤立变化，常常变动其中一个参数会引起另一个参数的改变。

焊接电流和焊接时间这两个参数进行不同的配合调节，就会得到加热速度快慢不同的两种焊接条件（规范），即强条件（又叫硬规范）和弱条件（又叫软规范）。强条件是焊接电流大、焊接时间短。其效果是加热速度快、焊接区温度分布陡、加热区窄、接头表面质量好，过热组织少，接头的综合性能好，生产率高。弱条件是焊接电流小而焊接时间长。其效果是加热速度慢、焊接区温度分布平缓、塑性区宽，在压力作用下易变形。当焊机功率不足，工件厚度大，变形困难或采用易淬火的材料时，采用弱条件焊接是有利的。

小知识

点焊时没有通过焊接区而流经焊件其他部分的电流称为分流。点焊件上已焊的焊点对正在焊的焊点就能构成分流；焊接区外焊件间的接触点也能引起分流。点焊时不希望产生分流现象，因为分流导致焊接区的有效电流减小，析热不足而使熔核尺寸减小，焊点强度降低；分流还会造成飞溅、烧伤焊件或电极、熔核偏斜等。一般常采用焊前清理焊件表面、提高装配质量、适当增大焊接电流和选择合适的点距等措施来减小分流。

3. 常用金属材料点焊的工艺要点

（1）低碳钢的点焊

低碳钢电阻点焊的焊接性良好、电阻率适中，所需的电焊机功率不大。焊接参数的适用范围较大。表7-4列出了低碳钢电阻点焊典型的焊接参数。

表7-4　低碳钢电阻点焊的焊接参数

板厚 /mm	电极头端面直径 /mm	强规范			弱规范			一般规范		
		焊接电流 /kA	焊接时间 /s	电极压力 /kN	焊接电流 /kA	焊接时间 /s	电极压力 /kN	焊接电流 /kA	焊接时间 /s	电极压力 /kN
0.4	3.2	5.2	0.08	1.15	4.5	0.16	0.75	3.5	0.34	0.40
0.5	4.8	6.0	0.10	1.35	5.0	0.18	0.90	4.0	0.40	0.45
0.6	4.8	6.6	0.12	1.50	5.5	0.22	1.00	4.3	0.44	0.50
0.8	4.8	7.8	0.14	1.90	6.5	0.26	1.25	5.0	0.50	0.60
1.0	6.4	8.8	0.16	2.25	7.2	0.34	1.50	5.6	0.60	0.75
1.2	6.4	9.8	0.20	2.70	7.7	0.38	1.75	6.1	0.60	0.85
1.6	6.4	11.5	0.26	3.60	9.1	0.50	2.40	7.0	0.86	1.15
1.8	8.0	12.5	0.28	4.10	9.7	0.54	2.75	7.5	0.96	1.30
2.0	8.0	13.3	0.34	4.70	10.3	0.60	3.00	8.0	1.06	1.50
2.3	8.0	15.0	0.40	5.80	11.3	0.74	3.70	8.6	1.28	1.80
3.2	9.5	17.4	0.54	8.20	12.9	1.0	5.00	10.0	1.74	2.60

(2)淬火钢的点焊

淬火钢是指加热后快速冷却时易产生马氏体组织的钢。点焊时,由于熔核的冷却速度相当快,必然会导致脆硬的马氏体组织形成。为消除这种危险的组织,通常采用双脉冲电流点焊法,改善接头的性能,即第一个脉冲电流用于焊接,第二个脉冲电流用于回火处理。但脉冲电流幅值和两脉冲之间的间隔时间的选择,必须注意以下两点。

①两脉冲之间的间隔时间,一定要保证使焊点冷却到马氏体转变点 M_s 温度以下。

②回火处理的脉冲电流幅值要适当,以避免焊接区的金属重新超过奥氏体相变点而引起二次淬火。

淬火钢双脉冲电流的典型焊接工艺参数见表7-5。

表7-5　25CrMnSiA、30CrMnSiA 钢双脉冲点焊的焊接工艺参数

板厚 /mm	电极端面直径/mm	电极压力 /kN	焊接时间 /周波	焊接电流 /kA	间隔时间 /周波	回火时间 /周波	回火电流 /kA
1.0	5~5.5	1~1.5	22~32	5~6.5	25~30	60~70	2.5~4.5
1.5	6~6.5	1.8~2.5	24~35	6~7.2	25~30	60~80	3~5
2.0	6.5~7.0	2~2.8	25~37	6.5~8	25~30	60~85	3.5~6
2.5	7.0~7.5	2.2~3.2	30~40	7~9	30~35	60~90	4~7

注:按工频 50 Hz,1 周波 =1/50 s。

(3)不锈钢的点焊

不锈钢含有大量的 Cr、Ni 等合金元素,其电阻率高、导热性差,与碳钢相比,可以采用较小的焊接电流和较短的焊接时间。不锈钢还具有较高的高温强度,故需提高电极压力,否则会出现缩孔、结晶裂纹等。为防止热影响区的晶粒长大,除缩短焊接时间外,还应施加强迫冷却。表7-6列出了不锈钢点焊的工艺参数。

表7-6 不锈钢点焊的工艺参数

板厚/mm	电极端面直径/mm	电极压力/kN	焊接时间/周波	焊接电流/kN
0.3	3.0	0.8 ~ 1.2	2 ~ 3	3 ~ 4
0.5	4.0	1.5 ~ 2.0	3 ~ 4	3.5 ~ 4.5
1.0	5.0	3.6 ~ 4.2	6 ~ 8	5.8 ~ 6.5
1.2	6.0	4.0 ~ 4.5	7 ~ 9	6.0 ~ 7.0
2.0	7.0	7.5 ~ 8.5	11 ~ 13	8 ~ 10
3.0	9 ~ 10	10 ~ 12	13 ~ 17	11 ~ 13

注：1周波=1/50 s。

马氏体不锈钢的淬火倾向较高，点焊时应选用较长的焊接时间。为消除脆硬组织，最好采用具有回火程序的双脉冲电流点焊。点焊时一般不采用电极的外部水冷却，以免因淬火而产生裂纹。

4. 点焊机

点焊机是以强大的电流通过被电极压紧的搭接焊件，使其在电阻热及压力下形成焊点，一般用于金属板材的搭接点焊。点焊机按使用要求不同，有固定式与移动式两种。移动式点焊机常做成悬挂式。固定式点焊机按电极加压方式的不同，又可分为脚踏杠杆式、电动凸轮式、气压式和液压式等多种类型。图7-7为一台点焊机的示意图。

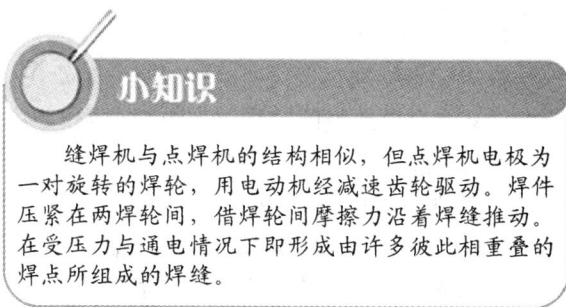

小知识

缝焊机与点焊机的结构相似，但点焊机电极为一对旋转的焊轮，用电动机经减速齿轮驱动。焊件压紧在两焊轮间，借焊轮间摩擦力沿着焊缝推动。在受压力与通电情况下即形成由许多彼此相重叠的焊点所组成的焊缝。

表7-7和表7-8分别列出了脚踏式点焊机和气动式点焊机主要技术参数。

表7-7 脚踏式点焊机主要技术参数

型 号	DN-5	DN-10	DN-16	DN-25
额定容量/kVA	5	10	16	25
输入电压/V	380	380	380	380
相数	1	1	1	1
一次电流/A	13.2	26.3	42.1	66
二次空载电压/V	1 ~ 2.2	1.65 ~ 2.4	1.98 ~ 3.01	2.25 ~ 3.58
二次电压调节级数	7	7	7	7
电极臂伸出长度/mm	240	260	280	300
焊接厚度/mm	1.5 + 1.5	2 + 2	2.5 + 2.5	3 + 3
机身质量/kg	60	70	80	95

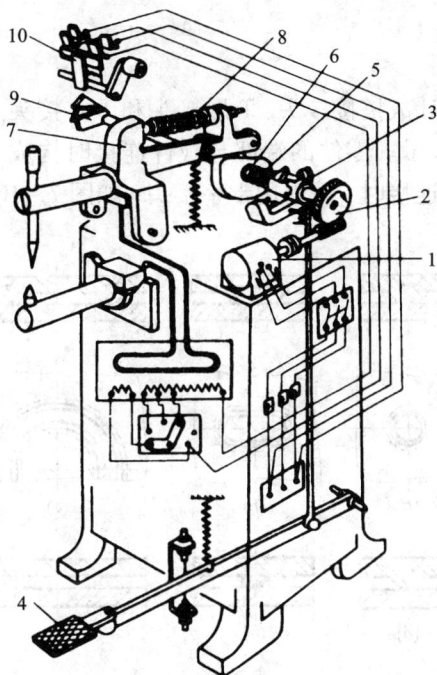

图 7-7　电阻点焊机

1—电动机；2—蜗轮蜗杆；3—离合器；4—踏板；5—弹簧；6—凸轮；7—杠杆；8—弹簧；9—卡爪；10—接触器

表 7-8　气动式点焊机主要技术参数

型号	DTN-25	DTN-50	DTN-63	DTN-75
输入电压/V	380	380	380	380
相数	1	1	1	1
额定容量/kVA	25	50	63	75
二次空载电压/V	1~2.2	1.65~2.4	1.98~3.01	2.25~3.58
负载持续率/%	50	50	50	50
二次电压调节级数	8	8	8	8
焊接厚度/mm	2+2	3+3	3+3	4+4
机身质量/kg	250	280	320	350

7.3.2　凸焊

　　电阻凸焊是电阻点焊的一种特殊形式，是在一焊件的接合面上预先加工出一个或多个凸起点，使其与另一焊件表面相接触、加压，并通电加热，凸起点压溃后，使这些接触点形成焊点的电阻焊方法。

1. 凸焊的特点

　　凸焊是利用焊件表面的凸台或凸点，采用平端面的圆柱形电极或平面电极进行焊接，电极寿命延长，同时可焊接多个焊点，不产生分流现象。但凸焊时由于必须压溃凸点，故焊件必须具有一定的厚度或具有足够的刚度，不适宜用于厚度 0.5 mm 以下的焊件。

2. 凸焊工艺

（1）接头形式

根据结构需要，可以设计成搭接接头、T 形接头和十字接头。搭接接头主要用于在平面上板件的连接，如图 7-8 所示。零件的端部与板件连接时构成 T 形接头，如图 7-9 所示。当丝、棒或管子之间需交叉连接时，就采用十字接头，如图 7-10 所示。

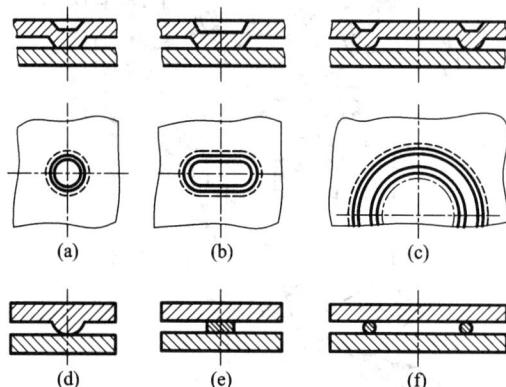

图 7-8　凸焊的搭接接头

（a）圆形；（b）长圆形；（c）环状；（d）挤压凸点；（e）、（f）加嵌块

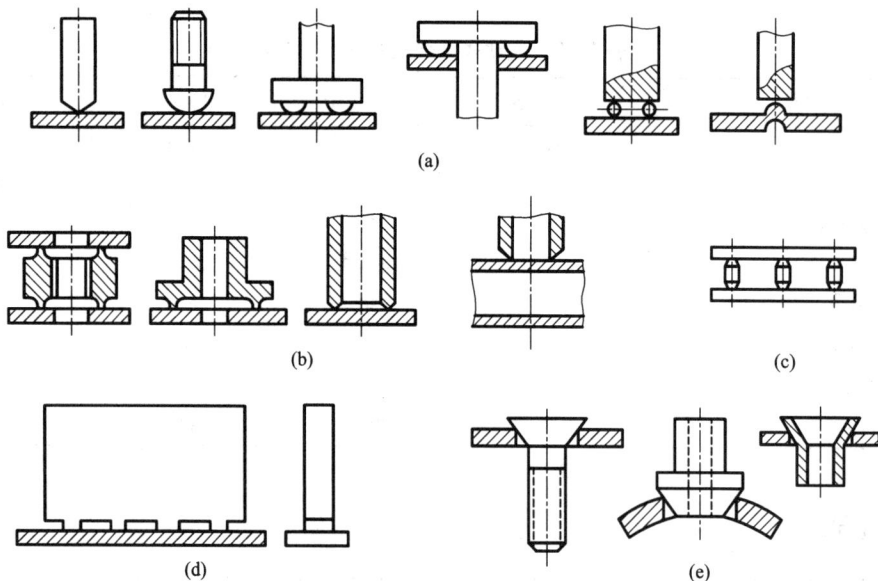

图 7-9　凸焊的 T 形接头

（2）凸点形状和尺寸

最常用的凸点形状如图 7-11 所示，分圆球形、圆锥形和环形凹槽形。凸点的尺寸通常由经验决定，表 7-9 列出了不同板厚的凸点推荐尺寸。凸点大多采用冲压方法制作，而螺栓和螺母上的凸点或凸环是在零件锻压加工时一次形成。

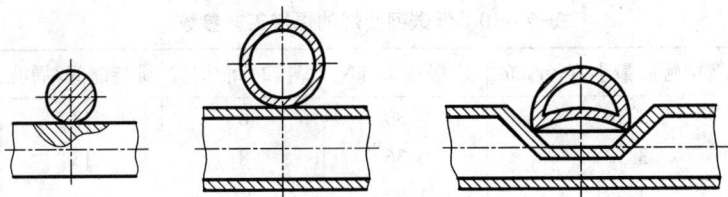

图 7-10 凸焊的十字接头

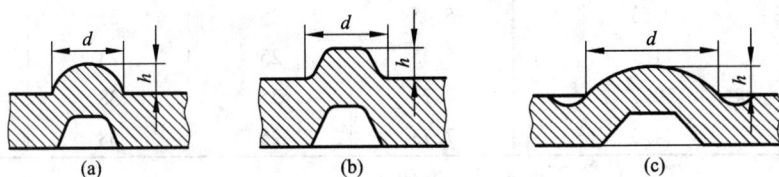

图 7-11 凸点的形状

(a)圆球形；(b)圆锥形；(c)带环形溢出槽形

表 7-9 凸焊接头不同板厚凸点的推荐尺寸 (mm)

凸点板厚	焊件板厚	凸点尺寸	
		直径 d	高度 h
0.5	0.5	1.8	0.5
0.5	2.0	2.3	0.6
1.0	1.0	1.8	0.5
1.0	3.2	2.8	0.8
2.0	1.0	2.8	0.7
2.0	4.0	4.0	1.0
3.2	1.0	3.5	0.9
3.2	5.0	4.5	1.1
4.0	2.0	6.0	1.2
4.0	6.0	7.0	1.5

（3）凸焊的工艺参数

凸焊的焊接工艺参数主要是焊接电流、焊接时间和电极压力。凸焊参数的特点也和点焊一样，由焊接电流与通电时间的不同匹配决定。凸焊时，产生早期飞溅倾向大，一般不用过硬参数；过软的参数对电流的波动较敏感，易出现软化区过宽，组织过热现象。

3. 常用金属的凸焊要点

（1）低碳钢的凸焊

低碳钢具有较好的凸焊性能，应用十分普遍。圆球型和圆锥型凸点的凸焊典型焊接工艺参数列于表 7-10。低碳钢螺母凸焊时，应采用较短的焊接时间，否则会使螺纹变色，降低精度。电极压力不宜过低，否则会造成凸点位移，降低焊点的强度。

表 7 - 10 低碳钢凸焊的焊接工艺参数

板厚/mm	电极接触面最小直径/mm	电极压力/kN	焊接时间/周波	维持时间/周波	焊接电流/kA
0.36	3.18	0.80	6	13	5
0.53	3.97	0.36	8	13	6
0.79	4.76	1.82	13	13	7
1.12	6.35	1.82	17	13	7
1.57	7.94	3.18	21	13	9.5
1.98	9.53	5.45	25	25	13
2.39	11.1	5.45	25	25	14.5
2.77	12.7	7.73	25	38	16
3.18	14.3	7.73	25	38	17

（2）镀层钢板的凸焊

镀层钢板的凸焊主要是指镀锌、铅、锡或铝的低碳钢凸焊。它比电阻点焊和缝焊容易得多，因为流经凸点的电流比较集中，焊点质量容易保证。此外，凸焊的平面电极接触面积大，承载的电流密度相对较小，镀层物对电极的粘附性变小。表 7 - 11 为镀锌钢板凸焊的焊接工艺参数。

表 7 - 11 镀锌钢板凸焊的焊接工艺参数

凸点所在板厚/mm	平板板厚/mm	凸点尺寸/mm		电极压力/kN	焊接时间/周波	焊接电流/kA	抗剪强度/N	熔核直径/mm
		直径 d	高度 h					
0.7	0.4	4.0	1.2	0.5	7	3.2	—	—
	1.6	4.0	1.2	0.7	7	4.2	—	—
1.2	0.8	4.0	1.2	0.35	10	2.0	—	—
	1.2	4.0	1.2	0.6	6	7.2	—	—
1.0	1.0	4.2	1.2	1.15	15	10.0	4.2	3.8
1.6	1.6	5.0	1.2	1.8	20	11.5	9.3	6.2
1.8	1.8	6.0	1.4	2.5	25	16.0	14	6.2
2.3	2.3	6.0	1.4	3.5	30	16.0	19	7.5
2.7	2.7	6.0	1.4	4.3	33	22.0	22	7.5

4. 凸焊机

凸焊是点焊的变种，其焊接过程与原理和点焊相同。因此，所用的凸焊机与点焊机基本相同。区别在于：凸焊机上下电极不是圆棒状而是平板状，其工作面为平面，通常都开有标准的 T 形槽用以安装螺栓；凸焊机的焊机功率和电极压力较大，主要取决于凸点数或凸环的面积；凸焊机的电极加压只适于直压型，即上电极做垂直于其工作面的移动。表 7 - 12 列出了凸焊机的主要技术数据。

表 7 - 12 典型凸焊机的主要技术数据

型 号	TN - 125	TZ - 3X63 - 1	TZ - 100	TR - 3000
一次电压/V	380	380	380	380
额定负载持续/%	50	50	50	20
二次空载电压/V	4.42～8.85	3.55～7.10	4.13～8.26	充电电压 420 V
额定容量/kVA	125	63	100	储能 3000 J
二次电压调节级数	16	8	8	2
低碳钢焊件最大厚度/mm	6 + 6	8 + 8	4 + 4	铝点焊 1.5 + 1.5
电极间最大压力/kN	14	14.7	14.7	—
备注	通用,工频	三个单相变压器,六相半波整流	二次整流	电容储能

7.3.3 缝焊

缝焊是用一对滚轮电极代替点焊的圆柱形电极,与工件作相对运动,从而产生一个个熔核相互搭叠的密封焊缝的焊接方法。缝焊广泛应用于油桶、罐头罐、暖气片、飞机和汽车油箱以及喷气发动机、火箭、导弹中密封容器的薄板焊接。

1. 缝焊方法

缝焊按其滚轮电极的滚动和馈电方式不同,分为连续缝焊、断续缝焊和步进缝焊三种形式。

(1)连续缝焊的主要特点是焊接时焊件在两滚轮电极之间连续移动(由滚轮电极连续旋转引起),焊接电流连续地通过焊接部位而完成焊接。这种形式的缝焊,其滚轮电极易发热而磨损,因而很少使用。

(2)断续缝焊的主要特点是焊件连续移动,而焊接电流断续地通过工件。这种缝焊形式使滚轮电极和焊件都有冷却机会,从而克服了连续缝焊易过热的缺点,故被广泛应用。但是,由于滚轮不断离开焊接区,熔核在压力减小的情况下结晶,因此很容易产生表面过热、缩孔和裂纹。

(3)步进缝焊的主要特点是焊件断续移动(由滚轮电极间歇地旋转引起),电流在焊件静止时通过。这种缝焊形式使熔核的整个结晶过程在滚轮电极固定不动的条件下完成,改善了散热和压固条件,因而可以更有效地提高焊接质量,延长滚轮寿命,焊接过程与点焊过程完全相同,多用于铝、镁合金的焊接。

2. 缝焊接头的形式

缝焊的接头形式、搭边宽度与点焊类似。对于一些特殊的应用场合,也可采用挤压平接接头和垫箔对接接头。挤压平接接头的搭接量比一般的搭接接头小得多,约为板厚的 1.0～1.5 倍。垫箔对接缝焊主要是解决厚板缝焊的难题。

3. 缝焊工艺

(1)电阻缝焊的工艺参数

电阻缝焊的主要工艺参数有焊接电流、电极压力、焊接时间、休止时间、焊接速度和滚轮电极的尺寸等。

①焊接电流 焊接电流取决于待焊工件的厚度以及对熔核焊透率的要求。缝焊时,由于熔核互相重叠而引起较大的分流,因此,焊接电流通常比点焊时增大 15%～40%。

②电极压力 缝焊时,电极对熔核的作用面积较大,而加压时间对某一熔核来说,相对

较短，因此，电极压力比电阻点焊高50%～80%。但是，过高的电极压力会使焊件产生很深的压痕，电极会迅速变成蘑菇状，大大地减小接触电阻。

③焊接时间和休止时间　缝焊时，主要通过焊接时间控制熔核尺寸，通过休止时间控制重叠量。在较低的焊接速度时，焊接时间和休止时间之比为1.25:1～2:1，可获得较好的效果。随着焊接速度的增加，其点距增大，甚至焊点不再重叠，为了获得熔核重叠的气密接头，这时加热时间与休止时间的比例也得相应增加。

④焊接速度　焊接速度与被焊金属、板件厚度以及对焊缝强度和质量的要求等有关。若要提高焊接速度，为了保证焊透率和重叠率，就必须提高焊接电流和加热时间并减少休止时间，但这种焊接速度的提高是有限度地，因为增加焊接电流会使工件表面被烧损和粘附，反而会降低焊缝强度和电极使用寿命。

⑤滚轮电极的尺寸　滚轮电极尺寸主要指滚轮直径和工作面的宽度，两者不仅影响焊接区的电流分布和散热条件，还影响到电极自身的使用寿命。滚轮电极工作面的宽度是根据焊件设计的焊缝宽度来选取，而焊缝的宽度是按焊件的厚度来确定。滚轮直径的大小取决于焊件的厚度和材质。

（2）缝焊工艺参数的选择

与点焊相似，主要是根据被焊金属的性能、厚度、质量要求和设备条件来选择缝焊工艺参数，一般先参考已有推荐数据，再通过工艺试验加以修正。

4. 常用金属材料缝焊的工艺要点

（1）低碳钢的缝焊

低碳钢具有良好的缝焊焊接性，根据使用目的和用途可采用高速、中速和低速三种方案。表7－13列出了低碳钢搭接接头典型的焊接参数。当手工送进焊件时，为便于对准预定的焊缝位置，通常选用中、低速的焊接参数，当焊件自动送进时，则可选用高速焊接参数，连续通电的挤压平接头缝焊和垫箔缝焊时的焊接参数分别见表7－14和7－15。

（2）铝合金的缝焊

铝合金的电导率高，分流严重，焊接电流应比点焊时高15%～50%，电极压力相应提高5%～10%。铝合金的缝焊通常采用三相供电的直流脉冲或二次整流步进式缝焊机。为加快散热，一般采用球面滚轮电极，并须外部水冷。表7－16为用FJ－400型直流脉冲缝焊机焊接铝合金的工艺参数。

表7－13　低碳钢缝焊的焊接参数

工艺类别	板厚/mm	滚轮尺寸/mm			电极压力/kN		搭接量/mm		焊接时间/周波	休止时间/周波	焊接速度/(m·min⁻¹)	点距/mm	焊接电流/kA
		最小 b	标准 b	最大 B	最小值	标准值	最小值	标准值					
高速焊缝	0.4	3.7	5.3	11	2.0	2.2	7	10	2	1	2.5	4.2	12.0
	0.8	4.7	6.5	13	2.5	3.3	9	12	2	1	2.6	4.6	15.5
	1.0	5.1	7.1	14	2.8	4.0	10	13	2	2	2.5	3.6	18.0
	1.2	5.4	7.1	14	3.0	4.7	11	14	2	2	2.4	3.7	19.0
	2.0	6.6	10.0	17	4.1	7.2	13	17	3	1	2.2	4.2	22.0
	3.2	8.0	13.6	20	5.7	10	16	20	4	2	1.7	3.4	27.5

工艺类别	板厚/mm	滚轮尺寸/mm			电极压力/kN		搭接量/mm		焊接时间/周波	休止时间/周波	焊接速度/(m·min⁻¹)	点距/mm	焊接电流/kA
		最小b	标准b	最大B	最小值	标准值	最小值	标准值					
中速焊缝	0.4	3.7	5.3	11	2.0	2.2	7	10	2	2	2.0	4.5	9.7
	0.8	4.7	6.5	13	2.5	3.3	9	12	3	2	1.8	4.9	13.0
	1.0	5.1	7.1	14	2.8	4.0	10	13	3	3	1.8	3.4	14.5
	1.2	5.4	7.1	14	3.0	4.7	11	14	4	3	1.7	3.0	16.0
	2.0	6.6	10.0	17	4.1	7.2	13	17	5	5	1.4	2.5	19.0
	3.2	8.0	13.6	20	5.7	10	16	20	11	7	1.1	1.8	22.0
低速焊缝	0.4	3.7	5.3	11	2.0	2.2	7	10	3	3	1.2	5.1	8.5
	0.8	4.7	6.5	13	2.5	3.3	9	12	2	4	1.1	5.7	11.5
	1.0	5.1	7.1	14	2.8	4.0	10	13	2	4	1	6.0	13.0
	1.2	5.4	7.1	14	3.0	4.7	11	14	2	4	0.9	5.3	14.0
	2.0	6.6	10.0	17	4.1	7.2	13	17	6	6	0.7	3.9	16.5
	3.2	8.0	13.6	20	5.7	10	16	20	6	6	0.6	5.2	20.0

注：b 为滚盘接触面宽度，B 为滚盘厚度。

表 7 – 14　低碳钢连续通电挤压平接头缝焊典型的焊接参数

板厚/mm	搭接量/mm	电极压力/kN	焊接电流/kA	焊接速度/(cm·min⁻¹)
0.8	1.2	4	13	320
1.2	1.8	7	16	200
2.0	2.5	11	19	140

表 7 – 15　低碳钢垫箔缝焊典型的焊接参数

板厚/mm	电极压力/kN	焊接电流/kA	焊接速度/(cm·min⁻¹)
0.8	2.5	11.0	120
1.0	2.5	11.0	120
1.2	3.0	12.0	120
1.6	3.5	12.5	120
2.3	3.5	12.0	100
3.2	3.9	12.5	70
4.4	4.5	14.0	50

（3）不锈钢和高温合金的缝焊

缝焊结构用得最多的不锈钢是奥氏体不锈钢，它的焊接性很好，可采用普通的交流电源焊接，表 7 – 17 列出了不同厚度的奥氏体不锈钢缝焊的焊接工艺参数。

高温合金的电阻率较高，对过热较敏感，缝焊时的重复加热，容易产生结晶偏析和过热组织。因此应当选用较低的焊接速度、延长休止时间、加强电极的散热。表 7 – 18 列出了部分高温合金缝焊的工艺参数。

表 7-16 铝合金缝焊的工艺参数

板厚/mm	滚轮球面半径/mm	步距(点距)/mm	3A21、5A03、5A06				2A12、7A04			
			电极压力/kN	焊接时间/周波	焊接电流/kA	每分钟点数	电极压力/kN	焊接时间/周波	焊接电流/kA	每分钟点数
1.0	100	2.5	3.5	3	49.6	120~150	5.5	4	48	120~150
1.5	100	2.5	4.2	5	49.6	120~150	8.5	6	48	100~120
2.0	150	3.8	5.5	6	51.4	100~120	9.0	6	51.4	80~100
3.0	150	4.2	7.0	8	60.0	60~80	10	7	51.4	60~80
3.5	150	4.2	—	—	—	—	10	8	51.4	60~80

表 7-17 奥氏体不锈钢缝焊的工艺参数

板厚/mm	滚轮宽度/mm	焊接时间/周波	休止时间/周波	焊接电流/kA	电极压力/kN	焊接速度/(m·min⁻¹)
0.3	3.0~3.5	1~2	1~2	4.5~5.5	2.5~3.0	1.0~1.5
0.5	4.5~5.5	1~3	2~3	6.0~7.0	3.4~3.8	0.8~1.2
0.8	5.0~6.0	2~5	3~4	7.0~8.0	4.0~5.0	0.6~0.8
1.0	5.5~6.5	4~5	3~4	8.0~9.0	5.0~6.0	0.6~0.7
1.2	6.5~7.5	4~6	3~5	8.5~10	5.5~6.2	0.5~0.6
1.5	7.0~8.0	5~7	5~7	9.0~12	6.0~7.2	0.4~0.6
2.0	7.5~8.5	7~8	6~9	10~13	7.0~8.0	0.4~0.5

表 7-18 高温合金(GH33、GH35、GH39、GH44)缝焊的工艺参数

板厚/mm	电极压力/kN	焊接时间/周波	休止时间/周波	焊接电流/kA	焊接速度/(cm·min⁻¹)
0.3	4~7	3~5	2~4	5~6	60~70
0.5	5~8.5	4~6	4~7	5.5~7	50~70
0.8	6~10	5~8	8~11	6~8.5	30~45
1.0	7~11	7~9	12~14	6.5~9.5	30~45
1.2	8~12	8~10	14~16	7~10	30~40
1.5	8~13	10~13	19~25	8~11.5	25~40
2.0	10~14	12~16	24~30	9.5~13.5	20~35

5. 缝焊机

　　缝焊机与点焊机的结构相似,但其电极为一对可以滚动的滚轮(又称滚轮电极、滚盘或焊轮)。焊接时滚轮电极的一个或两个由电动机通过传动机构使其转动。

　　缝焊机按滚轮电极相对于电极臂位置的布置分为横向缝焊机(滚轮的轴线与电极臂平行或同轴)、纵向缝焊机(滚轮的轴线与电极臂相垂直)和通用缝焊机(纵横两用缝焊机,上电极可作90℃旋转,下电极臂和下电极有两套,一套用于焊横向焊缝,另一套用于焊纵向焊缝)三种类型。表 7-19 列举了典型缝焊机的主要技术参数。

表 7 -19　典型焊缝机主要技术参数

焊机类型	型号	特性	额定功率/kVA	负载持续功率/%	二次空载电压/V	电极臂长/mm	焊接板厚度/mm
横向缝焊机	FN1 - 150 - 1	工频	150	50	3.88 ~ 7.76	800	钢 2 + 2
	FN1 - 150 - 8		150	50	4.52 ~ 9.04	1000	钢 2 + 2
	M272 - 6A		110	50	4.75 ~ 6.35	670	钢 1.5 + 1.5
	M230 - 4A		290	50	5.85 ~ 9.80	400	镀层钢板 1.5 + 1.5
纵向缝焊机	FN1 - 150 - 2		150	50	3.88 ~ 7.76	800	钢 2 + 2
	FN1 - 150 - 5		150	50	4.80 ~ 9.58	1100	钢 1.5 + 1.5
	M272 - 10A		170	50	4.2 ~ 8.4	1000	钢 1.25 + 1.25
横向缝焊机	FZ - 100	整流	100	50	3.52 ~ 7.04	610	钢 2 + 2
通用缝焊机	M300ST - A	低频	350	50	2.85 ~ 5.70	800	铝合金 2.5 + 2.5

7.4　电阻对焊和闪光对焊

　　对接电阻焊，简称对焊，是利用电阻热将两工件沿整个端面同时焊接起来的一类电阻焊方法。对焊的生产率高，易于实现自动化，因而获得广泛应用。图 7 - 12 列举了对焊的应用情况。对焊可分为电阻对焊和闪光对焊。

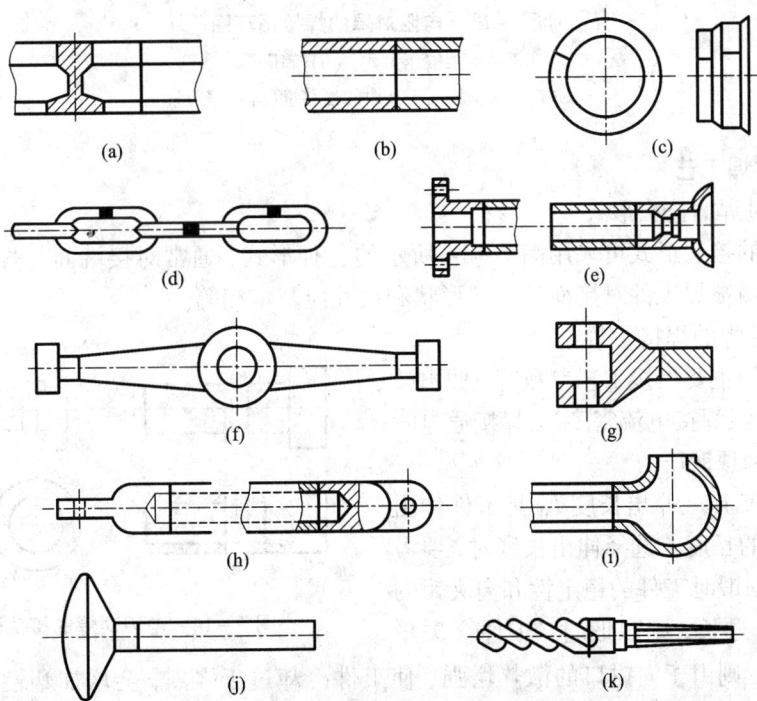

图 7 - 12　对焊应用举例

（a）钢轨；（b）管道；（c）汽车轮辋；（d）链环；（e）万向轴壳；（f）汽车后桥壳体；
（g）连杆；（h）拉杆；（i）特殊形状零件；（j）排气阀；（k）刀具

7.4.1 电阻对焊

电阻对焊是将两工件端面始终压紧，利用电阻热加热至塑性状态，然后迅速施加顶锻压力（或不加顶锻压力只保持焊接压力）完成焊接的方法。

1. 电阻对焊的特点

电阻对焊具有接头光滑、毛刺小、焊接过程简单、无弧光和飞溅，易于操作等优点。但是，接头力学性能较低，焊前对接头待焊面的准备要求较高，特别是大断面对焊尤为困难。

2. 电阻对焊的焊接循环

电阻对焊的焊接循环有图 7-13 所示的两种，即等压式和增大锻压力式。前者加压机构简单，便于实现。后者有利于提高焊接质量，主要用于合金钢、有色金属及其合金的电阻对焊。

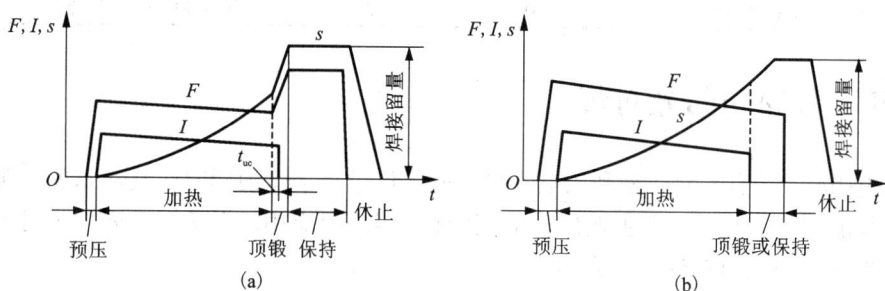

图 7-13 电阻对焊的焊接循环图

（a）增大锻压力式；（b）等压式

F—压力；I—电流；S—夹钳的位移量（焊件缩短量）

3. 电阻对焊工艺

（1）电阻对焊的接头形式

电阻对焊的接头形式可采用图 7-14 所示的各种形式，通常对接端面与焊件轴线垂直，边缘不倒角。两被焊工件对接面的几何形状和尺寸应基本相等。

（2）电阻对焊的焊接参数

电阻对焊的主要焊接工艺参数有：伸出长度、焊接电流（或焊接电流密度）、焊接通电时间、焊接压力和顶锻压力。

①伸出长度 L_0 伸出长度 L_0 是工件伸出夹钳电极端面的长度。选择伸出长度时，要考虑两个因素：顶锻时工件的稳定性和向夹钳的散热。如果 L_0 过长，则顶锻时，工件会失稳

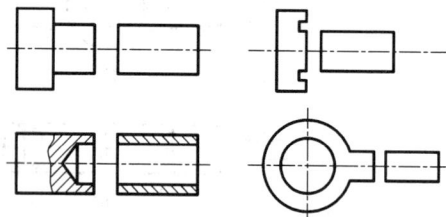

图 7-14 电阻对焊的接头形式

旁弯；L_0 过短，则由于向钳口的散热增强，使工件冷却过于强烈，会增加塑性变形的困难。一般碳素钢电阻对焊的伸出长度 $L_0=(0.5\sim1)d$，d 为圆料的直径或方料的边长。铝和黄铜 $L_0=(1\sim2)d$。

②焊接电流 I_w 和通电时间 t_w 在电阻对焊时，焊接电流常以电流密度 j_w 来表示。电流密度和通电时间是工件加热的两个主要参数，两者可以在一定范围之内互相匹配。可以采用

大电流密度、短时间（即强焊接条件），也可以用小电流密度、长时间（即弱焊接条件）进行焊接。但条件过强时，容易产生未焊透缺陷；过弱时，会使接口端面严重氧化，接头区晶粒粗大，影响接头强度。

③焊接压力 F_w 与顶锻压力 F_u 电阻对焊时，在加热阶段的压力称焊接压力，在顶锻阶段的压力称顶锻压力。减小 F_w 有利于产生热，但不利于塑性变形。因此，宜用较小的 F_w 进行加热，而以大得多的 F_u 进行顶锻。焊接压力 F_w 不能过低，否则会引起飞溅，增加端面氧化，并在接口附近造成结构疏松。

4. 电阻对焊机

典型电阻对焊机的主要技术参数列于表 7 - 20。

表 7 - 20 典型电阻对焊机的主要技术参数

焊机型号	类别	额定功率/kVA	负载持续率/%	二次空载电压/V	夹紧力/N	顶锻力/N	碳钢焊接截面积/mm²
UN - 1	弹簧加压	1	8	0.5 ~ 1.5	80	40	1.1
UN - 3	弹簧加压	3	15	1 ~ 2	450	180	5.0
UN - 10	弹簧加压	10	15	1.6 ~ 3.2	900	350	50
UN1 - 25	人力 - 杠杆	25	20	1.76 ~ 3.52	偏心轮	—	300

7.4.2 闪光对焊

闪光对焊的基本特征是先闪光后顶锻。有连续闪光对焊和预热闪光对焊两种。前者焊接过程仅有闪光阶段和顶锻阶段，后者是在连续闪光对焊之前多一个预热阶段。

1. 闪光对焊的特点

闪光对焊接头形成的实质与电阻对焊基本相同，都是金属在高温塑性变形时，在接合面上进行再结晶，产生共同晶粒而形成接头的。但是，它们在工艺过程上有区别，电阻对焊主要由焊件自身的电阻产生的电阻热实现焊接，闪光对焊必须通过闪光过程，靠闪光时产生的接触电阻热实现焊接。正因为有这些差别，在加热结束时，电阻对焊和闪光对焊沿焊件轴线上的温度分布各不相同，电阻对焊的温度分布较为均匀，连续闪光对焊的温度分布最陡，预热闪光对焊则介于两者之间。

（1）闪光对焊的优点

①适用范围比电阻对焊宽。凡是可以锻造的金属，原则上都可以进行闪光对焊。

②接头可靠性高，强度比电阻对焊大。

③闪光对焊对工件待焊面的准备和清理要求不严格。

（2）闪光对焊的缺点

①焊接时喷出的熔融金属颗粒有造成火灾的危险，还可能使操作人员受飞溅烧伤，并可能损坏机器的滑轨、轴和轴承等。

②焊后在接头处形成毛刺（飞边），需要清除。为此可能需要专门设备而增加成本。尤其是管子闪光会产生焊后内壁上的毛刺，妨碍流体流动，会降低接头疲劳强度。

2. 闪光对焊的焊接循环

闪光对焊的焊接循环如图 7 - 15 所示。

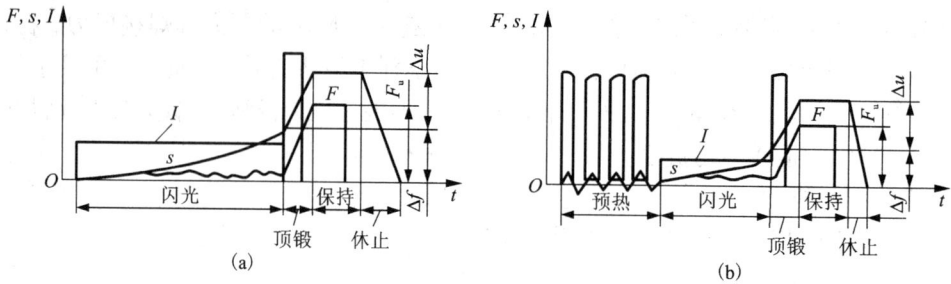

图 7 - 15 闪光对焊的焊接循环

(a)连续闪光对焊；(b)预热闪光对焊

I—电流；F—压力；S—位移；F_u—顶锻压力；Δf—闪光留量；Δu—顶锻留量

3. 闪光对焊工艺

(1)闪光对焊的接头形式

闪光对焊的接头形式见图 7 - 16。两工件对接面的几何形状和尺寸应基本一致，两工件的轴线可以是在一条直线上或互成一个角度。

(2)闪光对焊的焊接工艺参数

闪光对焊的焊接工艺参数有：焊件伸出长度、闪光电流、闪光留量、闪光速度、顶锻留量、顶锻速度、顶锻压力、顶锻电流和夹钳夹持力等。

①焊件伸出长度 L_0 与电阻对焊一样，L_0 影响沿工件轴向产生温度分布和接头的塑性变形。随着 L_0 增加，温度分布趋缓降，塑性温度区较宽，但焊件回路的阻抗增大，需用功率也要增大。一般地，对于棒材和厚壁管，$L_0 = (0.7 \sim 1.0)d$，d 为圆棒和管子的外径或方钢的边长。对于薄板($\delta = 1 \sim 4$ mm)，一般取 $L_0 = (4 \sim 5)\delta$。

不同金属对焊时，为了使两工件上的温度分布一致，通常是导电性和导热性差的金属 L_0 应较小。表 7 - 21 是不同金属闪光对焊的 L_0 参考值。

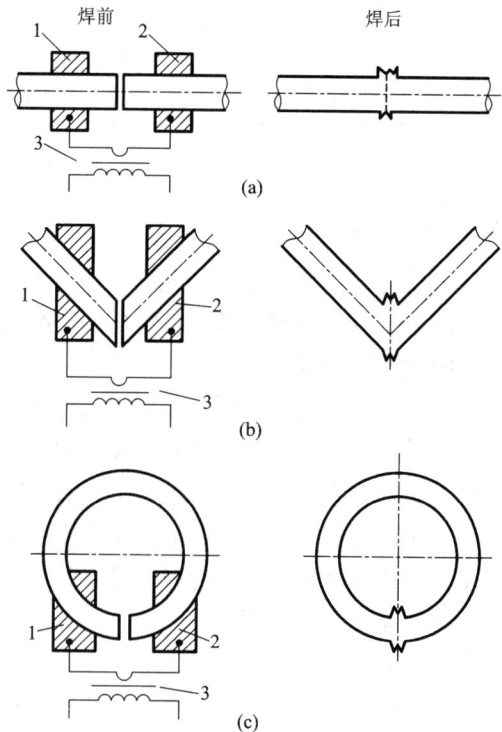

图 7 - 16 闪光对焊的接头形式

(a)直线对接；(b)角对接；(c)圆环对接

1—固定夹钳电极；2—可动夹钳电极；3—变压器

表 7 - 21　不同金属闪光对焊时的伸出长度

金属种类		伸出长度/mm	
左	右	左	右
低碳钢	奥氏体钢	1.2d	0.5d
中碳钢	高速钢	0.75d	0.5d
钢	黄铜	1.5d	1.5d
钢	铜	2.5d	1.0d

②闪光电流 I_f 和顶锻电流 I_u　I_f 取决于工件的截面积和闪光所需的电流密度 j_f。j_f 的大小又与被焊金属的物理性能、闪光速度、工件端面的面积和形状，以及端面的加热状态有关。一般在闪光过程中，随着闪光速度 V_f 的逐渐提高和接触电阻 R_c 的逐渐减小，j_f 将增大。顶锻时，R_c 迅速消失，电流将急剧增大到顶锻电流 I_u。表 7 - 22 列出了截面积为 200 ~ 1000 mm^2 焊件闪光对焊时闪光电流密度 j_f 和顶锻电流密度 j_u 的经验数据。

表 7 - 22　闪光对焊时 j_f 和 j_u 的经验数据

金属种类	$j_f/(A \cdot mm^{-2})$		$j_u/(A \cdot mm^{-2})$
	平均值	最大值	
低碳钢	5 ~ 15	20 ~ 30	40 ~ 50
高合金钢	10 ~ 20	25 ~ 35	35 ~ 50
铝合金	15 ~ 25	40 ~ 60	70 ~ 150
铜合金	20 ~ 30	50 ~ 80	100 ~ 200
钛合金	4 ~ 10	15 ~ 25	20 ~ 40

③闪光留量 Δf　Δf 是决定焊件端面加热深度的重要参数之一。Δf 太小，则加热深度不足，不能形成合适的液态金属层和塑性区。若 Δf 太大，则浪费金属和电能。一般 Δf 占总留量的 70% ~ 80%，而预热闪光对焊比连续闪光对焊小 30% ~ 50%。

④闪光速度 V_f　V_f 是决定闪光强烈程度的主要参数，闪光速度应足够大，以使闪光过程稳定进行，但 V_f 不宜过大，否则会使加热区过窄，难以达到塑性变形，合适的闪光速度应按被焊金属成分和性能，闪光前工件的预热状态来选取。

⑤顶锻留量 Δu　Δu 影响液态金属的排除和塑性变形的大小。过小的 Δu 会使液态金属残留于接口中，易形成疏松、缩孔和裂纹等缺陷；Δu 过大时也会引起晶粒严重弯曲，降低接头的性能。

顶锻时，为防止接口氧化，在端面接口闭合前不马上切断电源，因此顶锻留量应包括两部分——有电流顶锻留量和无电流顶锻留量，前者为后者的 0.5 ~ 1 倍。

⑥顶锻速度 V_u　V_u 对闪光对焊接头的性能有较大的影响。加快顶锻速度可以减少对接端面熔化金属的氧化，利于排除液态金属和进行足够的塑性变形。保证接头性能的最低顶锻

速度取决于被焊金属的性能。焊接奥氏体钢的最小顶锻速度约为焊接珠光体钢的2倍。导热性好的金属(如铝合金)焊接时需要很高的顶锻速度(150~200 mm/s)。

⑦顶锻压力 F_u F_u 通常以单位面积的压力即顶锻压强来表示。顶锻压强的大小应保证能挤出接口内的液态金属,并在接头处产生一定的塑性变形。顶锻压强过小,则变形不足,接头强度下降;压强过大,则变形量过大,晶纹弯曲严重,接头的韧性下降。顶锻压强值的选择取决于被焊金属的性能、顶锻留量、顶锻速度和焊件端面形状等因素。高温强度较高的金属要求较大的顶锻压强,导热性好的金属(铜、铝及其合金)闪光对焊时,由于温度梯度较大,应选择较大的顶锻压强(150~400 MPa)。

⑧夹钳的夹持力 F_c F_c 应保证焊件在顶锻时不打滑。F_c 与顶锻压力 F_u 和工件与夹钳间的摩擦系数 f 有关。它们的关系是:$F_c \geqslant F_u/2f$。在一般情况下,$F_c = (1.5~4.0)F_u$。低碳钢可取下限值,冷轧不锈钢则取上限制。如果在夹钳上加止退装置(阻止焊件轴向移动的挡铁),则可大大降低夹紧力,在这种情况下,$F_c = 0.5F_u$ 已足够了。

⑨预热温度和预热时间 预热温度可根据焊件的截面积和被焊金属的性能来选择。对于低碳钢接头,预热温度通常在700℃~900℃,当焊件截面积增大时,应相应提高预热温度。预热时间与焊机的功率、所要求的预热温度、焊件的截面积及被焊金属的性能有关,可在较大范围内调整。

4. 常用金属的闪光对焊

在制订某种金属零件的闪光对焊工艺时,须综合考虑下列因素:

(1)该金属材料的性能及其对闪光对焊工艺过程的影响。

(2)焊件的几何形状和尺寸。

(3)现有的设备条件。

表7-23列出了各类钢材闪光对焊的典型焊接工艺参数。

表7-23 各类钢材闪光对焊主要工艺参数参考值

类　别	平均闪光速度/(mm·s⁻¹)		最大闪光速度/(mm·s⁻¹)	顶锻速度/(mm·s⁻¹)	顶锻压力/MPa		焊后热处理
	预热闪光	连续闪光			预热闪光	连续闪光	
低碳钢	1.5~2.2	0.8~1.5	4~5	15~30	40~60	60~80	不需要
中碳钢及低合金钢	1.5~2.5	0.8~1.5	4~5	≥30	40~60	100~110	缓冷、回火
高碳钢	≤1.5~2.5	≤0.8~1.5	4~5	15~30	40~60	110~120	缓冷、回火
珠光体高合金钢	3.5~4.5	2.5~3.5	5~10	30~150	60~80	110~180	回火、正火
奥氏体钢	3.5~4.5	2.5~3.5	5~8	50~160	100~140	150~220	不需要

5. 闪光对焊机

典型闪光对焊机的主要技术参数列于表7-24。

表7-24 典型闪光对焊机的主要技术参数

焊机型号	类别	送进机构	额定功率/kVA	负载持续率/%	二次空载电压/V	夹紧力/kN	顶锻力/kN	碳钢焊接截面积/mm²
UN1-75		杠杆	75	20	3.52~7.04	螺旋	30	600
UN2-150-2		电动机-凸轮	150	20	4.05~8.10	100	65	1000
UN-40	通用		40	50	3.7~6.3	45	14	320
UN17-150-1		气压-液压	150	50	3.8~7.6	160	80	1000
UN7-400	轮圈专用		400	50	6.55~11.18	680	340	2000
UY-125	钢窗专用		125	50	5.51~10.85	75	45	400

7.5 技能训练:制冷设备中铜管与铝管闪光对焊实例

制冷设备中铜管与铝管的闪光对焊属于异种金属的焊接。两个管子的外径均为8 mm,铝管壁厚为1.3 mm,铜管壁厚为1.5 mm,由于铝的熔点低,焊接时烧损比铜大,同时也为了获得较好的热平衡,往往把铝管的伸出长度调整为铜管的10倍。为了得到成形良好的接头,方便地除去管子外部的毛刺,实际焊接中采用了带有工具钢镶块的电极夹钳。其焊接工艺参数见表7-25。

表7-25 制冷设备中铜管与铝管闪光对焊的工艺参数

伸出长度		闪光电流/A	闪光时间/s	闪光留量/mm	顶锻电流/A	顶锻时间/s	顶锻留量/mm	顶锻力/kN	夹紧力/kN
铜管	铝管								
0.76	0.76	9000	1	5	19000	0.033	2.5	22.24	4.45

【小结】

知识点

1. 电阻焊的实质、分类及特点;
2. 点焊、缝焊及对焊的工艺特点。

能力点

1. 点焊、缝焊及对焊的应用;
2. 电阻焊设备的使用。

【综合训练与思考】

一、填空题

1. 电阻焊按工艺方法分 _____、_____、_____、_____。
2. 普通点焊循环包括 _____、_____、_____ 和 _____ 四个阶段。
3. 点焊焊接参数通常根据 _____ 和 _____ 来选择。
4. 对焊有 _____ 及 _____ 两种。
5. 连续闪光对焊有 _____、_____ 两个过程;预热闪光对焊则有

_____、_____、_____ 三个过程。

二、判断题

1. 电阻点焊时，焊接电流对发热量的影响较大，熔核尺寸及焊点强度随焊接电流增大而迅速增加。　　　　　　　　　　　　　　　　　　　　　　　　　　　　　　　（　　）

2. 电阻焊焊件与电极之间的接触电阻对电阻焊过程是有利的。　　　　　　　　（　　）

3. 电阻焊中电阻对焊是对焊的主要形式。　　　　　　　　　　　　　　　　　（　　）

4. 点焊时对搭接宽度的要求是以满足焊点强度为前提的，厚度不同的工件所需焊点直径不同，对搭接宽度要求就不同。　　　　　　　　　　　　　　　　　　　　　（　　）

5. 点焊焊点间距是以满足结构强度要求所规定的数值。　　　　　　　　　　　（　　）

6. 闪光对焊接过程主要由闪光(加热)和随后的顶锻两个阶段组成。　　　　　（　　）

7. 闪光对焊的顶锻速度越快越好。　　　　　　　　　　　　　　　　　　　　（　　）

三、选择题

1. 闪光对焊焊件伸出长度(棒材和厚壁管材)一般为直径的(　　)。

A. 0.5 倍　　　　　　　B. 0.7~1 倍　　　　　　C. 1.5 倍　　　　　　D. 2 倍

2. 闪光对焊机周围(　　)内应无易燃易爆物品，并备有专用消防器材。

A. 5 mm　　　　　　　B. 10 mm　　　　　　　C. 15 mm　　　　　　D. 20 mm

3. 低碳钢电阻点焊时，当被焊钢板的厚度为 0.8 mm 时，最小点距一般可选择为(　　)

A. 6 mm　　　　　　　B. 32 mm　　　　　　　C. 12 mm　　　　　　D. 22 mm

四、问答题

1. 什么是电阻焊? 电阻焊有哪些优点?

2. 什么是强条件(硬规范)焊接和弱条件(软规范)焊接?

五、思考题

1. 图 7-17 是闪光对焊的两种接头形式，其中都有一处错误，请结合实际将其改正过来。

2. 图 7-18 是一点焊电极的构造，其中，L 为电极长度、L_2 为插入长度、L_1 为工作长度，试结合实际并查询有关资料，说明 D、d_1、d_2、d_3 的含义。

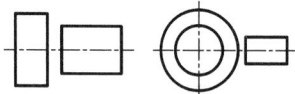

图 7-17

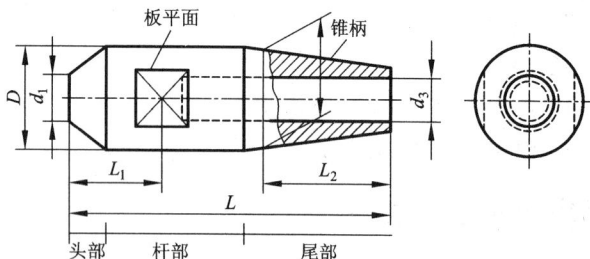

图 7-18

模块八

其他焊接方法

[学习指南]

1. 掌握其他焊接方法的基本原理、特点和分类；

2. 了解现代生产中适合这些焊接方法应用的范围和操作要点。

重点：其他焊接方法的基本原理、特点和应用。

难点：其他焊接方法安全措施与装备。

[相关链接]

激光焊接的最新进展

1. 新型激光器

(1) 直流板条式(DC Slab)CO_2激光器。这种激光器被誉为CO_2激光器新的里程碑，光束质量极好($k > 0.8$)、消耗气体少($0.3\ L/h$)、运行可靠、免维修、运行费用低，商品型的功率已达 3500 W。

(2) 二极管泵浦的 YAG 激光器。二极管泵浦可以使用近 20000 h，而使用 LAMP 泵浦时，500 h 左右就要更换泵浦灯，该类激光器商品型的功率已达 5000 W。

(3) CO 激光器。CO 激光波长为 5.3 μm，是CO_2激光波长的一半，发散角也为CO_2激光的一半，同样的条件下，PD 为CO_2的 4 倍。

(4) 半导体激光器。波长 0.85 ~ 1.65 μm，可用光纤传输、体积小、输出功率已达 3 kW。

(5) 准分子激光器。波长 193 ~ 351 nm，处于紫外波段，约是 YAG 激光器产生波长的 1/5 和CO_2激光波长的 1/50，单光子能量比大部分分子的化学键能都高，能深入材料分子内部进行加工，加工机理基于光化学作用，在非放热效应下进行，因此材料变形极小。准分子激光器还可调谐，功率水平在实验室已达千瓦级。

2. 激光器功率的大型化、脉冲方式以及高质量的光束模式

以美国 PRC(Penn Research Corporation)公司(北美最大的快速轴流CO_2激光器制造厂家)为例，几年前，用于切割的CO_2激光器功率主要是 1500 ~ 2000 W，而近期的主导产品是 4000 ~ 6000 W，6000 W 可切割的不锈钢厚度、碳钢厚度分别为 35 mm 和 40 mm。

PRC 激光器有三种脉冲方式。切割金属板开始要打孔时，采用超脉冲可使金属立即蒸发

而形成穿孔；切割时使用门脉冲可减小热影响区，割缝窄、切割面光洁度高；采用超强脉冲（Hyperpulse）焊接反射性极强的 Al、Cu 时，脉冲尖峰先将材料表面温度升高甚至熔化，以提高材料对激光能量的吸收，使连续波焊接稳定进行；对于表面镀锌材料，超强脉冲的尖峰可将其蒸发，以利于连续波激光焊接的进行；切割时采用超强脉冲，能减少甚至消除挂渣现象。不同功率范围的激光用于不同目的时，对光束模式的要求也不同。

3. 设备的智能化及加工的柔性化

尤其是对 YAG 激光来说，用光纤传输给加工带来了极大的方便。瑞士 LASAG 公司的 FLS 系列 YAG 固体激光机在这方面颇有代表性。其主要特点是：①一机多用，一台激光机同时具有焊接、切割、打孔和剥离（Laser Ablation）等功能。②采用一台激光机可进行多工位（可达 6 个）加工。既可进行不同工位的分时加工，也可进行几个（多至 6 个）工位的同时加工（能量多工位分配）。③光纤长度（从激光加工机到工位的距离）最长可达 60 m。④开放式的控制接口，可与 CNC、PLC、PC 等直接相连。⑤具有远距离诊断功能。

4. 束流的复合

束流的复合最主要的是激光—电弧复合（Laser Arc Hybrid）。复合加工时，激光产生的等离子体有利于电弧的稳定；复合加工可提高加工效率；可提高焊接性差的材料诸如铝合金、双相钢等的焊接性；可增加焊接的稳定性和可靠性；通常，激光加丝焊是很敏感的，通过与电弧的复合，则变的容易而可靠。激光—电弧复合主要是激光与 TIG、Plasma 以及 GMA。通过激光与电弧的相互影响，可克服每一种方法自身的不足，产生良好的复合效应。

8.1 电渣焊

电渣焊是利用电流通过液态熔渣产生的电阻热进行焊接的方法，可一次完成任意厚度工件的焊接，是 40 mm 以上厚板接头的经济而优质的一种焊接方法。电渣焊已广泛应用于大型电站锅炉、大型水轮机、重型机械、大吨位船舶、大型冶金设备和核能装置等重型部件的制造。

8.1.1 电渣焊的原理与特点

1. 电渣焊的原理

电渣焊原理如图 8-1 所示。焊前先把工件垂直放置，两工件间预留一定间隙（一般为 20～40 mm），并在工件上、下两端分别装好引弧槽和引出板，在工件两侧表面装好强迫成形装置。由于高温的液态熔渣具有一定的导电性，焊接电流流经渣池时在渣池内产生大量电阻热将工件边缘和焊丝熔化，熔化的金属沉积到渣池下面形成金属熔池。随着焊丝的不断卷进，熔池不断上升并冷却凝固形成焊缝。由于熔渣始终浮于金属熔池的上部，不但保证了电渣过程的顺利进行，而且对金属熔池起到了良好的保护作用。随着熔池不断上升，焊丝送进装置和强迫成形装置也

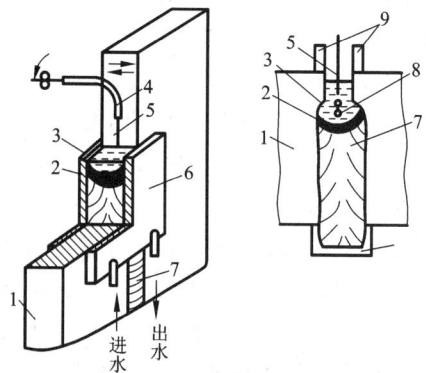

图 8-1 电渣焊原理示意图

1—焊件；2—金属熔池；3—渣池；
4—导电嘴；5—焊丝；6—冷却滑块；
7—焊缝；8—金属熔滴；9—引出板

随之不断提升，焊接过程得以连续进行。

2. 电渣焊的特点

（1）生产率高

对于一定厚度的焊件，电渣焊可以一次焊好，且不必开坡口。还可以一次焊接焊缝截面变化大的焊件。因此电渣焊要比电弧焊的生产效率高得多。

（2）经济效益好

电渣焊的焊缝准备工作简单，大厚度焊件不需要进行坡口加工即可进行焊接，因而可以节约大量金属和加工时间。此外，由于在加热过程中，几乎全部电能都经渣池转换成热能，因此电能的损耗量小。

（3）宜在垂直位置焊接

当焊缝中心线处于垂直位置时，电渣焊形成熔池及焊缝成形条件最好，因此适合于垂直位置焊缝的焊接。

（4）焊缝缺陷少

电渣焊时，渣池在整个焊接过程中总是覆盖在焊缝上面，一定深度的渣池使液态金属得到良好的保护，以避免空气的有害作用，并对焊件进行预热，使冷却速度放缓，有利于熔池中气体、杂质有充分的时间析出，生成焊缝不易产生气孔、夹渣以裂纹等缺陷。

（5）焊接接头晶粒粗大

这是电渣焊的主要缺点。电渣热过程的特点造成焊缝和热影响区的晶粒大，使焊接接头的塑性和冲击韧性降低。但是通过焊后热处理，能够细化晶粒，满足对焊件力学性能的要求。

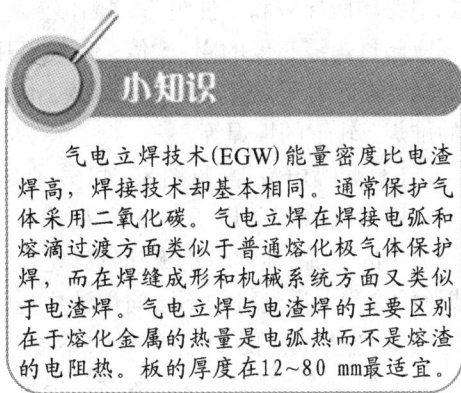

> **小知识**
>
> 气电立焊技术（EGW）能量密度比电渣焊高，焊接技术却基本相同。通常保护气体采用二氧化碳。气电立焊在焊接电弧和熔滴过渡方面类似于普通熔化极气体保护焊，而在焊缝成形和机械系统方面又类似于电渣焊。气电立焊与电渣焊的主要区别在于熔化金属的热量是电弧热而不是熔渣的电阻热。板的厚度在12~80 mm最适宜。

8.1.2 电渣焊的分类及应用

1. 电渣焊的分类

电渣焊按电极形式的不同，可分为丝极电渣焊、板极电渣焊和熔嘴电渣焊等。

（1）丝极电渣焊（图8-2）

丝极电渣焊将焊丝作为电极，焊丝通过导电嘴送入渣池，导电嘴和焊接机头随金属熔池的上升同步向上提升。焊接较厚的工件时可以采用多根焊丝，但焊接设备和技术较为复杂；为了增加所焊工件的厚度并使母材在厚度方向上受热熔化均匀，还可以同时使焊丝在接头间隙中往复摆动以获得较均匀的熔宽和熔深。这种焊接方法由于焊丝在接头间隙中的位置及焊接参数都容易调节，从而易于控制熔宽和熔深，故一般适用于40 mm以上厚度焊件、较长焊缝的焊接和环焊缝焊

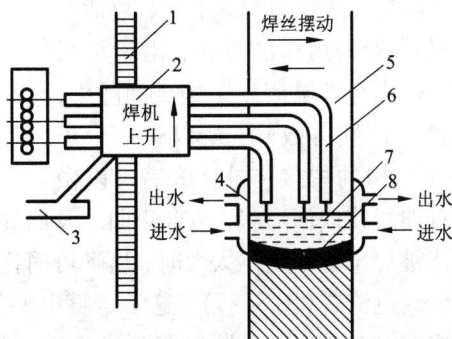

图8-2 丝极电渣焊示意图

1—导轨；2—焊机机头；3—控制台；4—冷却滑块；
5—焊件；6—导电嘴；7—渣池；8—熔池

接。但这种焊接方法的设备及操作较复杂，而且由于机头位于焊缝一侧，只能在焊缝另一侧安设控制变形的定位铁，以致焊后会产生角变形，故在一般对接焊缝、T形焊缝中较少采用。

（2）板极电渣焊（见图8-3）

板极电渣焊的电极为板条状，通过送进机构将板极不断向熔池中送进。可根据被焊工件厚度的不同采用一块或数块金属板条进行焊接。单板极由于沿板极宽度方向热能分布不均使焊缝熔宽不均匀，呈明显的腰鼓形，用多板极时成形可有所改善。板极可以是铸造的也可以是锻造的，甚至可用边角料制成，尤其适于不宜拉拔成焊丝的合金钢材料的焊接和堆焊。板极在焊接过程中无须作横向摆动，因而设备、工艺简单。但板极电渣焊的板极送进设备高大，焊接过程中板极易在接头间隙中晃动而导致和工件短路，操作较为复杂，所以一般不应超过焊缝长度的4~5倍，一般不用于普通材料的焊接，较适用于大段短焊缝的焊接，目前多用于模具钢的堆焊、轧辊的堆焊等。

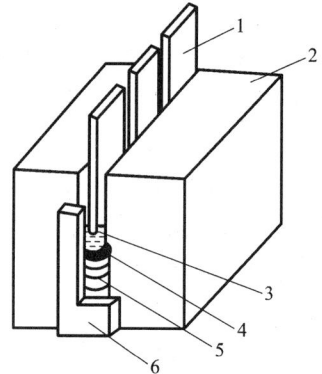

图8-3　板极电渣焊示意图

1—板极；2—工件；3—渣池；4—金属熔池；
5—焊缝；6—强迫成形装置

（3）熔嘴电渣焊（见图8-4）

熔嘴电渣焊的电极由固定在接头间隙中的熔嘴（通常由钢板和钢管定位焊而成）和由送丝机构不断向熔池中送进的焊丝构成。随焊接厚度的不同，可以采用单个熔嘴或多个熔嘴。根据工件的具体形状，熔嘴可以是规则或不规则的形状。

熔嘴电渣焊设备简单，操作方便，目前已成为对接焊缝和T形焊缝的主要焊接方法。此外，该方法焊机体积小、焊接时机头位于焊缝上方，故适合于梁体等复杂结构的焊接；由于可采用多个熔嘴且熔嘴固定于接头间隙中，不易产生短路等故障，所以很适合于大截面结构的焊接，同时熔嘴可以做

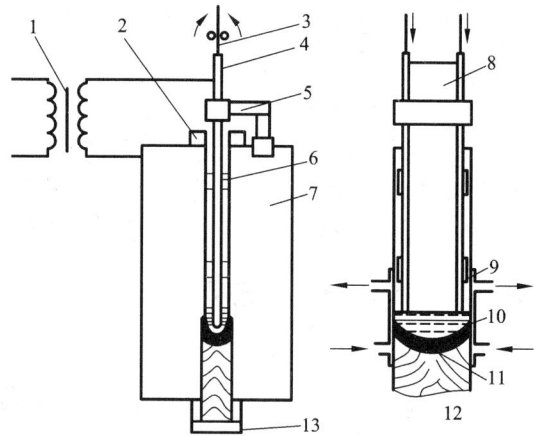

图8-4　熔嘴电渣焊示意图

1—电源；2—引出板；3—焊丝；4—熔嘴钢管；5—熔嘴夹持架；
6—绝缘块；7—工件；8—熔嘴；9—水冷成形滑块；
10—渣池；11—金属熔池；12—焊缝；13—引弧槽

成各种曲线或曲面形状，适合于曲线及曲焊缝如大型船舶的艉柱等的焊接。

当被焊工件厚度不太大时，熔嘴可简化为一根或两根管子（在外面涂上涂料），因此也可称为管极电渣焊（图8-5），这是熔嘴电渣焊的一个特例。管极电渣焊的电极为固定在接头间隙中的涂料钢管和不断向渣池中送进的焊丝。因涂料有绝缘作用，故管极不会和工件短路，可以缩小装配间隙，因而管极电渣焊可节省焊接材料、提高焊接生产率；由于工件厚度不太大时可只采用一根管极，操作方便且管极易于弯成各种曲线形状，故管极电渣焊多用于中等厚度（20~60 mm）的工件及曲面焊缝的焊接。此外，还可以通过管极上的涂料适当地向

焊缝中掺入合金，这对细化焊缝晶粒有一定作用。

（4）电渣压力焊

除上述的电渣焊方法外，生产中应用较多的还有一种被称为电渣压力焊的方法（图8 - 6）。电渣压力焊主要用于钢筋混凝土建筑工程中竖向钢筋的连接，所以也叫钢筋电渣压力焊，它具有电弧焊、电渣焊和压力焊的特点，在焊接方法的分类上属于熔化压力焊的范畴。

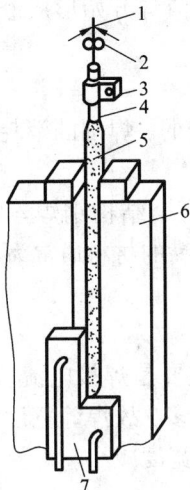

图8 - 5　管极电渣焊示意图

1—焊丝；2—送丝滚轮；3—管极夹持机构；4—管极钢管；

5—管板涂料；6—工件；7—水冷成形滑块

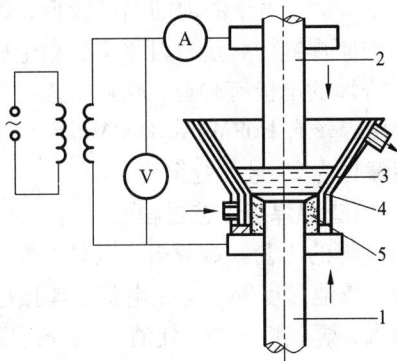

图8 - 6　电渣压力焊示意图

1—工件；2—顶压机构；3—渣池；

4—水冷套；5—金属熔池

钢筋电渣压力焊是将两钢筋，采用对接形式安放在竖直位置，利用焊接电流通过端面间隙，在焊剂层下形成电弧过程和电渣过程，产生电弧热和电阻热熔化钢筋端部，最后加压完成连接的一种焊接方法。

钢筋电渣压力焊操作方便、效率高、质量好、成本低，适用于现浇混凝土结构竖向或斜向（倾斜度在4∶1内）钢筋的连接，钢筋的级别为Ⅰ、Ⅱ级，直径为14～40 mm。钢筋电渣压力焊主要用于柱、墙、烟囱、水坝等现浇混凝土结构（建筑物、构筑物）中竖向受力钓船的连接，但不得在竖向焊接之后再横置于梁、板等构件中作水平钢筋之用，这是由其工艺特点和接头性能决定的。

2. 电渣焊的应用

电渣焊适用于焊接厚度较大的工件（最大厚度达300 mm）、难于采用埋弧焊或气电焊的某些曲线或曲面焊缝、由于现场施工或起重设备的限制必须在垂直位置焊接的焊缝以及大面积的堆焊等。

电渣焊不仅是一种优质、高效、低成本的焊接方法，而且还为生产、制造大型构件和重型设备开辟了新途径。一些外形尺寸和质量受到生产条件限制的大型铸造和锻造结构借助于电渣焊方法，可用铸 - 焊或锻 - 焊结构来代替，从而使企业的生产能力得到显著提高。

8.1.3 电渣焊工艺

1. 电渣焊焊接材料

（1）电渣焊焊剂

目前常用电渣焊焊剂有 HJ360、HJ170、HJ360，都是中锰高硅中氟焊剂，用于焊接大型低碳钢和某些低合金结构。HJ170 固态时具有导电性，用于电渣焊开始形成渣池。除上述专用焊剂外，HJ431 也广泛用于电渣焊焊接。

（2）电渣焊的电极材料

电渣焊时，由于渣池的温度较低，熔渣与金属冶金反应较弱，焊剂的消耗量又少，难以通过焊剂向焊缝渗合金，因此主要靠电极直接向焊缝渗合金。

电渣焊的电极有焊丝、熔嘴、板极等。生产中多采用低合金结构钢焊丝或材料作为电极，常用焊丝有 H08MnA、H08Mn2SiA、H10Mn2 等，板极和熔嘴的材料通常为 Q295（09Mn2）等，熔嘴管为 20 号无缝钢管。

2. 电渣焊焊接工艺过程

电渣焊的工艺参数较多，但对于焊缝成形影响比较大的主要是焊接电流、焊接电压、装配间隙、渣池深度等。焊接电流、焊接电压增大，渣池热量增多，故焊缝宽度增大。但焊接电流过大，焊丝熔化快、使渣池上升速度增加，反而会使焊缝宽度减小。焊接电压过大会破坏电渣过程的稳定性。

电渣焊多采用交流电源，电渣焊电源必须是空载电压低、感抗小（不带电抗器）的平特性电源，三相供电，其二次电压应具有较大的调节范围。目前国内常用的电渣焊电源有 BP1 – 3 × 1000 和 BP1 – 3 × 3000 变压器，典型电渣焊机有 HS – 1000 型等。下面仅对直缝丝极电渣焊操作工艺技术进行分析。直缝丝极电渣焊的操作过程大致分为引弧造渣、焊接和收口三部分。

（1）引弧造渣

引弧造渣是丝极电渣焊最难掌握的一种操作技术，操作程序为：先在引弧槽内添加细碎的铁屑或专用的引弧剂，然后以单丝低速向引弧槽底部送进，直至与铁屑层轻微接触，接着启动焊接电源引弧。引燃电弧后，立即均匀地添加焊剂，直到渣池深度达到规定值时，即可将焊接电压和送丝速度调到正常值，并开动焊机，进入正常焊接过程。

（2）焊接过程

在正常电渣焊接过程中，保持焊接工艺参数的恒定才会获得稳定的焊接过程并形成高质量的焊缝。为此，在操作中应注意经常观察并测量渣池深度，及时添加焊剂，使渣池深度始终保持在规定的范围之内。同时要监视焊接电流表和焊接电压表，当出现较大的偏差时立即调整。应时刻注视导电嘴和焊丝在接缝间隙中的位置，如采用摆动焊丝的技术时，应注意使导电嘴沿接缝间隙的中心线摆动，这样不致偏离。焊接过程中冷却滑块和冷却垫板与工件侧壁表面应紧密贴合，保持送丝速度，添加适量焊剂，保证渣池深度。

（3）收口技术

当渣池升至引出板部位时，可适当降低送丝速度和焊接电压，逐渐把渣池和金属熔池上部引出工件之外。当渣池表面离工件端面的距离大于渣池深度约 20 mm 时，开始收口操作程序，将焊接电压和送丝速度逐级减小，直到填满金属熔池的缩孔，最后切断焊接电源。不应过早地松开冷却滑块，应待引出板中渣池基本凝固后，再移开电渣焊机头。

8.2　高能束焊

高能束焊是用光量子、电子、等离子为能量载体的高能量密度束流(激光束、电子束、等离子束)实现对材料和构件焊接的新型特种焊接方法。它能大大改善材料的焊接性,焊接许多难以用其他方法焊接的材料和结构。它是当今世界高科技与制造技术结合的产物,是制造工艺发展的前沿领域和重要方向中不可缺少的特种焊接技术。本小节仅介绍真空电子束焊和激光焊这两种方法。

8.2.1　真空电子束焊

真空电子束焊是利用加速和聚焦的电子束轰击置于真空或非真空中的焊件所产生的热能进行焊接的方法。真空电子束焊是电子束焊的一种,是目前发展较成熟的一种先进工艺。现已在核、航空、航天、仪表、工业制造等工业上获得了广泛应用。

1. 真空电子束焊工作原理

电子束是从电子枪中产生的,如图8－7所示。电子枪的阴极通电加热到高温而发射出大量电子,电子在加速电压的作用下以0.3~0.7倍的光速经电子枪静电透镜和电磁透镜的作用,聚成一束(动能)极大的电子束。这束电子束以极高的速度撞击焊件的表面,电子的动能转变为热能,使金属迅速熔化和蒸发。强烈的金属气流将融化的金属排开,使电子束继续撞击深处的固态金属,很快在被焊焊件上"钻"出一个锁型小孔(匙孔)。小孔被周围的液态金属包围,随着电子束与焊件的相对移动,液态金属沿小孔周围流向熔池后部逐渐冷却、凝固,形成焊缝。

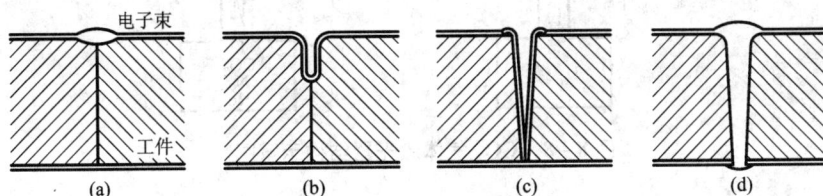

图8－7　电子束焊的焊缝形成原理

(a)接头局部熔化、蒸发;(b)电子束"钻入"母材;(c)电子束穿透工件;(d)电子束后方形成焊缝

2. 真空电子束焊的特点

真空电子束焊与其他焊接方法相比,具有如下优点。

(1)电子束密度很高,为电弧焊的5000~10000倍,焊接速度快。又因焊接时的电流很小,焊接的热影响区和变形极小。

(2)电子束穿透能力强,焊缝深宽比为50:1,而焊条电弧焊的深宽比约为1:1.5,埋弧焊约为1:1.3,所以电子束焊焊接时可以不开坡

小知识

电子束焊最新发展:超高压电子束焊机在日本已问世,一次可焊200mm的不锈钢。日、俄、德开展了双枪及填丝电子束焊技术的研究。日本可采用双枪实现了薄板的超高速焊接,反面无飞溅,成形良好。法国和波兰的学者共同研制了真空电子束焊安装于真空室中的非接触测温装置,该装置可排除随机的热流的干扰,测量精度高。

口，能实现单面大厚度焊接，比电弧焊节省材料和能量消耗数十倍。

（3）真空环境下焊接，不仅可防止熔化金属受到氢气、氧气、氮气等的污染，而且有利于焊缝金属的初汽和净化。

（4）真空电子束焊能焊接其他焊接工艺难以或根本不能焊接的形状复杂的焊件，能焊接特种金属，难溶金属和某些非金属材料，也适用于一种金属以及金属与非金属件的焊接及热处理后的零件与缺陷的修补。

真空电子束焊的主要缺点是设备复杂，成本高，使用维护较困难，对接头装配质量要求严格及需要防护 X 射线等。

8.2.2 激光焊

激光是一种新能源，是比等离子弧更为集中的热源。激光可用来焊接、切割、打孔或进行其他加工，激光焊是当今先进的制造技术之一。

1. 激光焊的基本原理

激光与普通光不同，具有能量密度高（可达 $10^5 \sim 10^{13}$ W/cm^2）、单色性好与方向性强的特点。激光焊就是利用激光器产生的单色性方向性非常好的激光束，光学聚焦为直径 10 μm 的焦点（能量密度达 10^6 W/cm 以上），将光能转变为热能，从而熔化金属进行焊接。图 8 – 8 为 CO_2 气体激光器的结构示意图，图 8 – 9 为 YAG 脉冲固体激光器的结构示意图。

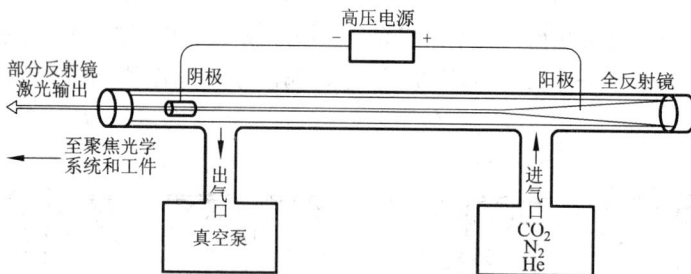

图 8 – 8　CO_2 气体激光器结构示意图

激光器通过高压电源获得能量，同类的分子群受电能激发并吸收电能，以特定频率的光子形式瞬间释放所储存的能量。产生激光的关键步骤是在激光器中安装光学谐振回路（谐振腔），并使其与受激气体或固体分子产生的光子频率相协调。该谐振回路的工作原理与发声管相似。发声管是利用气流产生共振而发声，激光发生器利用高压产

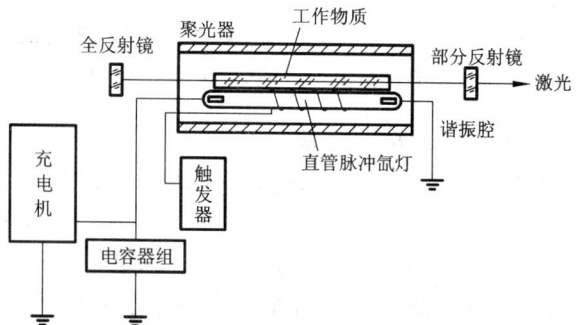

图 8 – 9　YAG 脉冲固体激光器结构示意图

生谐振而发光。CO_2 气体或固体激光器通过谐振回路吸收能量，同时释放相同频率的光子产生激光。反射镜和透镜组成的光学系统将激光聚焦并传递到被焊工件上。大多数激光焊可在

计算机控制下完成，焊件可以通过二维或三维计算机驱动的平台（如数控机），也可以固定工件，通过改变激光束的位置来完成焊接过程。

2. 激光焊的特点

（1）能准确聚焦很小的光束（直径 10 mm）。焊缝极为窄小、变形极小、热影响区极窄。

（2）功率密度高、加热集中，可获得熔宽比大的焊缝（目前已达 12：1），不开坡口单道焊接钢板的厚度已达 50 mm。

（3）焊接过程非常快，焊件不易氧化。另外，不论是在真空、保护气体或在空气中，焊接效果几乎是相同的。

（4）激光焊的不足是设备的一次性投资大、设备较复杂，对高反射率的金属直接进行焊接较困难。

由于激光焊有以上特点，所以常用于仪器、微型电子中的超小型原件及航天技术中特殊材料的焊接。激光焊可以焊接同种或异种材料，如铅、铜、银、不锈钢、镍、锆、铌及难溶金属钽、钼、钨等。

3. 激光焊的分类

根据激光的输出方式，激光焊可分为连续激光焊和脉冲激光焊。

根据实际作用在工件上的功率密度，激光焊接可分为热传导焊接（功率密度）和深熔焊接（功率密度）。热传导焊接时，工件表面温度不超过材料的沸点，工件吸收的光能转变为热能后，通过热传导将工件熔化，无小孔效应发生，焊接过程与非熔化极电弧相似，熔池形状近似半球形。

深熔焊接时，金属表面在光束作用下，温度迅速上升到沸点，金属迅速蒸发形成的蒸汽压力、反冲力等能克服熔融金属的表面张力以及液体的静压力等而形成小孔。激光束可直接深入材料内部，所以也叫小孔型或穿孔型焊接，光斑的功率密度更高时，所产生的小孔能贯穿整个板厚，因而能获得深宽比大的焊缝。图 8 - 10 为激光深熔焊接示意图。

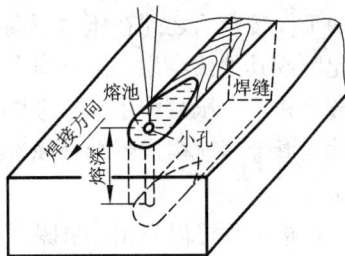

图 8 - 10 激光深熔焊接示意图

4. 激光焊复合技术

单纯的激光焊由于激光束流小，因此对接的间隙要求比较高，熔池的搭桥能力较差，同时由于反射、等离子云等问题，影响焊接过程的稳定性，光能利用率低、能量浪费大，严重影响了激光焊应用的进一步发展。运用激光焊复合技术能够较好地解决这些问题。

激光焊复合技术是指将激光焊与其他焊接组合起来的集约式焊接技术，是为了克服单纯激光焊的不足、扩展激光焊的应用而发展起来的一种新的工艺技术。

近年来，激光焊复合技术发展很快，已应用于实际生产。目前，激光焊接复合技术主要有激光 - 电弧焊、激光 - 高频焊、激光 - 压焊等形式。图 8 - 11 是等离子电弧加强激光焊示意图，焊接的

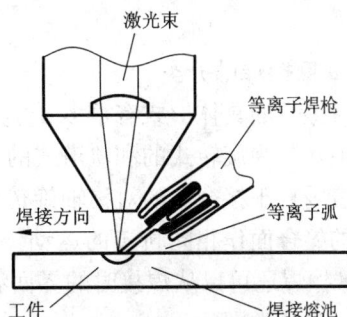

图 8 - 11 等离子电弧加强激光焊

主要热源是激光，等离子电弧起辅助作用。

8.3 摩擦焊

摩擦焊是利用工件接触端面相对旋转运动中相互摩擦所产生的热，使端部达到热塑性状态，然后迅速顶锻，完成焊接的一种压焊方法。

1956 年以来，摩擦焊在国内外得到了迅速发展。到目前为止，全世界在生产上应用的摩擦焊机已有 5000 台左右，每年大约生产 10 亿件产品。

我国是研究、应用摩擦焊最早的国家之一，在电力电气、电机变压器、电站锅炉、汽车拖拉机、金属切削刀具、轻工机械和石油钻探等工业部门，已应用摩擦焊方法生产各种铝 – 铜过渡接头、铜 – 不锈钢水电接头、锅炉蛇形管和阀门、内燃机排气门和轴瓦、圆柄刀具、纺织机梭芯和石油钻杆等产品。

8.3.1 摩擦焊的原理、分类及特点

1. 摩擦焊的原理

在压力作用下，待焊界面通过相对运动进行摩擦，机械能转变为热能。对于给定的材料，在足够的摩擦、压力和足够的相对运动速度下，被焊材料的温度不断上升。随着摩擦过程的进行，工件产生一定的塑性变形，在适当时刻停止工件间的相对运动，同时施加较大的顶锻力并维持一定的时间，即可实现材料间的固相连接。

两工件接合面之间在压力下高速相对摩擦便产生两个很重要的效果：一是破坏接合面上的氧化膜或其他污染层，使干净金属暴露出来；二是使接合面很快形成热塑性层。在随后的摩擦转矩和轴向压力作用下，这些破碎的氧化物和部分塑性层被挤出接合面形成飞边，剩余的塑性变形金属就构成焊缝金属。最后的顶锻使焊缝金属进一步锻造，形成了质量良好的焊接接头。

从焊接过程可以看出，摩擦焊接头是在被焊金属熔点以下形成的，所以摩擦焊属于固相焊接。摩擦焊共同的特点是工件高速相对运动，加压摩擦，加热至红热状态后工件旋转停止的瞬间加压顶锻。整个焊接过程在几秒至几十秒之内完成。因此，具有相当高的焊接效率。摩擦焊过程中无需加任何填充金属，也不需焊剂和保护气体，因此也是一种低耗材的焊接方法。

2. 摩擦焊的分类

摩擦焊的具体形式有很多，分类的方法也各种各样。根据工件相对摩擦运动的轨迹，可将摩擦焊分为旋转式的和轨道式的。旋转式摩擦焊的基本特点是至少有一个工件在焊接过程中绕着垂直于接合面的对称轴旋转。这类摩擦焊是使一工件接合面上的每一点都相对于另一工件的接合面作相同轨迹的运动。轨道式摩擦焊主要用于焊接非圆形截面的工件。除此之外，摩擦焊还可以从焊接时的界面温度、采取的工艺措施等方面进行分类。图 8 – 12 是摩擦焊的一种分类图。

3. 摩擦焊的特点

（1）摩擦焊的优点

①焊接质量好而且稳定。锅炉蛇形管和汽车排气门摩擦焊的废品率由原来闪光焊的

```
                                    ┌── 连续驱动摩擦焊
                        ┌─工件绕轴线─┤── 惯性摩擦焊
                        │  旋转      ├── 混合型旋转摩擦焊
                        │            └── 相位控制摩擦焊
             ┌─按工件相对┤            ┌── 摩擦堆焊
             │  运动形式分├─其他运动 ─┤── 线性摩擦焊
             │            │            └── 轨道摩擦焊
             │            └─工件不运动─┬── 径向摩擦焊
摩擦焊 ───────┤                         └── 搅拌摩擦焊
工艺方法      │            ┌─界面温度 ─┬── 普通(高温)摩擦焊
             │            │            ├── 低温摩擦焊
             │            │            └── 超塑性摩擦焊
             │            │            ┌── 气体保护摩擦焊
             └─按焊接工───┼─工艺措施 ─┤── 感应加热摩擦焊
                艺特点分   │            ├── 导电加热摩擦焊
                          │            └── 封闭摩擦焊
                          ├─复合工艺 ─┬── 钎层摩擦焊
                          │            ├── 嵌入摩擦焊
                          │            └── 三体摩擦焊
                          └─焊接环境 ──── 水下摩擦焊
```

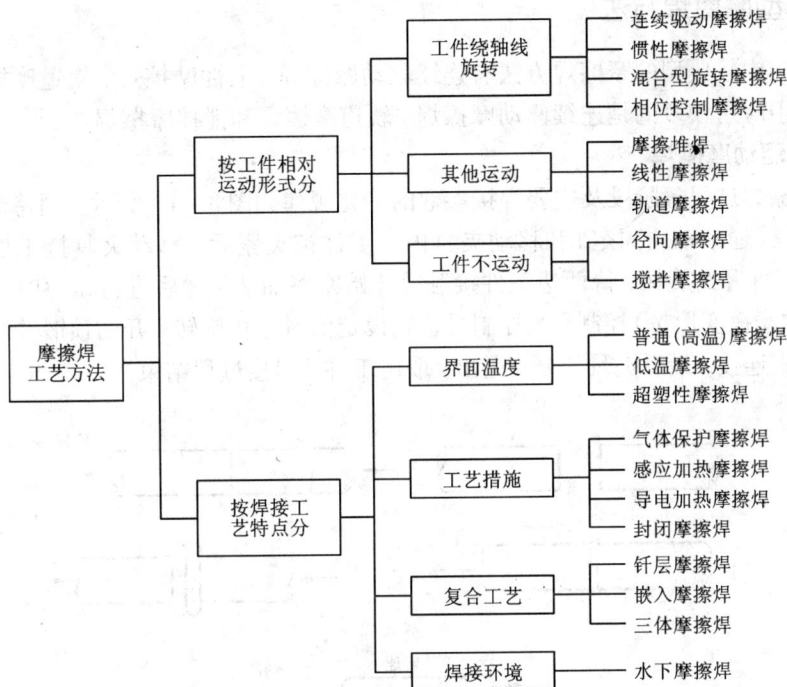

图 8-12 摩擦焊工艺方法及分类

10% 和 1.4% 下降到 0.01%。焊件尺寸精度高。焊接的柴油机预燃室全长的最大误差为 ±0.1%。

②焊接生产率高。发动机排气门双头自动摩擦焊机的生产率可达 800~1200 件/h。

③生产费用低。由于焊机功率小、焊接时间短，故可节省电能。摩擦焊与闪光焊比较，能节省电能 80%~90%。此外工件焊接余量小，焊前工件不需特殊加工清理，有时焊接飞边不必去除，不需填充材料和保护气体等，因此加工成本与电弧焊比较，可以降低30%左右。

④能焊接异种钢和异种金属。

⑤摩擦焊机容易实现机械化和自动化。操作简单、容易掌握和维护、工作环境好、没有火花弧光及有害气体。

（2）摩擦焊的缺点

①摩擦焊主要是一种工件旋转的对焊方法。对于非圆形横断面工件的焊接是很困难的。盘状工件和薄壁管件，由于不容易夹固也很难焊接。

②由于受到摩擦焊机主轴电动机功率和压力不足的限制，目前最大的焊接断面为 200 cm²。

③摩擦焊机的一次性投资较大。因此只有当大批量集中生产时，才能降低焊接生产成本。

小知识

摩擦堆焊：将要堆焊的材料加工成棒材（称为耗材），在轴向压力作用下旋转，当耗材与基体金属的界面处产生热塑性层时基体金属移动，耗材连续向母材过渡并形成堆焊层。

8.3.2 典型摩擦焊方法

工业生产中较典型的摩擦焊方法有连续驱动摩擦焊、惯性摩擦焊、轨道摩擦焊和搅拌摩擦焊等。其中应用较多的是连续驱动摩擦焊、轨道摩擦焊和搅拌摩擦焊。

1. 连接驱动摩擦焊

这种摩擦焊过程各阶段及主要焊接参数的变化规律如图8-13所示。两待焊工件分别固定在旋转夹具(通常轴向固定)和移动夹具内。工件被夹紧后,移动夹具持工件向旋转端移动,旋转端工件开始旋转,待两边工件接触后开始摩擦加热,之后进行摩擦时间控制或摩擦缩短量(又称摩擦变形量)控制,当控制量达到设定值时停止旋转,开始顶锻并维持一定时间以便接头牢固连接,最后夹具松开、退出,取出工件,焊接过程结束。

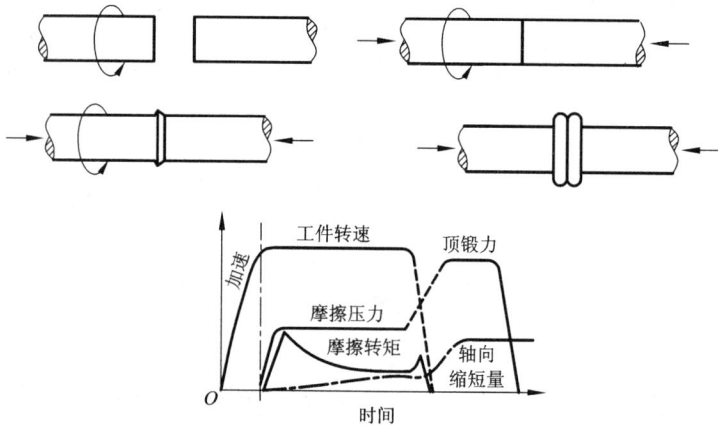

图8-13 连续驱动摩擦焊过程各个阶段及主要焊接参数变化规律

2. 轨道摩擦焊

轨道摩擦焊是一工件接合面上的每一点相对于另一工件接合面作同样轨迹的运动。运动的轨迹可以是环形的或直线往复的,图8-14(a)为环形轨道摩擦焊示意图,其特点是两待焊工件均不作绕自身轴线的旋转,仅其中一个工件绕另外一个工件转动,主要用于焊接

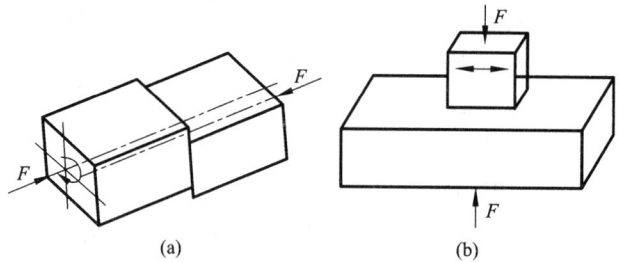

图8-14 轨道摩擦焊示意图
(a)环形轨道摩擦焊;(b)线性轨道摩擦焊

非圆截面工件。图8-14(b)是线性轨道摩擦焊示意图。在焊接过程中,摩擦副中的一侧工件被往复机构驱动,相对于另一侧被夹紧的工件表面作相对运动,其主要优点是不管工件是否对称,均可进行焊接,如可焊接方形、圆形、多边形截面的金属或塑料工件。配以合适的工夹具,还可以焊接更加不规则的构件如叶片与涡轮等。

3. 搅拌摩擦焊

搅拌摩擦焊与传统的摩擦焊相比有很多独特的优点,尤其在制造成本、性能及环保方面显示出巨大的优越性。它的出现使铝合金等非铁金属的连接技术产生了突破性的进展,目前已在航空、航天、船舶、高速列车等结构上得到成功的应用,其应用范围正在不断扩大。

与常规摩擦焊一样,搅拌摩擦焊也利用摩擦热作为焊接热源,但主要由搅拌头完成。搅拌头由特型锥形指棒、夹持器和圆柱体组成。焊接过程是由锥形指棒伸入工件的接缝处,通过搅拌头的高速旋转,使其与焊接工件材料摩擦,从而使连接部位的材料温度升高,同时对材料进行搅拌摩擦,如图 8 - 15 所示。在焊接过程中,工件要刚性固定在背垫上,焊头边高速旋转,边沿工件的接缝与工件相对移动。锥形指棒伸进材料内部进行摩擦和搅拌,搅拌头的肩部与工件表面摩擦生热,并用于防止塑性状态材料的溢出,同时可以起到清除表面氧化膜的作用。

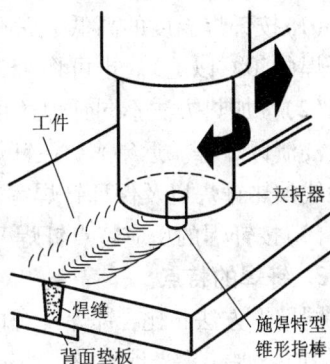

图 8 - 15　搅拌摩擦焊过程示意图

搅拌摩擦焊的主要优点是:

(1)可获得高度一致的焊接质量,无须高的操作技能和训练。

(2)焊接接口部位只需去油处理,无须打磨或洗刷。

(3)不需焊丝和保护气氛且节省能源,单面焊 12.5 mm 深所需动力仅为 3 kW。

(4)焊接表面平整、不变形、无焊缝凸起和焊滴、无需后续处理。

(5)无电弧、磁冲击、闪光、辐射、烟雾和异味、不影响其他电器设备使用、绿色环保。

(6)焊接温度低于合金的熔点,焊缝无孔洞、裂纹和元素烧损。

目前,搅拌摩擦焊可焊接对接、搭接、T 形接头,但由于受搅拌头锥形指棒材料所限,仅用于铝、镁、铜、钛及其合金等材料的连接。

8.4　钎焊

钎焊作为一种金属连接方法,已有几千年历史,但钎焊技术在很长一段时期并没有得到较大发展。直至近代,随着科学技术的进步,钎焊技术才有了较大的发展。目前钎焊已成为现代焊接技术的三大重要技术之一,并在各工业部门中起着越来越重要的作用,特别是在机械、电子、仪表及航空工业中已成为一种不可取代的工艺方法。本节主要介绍钢结构钎焊技术。

8.4.1　钎焊的原理、分类及特点

1. 钎焊的原理

钎焊是采用比钎焊金属(母材)熔点低的金属材料作钎料,将钎焊金属和钎料加热到高于钎料熔点,低于钎焊金属熔点的温度,利用液态钎料湿润钎料金属,填充接头间隙,并与钎焊金属相互扩散,从而获得不可拆接头的一种焊接方法。

钎焊与熔焊之间既有共同之处,又存在本质的差别。钎焊时虽有钎料熔化,但母材一直

为固态,钎料的熔点低于母材的熔点,熔化的钎料依靠湿润和毛细作用吸入并保持在母材间隙内,依靠液态钎料与固态母材间的相互扩散形成金属结合。只有在液态钎料充分地流入并致密地填满钎缝间隙,又能与钎焊金属很好地相互作用的前提下可能获得优质接头。

2. 钎焊的分类

随着钎焊技术的发展,其种类越来越多,可按以下多种方法分类:

(1)按钎焊温度的高低通常分为低温钎焊(450℃以下),中温钎焊(450℃~950℃)及高温钎焊(950℃以上)。也可将450℃以下的钎焊,称为软钎焊,450℃以上的钎焊称为硬钎焊。

(2)按加热方法不同钎焊还可分为烙铁钎焊、火焰钎焊、炉中钎焊、感应钎焊、电阻钎焊以及浸渍钎焊等。近年来,在钎焊蜂窝型零件时,已采用了新的加热技术,如石英加热钎焊、红外线加热钎焊以及保证钎焊零件外形精度的陶瓷膜钎焊等。

(3)按钎焊的反应特点钎焊又可分为毛细钎焊、大间隙钎焊以及反应钎焊等。

3. 钎焊的特点

同熔焊方法相比,钎焊具有以下优点:

(1)钎焊接头光滑平整、外观美观。

(2)工件变形较小,尤其是对工件采用整体均匀加热的钎焊方法。

(3)钎焊加热温度较低,对母材组织性能影响较小。

(4)某些钎焊方法一次可焊成几十条或成百条焊缝,生产效率高。

(5)可以实现异种金属或合金以及金属与非金属的连接。

但是,钎焊也有其本身的缺点,如钎焊接头强度比较低、耐热性能较差、装配要求高等。

8.4.2 钎焊材料

钎焊材料包括钎料和钎剂。合理选择钎焊材料对钎焊接头质量有着重要的作用。

1. 钎料

钎料是钎焊时使用的填充金属。由于钎焊工作是依靠熔化的钎料凝固后而被连接起来的,因此,钎焊接头的质量与性能在很大程度上取决于钎料。

(1)钎料的分类

钎料有以下几种分类方式:

①钎料按熔点的高低分为两大类:通常把熔点低于450℃的钎料称为易熔钎料,又称软钎料;熔点高于450℃的钎料称为难熔钎料,又称硬钎料。

②根据组成钎料的主要元素把软钎料和硬钎料划分为各种基的钎料。如软钎料又可分锡基、铅基、镉基、锌基等。硬钎料又可分为铝基、银基、铜基、锰基、镍基、金基、钯基等。

③按钎焊工艺性能,分为自钎剂钎料、电真空钎料、复合钎料。

(2)钎料的编号

国内钎料的编号有多种,这里只介绍国家标准。

国家标准(GB/T 6208—1995《钎料型号表示方法》)规定如下:

①钎料型号由两部分组成,两部分用隔线"-"分开。

②钎料型号的第一部分用一个大写英文字母表示钎料的类型,"S"表示软钎料,"B"表示硬钎料。

③钎料型号的第二部分由主要合金组分的化学元素符号组成。

例如，S – Sn60Pb40Sb 表示锡 60%、铅 40%、锑 0.4%（均为质量分数）的软钎料；B – Ag72Cu 表示为银 72%、铜 28%（均为质量分数）的硬钎料。

（3）钎料的选择

从使用要求出发，对钎焊接头强度要求不高和工作温度不高的，可用软钎料钎焊，钢结构中应用最广的是锡铅钎料；对钎焊接头强度要求比较高的则用硬钎料钎焊，主要是铜基钎料和银基钎料；对在低温下工作的接头，应使用含锡量低的钎料；要求高温强度和抗氧化性好的接头，宜用镍基钎料。

选择钎料时，必须考虑钎料与母材的相互作用，加热方法对钎料选择也有一定的影响。除了在工艺上采取相应措施外，还应采用熔点低的钎料或选用热膨胀系数介于两者之间的钎料。此外还应考虑钎料的作用。

2. 钎剂

钎剂的主要作用是去除母材和液态钎料表面上的氧化物，保护母材和钎料在加热过程中不致进一步氧化，并改善钎料对母材表面的湿润能力。

（1）钎剂的组分和分类

钎剂的组分按功能可划分为三类，一是基质，二是去膜剂，三是界面活性。基质是钎剂的主要成分，控制钎剂的熔点，并且又是钎剂中其他组元的溶剂。去膜剂主要起去除母材和钎料表面氧化膜的作用。界面活性剂的作用是进一步降低熔化钎料与母材的界面张力，加速清除氧化膜并改善钎料的铺展。应该指出，上述各组分的作用往往不是单一的，而是共同作用的。

从不同的角度出发，可将钎剂分为多种类型。按使用温度不同，分为软钎剂和硬钎剂；按用途不同，分为普通钎剂和专用钎剂。此外，考虑到钎剂状态的不同，还有气体钎剂。钎剂的分类见图 8 – 16。

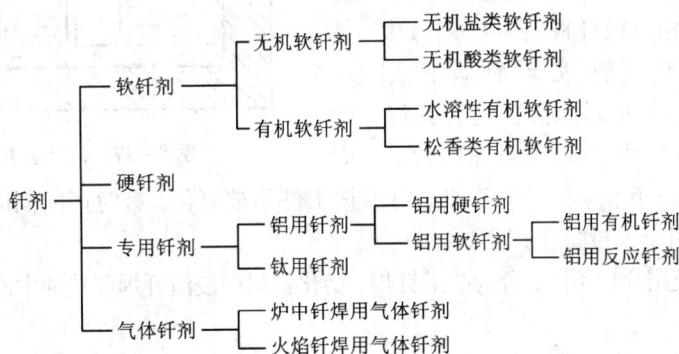

图 8 – 16　钎剂分类图

软钎剂指在 450℃ 以下钎焊用钎剂，分非腐蚀性钎剂和腐蚀性钎剂两大类。硬钎剂指在450℃ 以上钎焊专用钎剂，专用钎剂主要指铝用钎剂。由于铝的氧化膜致密稳定，钎焊铝及铝合金时必须采用专用的钎剂。气体钎剂是炉中钎焊和气体火焰钎焊过程中起钎剂作用的一种气体，最大的优点是钎焊后没有固体残渣，工件不需清洗。

（2）钎剂和钎料的匹配

当钎焊采用钎剂去膜时，不能仅从钎剂的去膜能力来选择，选择时还应结合钎料的特点和具体的加热方法。首先要保证钎剂的活性温度范围（钎剂稳定有效发挥去膜能力的温度区间）在整个钎焊温度范围内，其次是钎剂与钎料的流动、铺展进程要协调。

8.4.3　钎焊方法及工艺

1. 钎焊方法

钎焊方法种类甚多，且随着新热源的发明和使用，出现了不少新的钎焊方法。这里只介绍生产中广泛应用的几种主要的钎焊方法。

（1）火焰钎焊

火焰钎焊是一种简单而实用的钎焊方法，通用性好、所需的设备简单轻便、操作方便、燃气来源广、不依赖于电力，并能保证必要的质量。此方法主要用于铜基钎料、银剂钎料钎焊碳钢、低合金钢、不锈钢、铜及铜合金、硬质合金等，特别适用于截面不规则的组件，还可用作铝及铝合金等的小型薄壁工件钎焊。

火焰钎焊最常用是乙炔焰，一般情况下可使用普通的气焊炬进行钎焊。但钎焊熔点比较低的工件时，最好采用特种的多嘴喷嘴，此时得到的火焰比较分散，温度比较适当，有利于保证加热均匀。

火焰焊的缺点是：手工操作时加热温度难于控制，因此要求较高的操作技术。此外，火焰钎焊是一个局部加热过程，可能会引起工件的应力和变形。

（2）浸渍钎焊

浸渍钎焊是把工件局部或整体放入熔融态的盐混合物（称盐浴）或钎料（称金属浴）中，依靠金属介质的热量来实现钎焊的过程。图8-17是浸渍钎焊的示意图。这种钎焊方法的钎焊温度易控制、加热均匀且速度快、一般

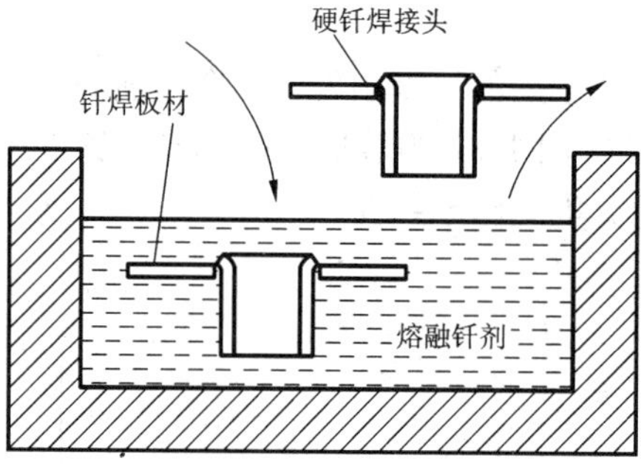

图8-17　浸渍钎焊示意图

比炉中加热要快3~6倍，生产效率高，可保护工件不被氧化，有时还能同时完成淬火等热处理过程，特别适用于大批量生产。

浸渍钎焊按使用介质不同，分为盐浴钎焊、熔化钎料中浸渍钎焊和热油中浸渍钎焊三种。

（3）感应钎焊

感应钎焊是将工件的待焊部分置于交变磁场中，通过它在交变磁场中产生的感应电流来实现加热工件的一种钎焊方法。

感应电流的大小与交变磁场的频率成正比，频率越高、感应电流越大、加热速度就越快。但频率越高，交流电的集肤效应就越明显，工件加热的厚度（电流的渗透深度）越小，工件内部只能靠表面层内部导热，加热不均匀程度增大。电流渗透深度也与材料的电导率和磁导率有关。电导率和磁导率越小，则带电流渗透深度就越深。例如，钢在温度低于768℃时的磁导率很大，集肤效应很明显，温度高于768℃时，磁导率急剧减小，而且钢的电导率又较小，故集肤效应较弱，钎焊可采用较高的电流频率。铜和铝的磁导率虽小，但电导率比钢大得

多,电流渗透深度较小,感应钎焊时应采用较小的频率和较大的功率。

感应钎焊加热快、质量好,但温度不易精确控制,工件形状受限,适用于批量钎焊钢、高温合金、铜及铜合金等,既可用于软钎焊也可用于硬钎焊。主要用于钎焊较小的工件,特别适用于对称形状的工件,如管件套接、管子与法兰、轴和轴套之类的接头,如图 8-18 所示。

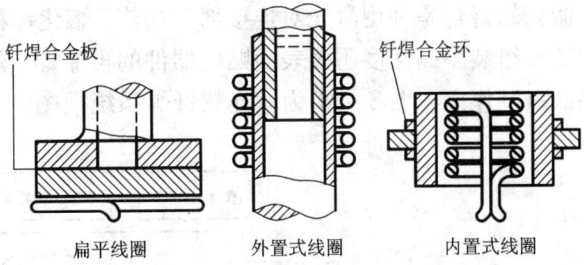

图 8-18　感应钎焊示意图

(4)炉中钎焊

炉中钎焊广泛应用于钎焊已装配好的工件。钎料预先放置在接头附近或接头内并将所选的粉状或糊状钎剂覆盖于接头上,一起置于炉中,并加热至钎焊温度。依靠钎剂去除钎焊处的表面氧化膜,熔化的钎料流入钎缝间隙,冷凝后形成接头,如图 8-19 所示。

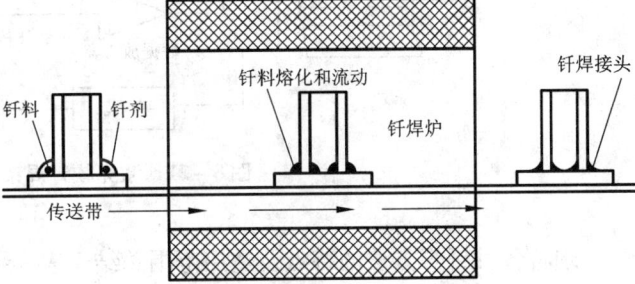

图 8-19　炉中钎焊工作示意图

炉中钎焊可分为空气炉中钎焊、保护气氛炉中钎焊和真空炉中钎焊。空气炉中钎焊一般可钎焊碳钢、合金钢、铜及铜合金、铝及铝合金等材料。真空炉中钎焊常用于含有铝、钛等元素的不锈钢和高温合金、活性金属钛、难熔金属钨及其合金的钎焊。

炉中钎焊的特点是工件整体加热,加热均匀、变形小。虽加热速度较慢,但一炉可同时钎焊多件,生产率仍很高。

(5)电阻钎焊

电阻钎焊的基本原理与电阻焊相同,是利用电流通过工件的钎焊处所产生的电阻热加热工件和熔化钎料的一种钎焊方法。将预先成形的钎料放入钎焊接头处然后将钎焊接头两端加上电极,对钎焊处施加一定的压力,将母材与钎料压在一起,然后接通电源完成钎焊。电阻钎焊原理见图 8-20。电阻钎焊可在普通的电阻焊机上进行,也可采用专用的电阻钎焊设备。电阻钎焊时,钎焊部位必须保持清洁。

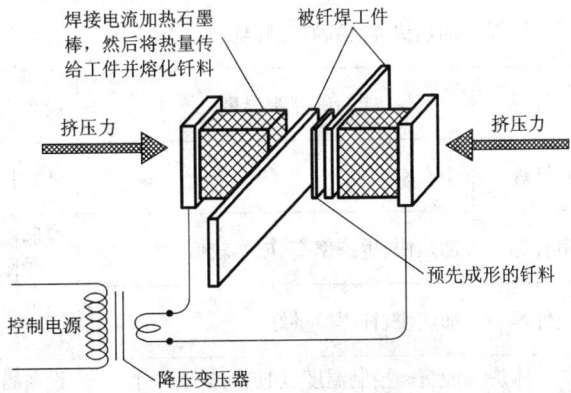

图 8-20　电阻钎焊原理图

电阻钎焊的优点是加热迅速、生产率高、劳动条件好、过程易实现自动化,但接头尺寸不能太大，工件形状也不能太复杂，目前主要用于刀具、带锯、导线端头等的钎焊。

（6）激光软钎焊

激光软钎焊是利用激光对连接部位加热、熔化钎料实现连接。激光软钎焊已经用于微电子封装和组装中高密度阴极表面贴装器件的再流焊、热敏感和静电敏感器件的再流焊、芯片上的凸点制作等。图 8-21 为激光软钎焊系统框图。

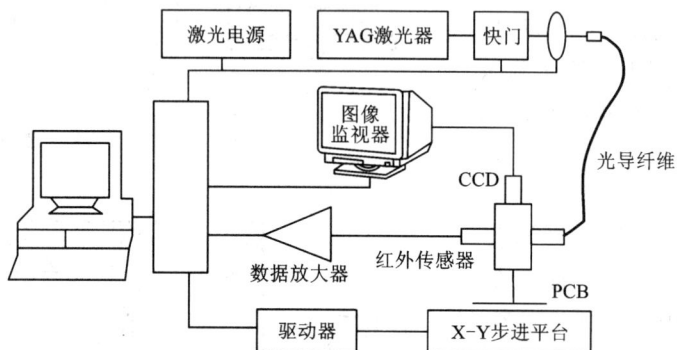

图 8-21　激光软钎焊系统框图

现将各种钎焊方法的特点及适用范围总结于表 8-1。

表 8-1　各种钎焊方法的特点及适用范围

钎焊方法	主要特点		适用范围
	优点	缺点	
烙铁钎焊	设备简单、灵活性好、适用于微细钎焊	需使用钎剂	只能用于软钎焊、钎焊小件
火焰钎焊	设备简单、灵活性好	控制温度困难、操作技术要求较高	钎焊小件
金属浴钎焊	加热快、能精确控制温度	钎料消耗大、焊后处理复杂	用于软钎焊及批量生产
盐浴钎焊	加热快、能精确控制温度	设备费用高焊后需仔细清洗	用于批量生产、不能钎焊密闭工件
波峰钎焊	生产率高	钎料损耗较大	只用于软钎焊及批量生产
电阻钎焊	加热快、生产率高、成本较低	控制温度困难、工件形状尺寸受限制	钎焊小件
感应钎焊	加热快、钎焊质量好	温度不能精确控制、工件形状受限制	批量钎焊小件
保护气体炉中的钎焊	能精确控制温度、加热均匀变形小、一般不用钎剂、钎焊质量好	设备费用高、加热慢、钎焊的工件含大量易挥发元素	大小件的批量生产、多钎缝工件的钎焊
真空炉中的钎焊	能精确控制温度、加热均匀变形小、能钎焊难熔的高温合金、不用焊剂、钎焊质量好	设备费用高、钎料和工件不宜含较多的易挥发元素	重要工件

2. 钎焊工艺

钎焊工艺包括焊前表面准备、装配、安置钎料、钎焊工艺参数的确定及钎后处理等。

（1）工件表面准备

钎焊前必须仔细清理工件表面的油脂、氧化物等。因为液态钎料不能润湿未经清洗表面的工件，也无法填充接头间隙，有时为了改善母材的钎焊性、提高接头的耐蚀性，焊前必须预先镀覆某种金属。为限制液态钎料随意流动，可在工件的非焊表面涂覆阻流剂。

（2）零件的装配和固定

经过表面处理的零件在实施钎焊前必须先按图样进行装配。对于尺寸小、结构简单的零件，可采用较简易的固定方法，如依靠自重、紧配合、滚花、翻边扩口、旋压、模锻、收口、开槽和弯边、夹紧、定位销、螺钉、铆接、定位焊等。对于结构复杂、生产量较大的工件，主要使用夹具装配固定。

（3）钎料的放置

钎料既可在钎焊过程中送给，也可以在钎焊前预先放置，除火焰钎焊和烙铁钎焊外，大多数是将钎料预先放置在接头上的。钎料的放置方式主要取决于钎焊方法、工件结构、生长类型及钎焊的形态等。

（4）钎焊工艺参数的确定

钎焊过程的主要工艺参数是钎焊温度和保温时间。钎焊温度通常高于钎料液相线温度25℃~60℃，对某些结晶温度间隔宽的钎料，钎焊温度可以高于液相线温度100℃以上。保温时间视工件大小、钎料与母材相互作用的剧烈程度而定。大件保温时间应长些，以保证均匀加热钎料，与母材作用强的，保温时间要短。

（5）钎焊后的清洗

对使用钎剂的钎焊方法，除使用气体钎焊剂外，大多数钎剂残渣对钎焊接头都有腐蚀作用，也会妨碍对钎缝质量的检查，钎焊后必须将其清洗干净。有机类软钎剂的残渣可用汽油、酒精、丙酮等有机溶剂擦拭或清洗；氧化锌和氯化铵等的残渣腐蚀性很强，应在10% NaOH溶液中清洗，然后用热水或冷水洗净，硼砂和硼酸钎剂的残渣一般用机械方法或在沸水中长时间浸煮以达到清洗的目的。

8.5 气焊与气割

气焊与气割具有设备简单、操作方便、实用性强等特点，因此在各工业部门的制造和维修中得到了广泛的应用。

8.5.1 气焊

气焊是利用可燃气体与助燃气体，通过焊炬进行混合后喷出，经点燃而发生剧烈的氧化燃烧，以此燃烧所产生的热量去熔化工件接头部位的母材和焊丝而达到金属牢固连接的方法。气焊主要用于薄钢板、低熔点材料（非铁金属及其合金）、铸铁件、硬质合金刀具等材料的焊接以及磨损、报废零件的补焊、构件变形的火焰矫正等。气焊的优点是：低成本；设备简单、容易携带；热输入量和熔池温度容易控制；不需要外加电源；焊缝尺寸和形状容易控制。其缺点是：生产效率较低；焊接后工件变形和热影响区较大；较难实现自动化。

1. 气焊的设备和工具

气焊的设备包括氧气瓶、乙炔瓶以及回火防止器等。应用的工具包括焊炬、减压器以及胶管等。这些设备和工具的连接见图8－22。

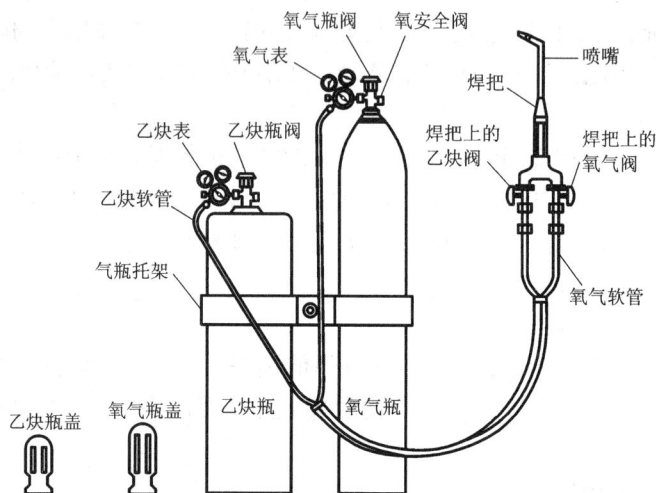

图8－22　气焊设备、工具及其连接

2. 常用的气体及氧炔火焰

气焊使用的气体包括助燃气体和可燃气体。助燃气体是氧气；可燃气体有乙炔、液化石油气和氢气等。

乙炔与氧气混合燃烧的火焰叫做氧炔火焰。按氧与乙炔的不同比值，可将氧炔火焰分为中性焰、碳化焰(也叫还原焰)和氧化焰三种。

气焊时，火焰的选择要根据焊接材料而定。

3. 气焊丝

气焊用的焊丝起填充金属的作用，焊接时与熔化的母材一起组成焊缝金属。常用气焊丝有碳素结构钢焊丝、合金结构钢焊丝、不锈钢焊丝、铜及铜合金焊丝、铝及铝合金焊丝、铸铁焊丝等。

在气焊过程中，气焊丝的正确选用十分重要，应根据工件的化学成分、机械性能选用相应成分或性能的焊丝，有时也可用被焊板材上切下的条料作焊丝。

4. 气焊熔剂(焊粉)

为了防止金属的氧化以及消除已经形成的氧化物和其他杂质，在焊接有色金属材料时，必须采用气焊熔剂。常用的气焊熔剂有不锈钢及耐热钢气焊熔剂、铸铁气焊熔剂、铜气焊熔剂、铝气焊熔剂。

气焊时，熔剂的选择要根据焊件的成分及其性质而定。

焊接非铁金属、铸铁和不锈钢时，采用气焊熔剂(焊粉)，以消除覆盖在焊材及熔池表面上难熔的氧化膜和其他杂质，并在熔池表面形成一层熔渣，保护熔池金属不被氧化，排除熔池中的气体、氧化物及其他杂质，提高熔化金属的流动性，保证焊接质量和成形。

8.5.2 气割

气割是利用可燃气体与氧气混合燃烧的预热火焰，将金属加热到燃烧点，并在氧气射流中剧烈燃烧而将金属分开的加工方法。可燃气体与氧气的混合及切割氧的喷射是利用割炬来完成的。气割所用的可燃气体主要是乙炔、液化石油气和氢气等。氧炔焰气割过程是：预热—燃烧—吹渣。

1. 金属气割的条件

气割时应用的设备、器具除割炬外均与气焊相同。气割过程是预热—燃烧—吹渣的过程，只有符合下列条件的金属才能进行气割：

(1)金属在氧气中的燃点应低于金属的熔点。

(2)气割时金属氧化物的熔点应低于金属的熔点。

(3)金属在切割氧流中的燃烧应是放热反应。

(4)金属的导热性不应太高。

(5)金属中阻碍气割过程和提高钢的淬透性的杂质要少。

符合上述条件的金属有纯铁、低碳钢、中碳钢和低合金钢以及钛等。其他常用的金属材料如铸铁、不锈钢、铝和铜等一般不能用气割方法切割。目前气割工艺在工业生产中得到了广泛的应用。

2. 气割的特点

气割的优点是：与机械刀具切割设备相比较，成本低；不需要外部电源；设备简单容易携带；切割钢板时，比机加工切割速度快；切割方向容易改变；对于坡口制备及斜接头的加工比较经济；能切割厚大板；可以切割形状不规则、厚度变化较大、难以采用机械法切割的钢板；能够通过轨迹导航、模型和计算机控制割炬实现切割过程的自动化。其缺点是：气割适用的材料范围窄；气割的尺寸精度比机械切割差；淬硬钢切割时需要进行预热、后热处理或控制切割部位钢的冶金性能等。

8.5.3 气焊与气割设备及使用安全要求

1. 气焊与气割的安全特点

(1)火灾、爆炸和灼烫

气焊与气割用的乙炔、液化石油气、氢气和氧气等都是易燃易爆气体；氧气瓶、乙炔瓶、液化石油气瓶都属于压力容器。在焊补燃料容器和管道时，还会遇到其他许多易燃易爆气体及各种压力容器，同时又使用明火，如果设备和安全装置有故障或者操作人员违反安全操作规程等，都有可能造成爆炸和火灾事故。

在气焊与气割的火焰作用下，氧气射流的喷射使火星、熔珠和铁渣四处飞溅，容易造成灼烫事故。较大的熔珠和铁渣能引着易燃易爆物品，造成火灾和爆炸。因此防火防爆是气焊、气割的主要任务。

(2)金属烟尘和有毒气体

气焊与气割的火焰温度高达3000℃以上，被焊金属在高温作用下蒸发、冷凝成为金属烟尘。在焊接铝、镁、铜等有色金属及其他合金时，除了这些有毒金属蒸气外，焊粉还产生燃烧物并散发出来；黄铜、铅的焊接过程都能散发有毒蒸气。在补焊操作中，还会遇到其他毒物和有害气体。尤其是在密闭容器、管道内的气焊操作,可能造成焊工中毒事故。

2. 气瓶及使用安全要求

氧气瓶是特殊低合金高强钢制作的无缝容器。气瓶由单块钢坯通过轧制成形工艺制作,氧气瓶的瓶体不能有焊缝。乙炔瓶则是由优质钢板卷制焊接而成的,有焊缝。由于瓶装溶解乙炔运输携带方便,装上乙炔压力表就可以直接使用,不用时可长期储存。与乙炔发生器相比,没有加电石、给水、排水和储存电石渣的装置,也可省去加料、排渣和看管等事项,因而已逐步取代了乙炔发生器。氧气瓶和乙炔瓶的截面图见图8-23。

氧气瓶和乙炔瓶上的安全阀和安全塞是防止气瓶被加热时由于压力过大而产生爆炸的装置。在氧气瓶的瓶阀中有一个很小的金

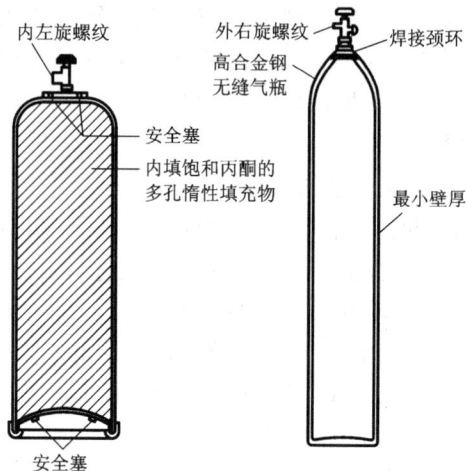

图8-23 氧气瓶和乙炔瓶的截面图

属隔膜,这个隔膜破裂后,可以释放气瓶的压力,防止气瓶爆炸。乙炔瓶根据容量设置有1~4个易熔化的安全塞。这些安全塞采用特殊的金属合金制作,熔点为85℃。当气瓶被置于过高温度时,安全塞熔化使气瓶压力释放以防止破裂或遇火产生的爆炸。乙炔瓶的安全塞可以设置在气瓶顶部或气瓶底部。

满装的氧气瓶具有较高的压力(15 MPa),为了防止气体在阀柱周围泄漏,氧气瓶和所有高压气瓶都设有第二个阀座,在打开主阀门时使阀柱周围构成密封,如图8-24所示。由于乙炔瓶阀承受相对较低的工作压力(1.5 MPa),使用中阀柱周围的泄漏很小,只采用一个阀座即可。在乙炔瓶的使用中,为安全起见操作时一定不要卸掉乙炔瓶上的可去除扳手。

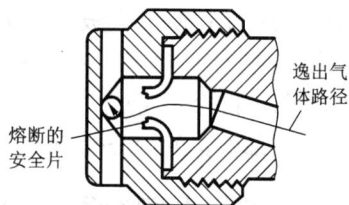

图8-24 氧气瓶阀的截面形状

在连接和使用乙炔气瓶前,应使乙炔瓶竖立,并且等待至少1.5 h才能使用。使气瓶顶部位置的乙炔气体与液态丙酮分离开,丙酮就不会被抽入调节器而使压力表的密封受到损坏。否则,焊接火焰中的丙酮将污染焊接熔池,使焊缝性能降低。

3. 减压器及使用安全要求

减压器又称压力调节器,有两个作用:一是减压作用。减压作用是将储存在气瓶内的高压气体减压到所需要的压力。譬如:氧气瓶内的氧气压力最高达15 MPa,而气焊、气割中所需要的氧气工作压力为0.1~0.4 MPa。因此,气焊、气割工作中使用的氧气需经减压后才能输送给焊炬或割炬使用。二是稳压作用。气瓶内气体的压力是随着气体的消耗而逐渐下降的,也就是说瓶内气体压力是时刻变化的,但在气焊、气割工作过程中要求气体压力必须是稳定不变的,减压器还必须具有稳定气体工作压力的作用,使气体工作压力不随气瓶内气体压力的下降而下降,自始至终保持稳定状态。这项工作是由减压器的自动调节来完成的。减压器按构造不同可分为单级式和双极式两类;按工作原理不同又可分为正作用式和反作用式

两类。目前国产的减压器主要是单级反作用式,其结构示意图见图8-25。

减压器使用时必须注意:减压器上不得沾染油脂,如有油脂必须擦干净后才能使用;减压器在使用过程中如发生冻结,应用热水或蒸汽解冻,严禁用明火烘烤;减压器必须定期检修,压力表必须定期校验;氧气减压器和乙炔减压器不得调换使用。

4. 焊炬、割炬及使用安全要求

(1)焊炬

焊炬是进行气焊操作的主要工具。它在使用中应能方便地调节氧气和可燃气体的比例、流量和火焰,同时焊炬的质量要轻,使用要安全可靠。焊炬根据可燃气体与氧气的混合方式分为射吸式和等压式两类。

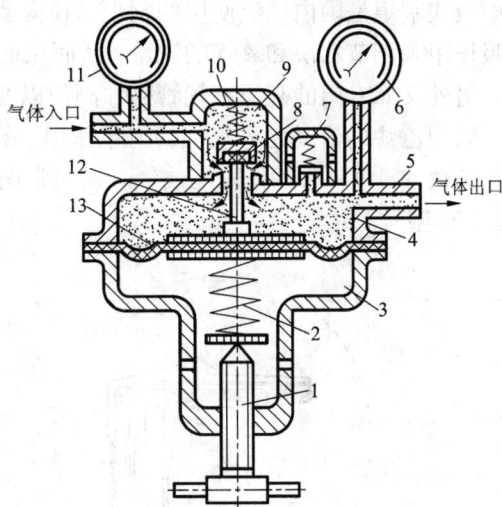

图8-25　单级反作用式减压器的结构示意图

1—阀芯;2—调压弹簧;3—阀腔;4—低压室;5—阀体;
6—低压表;7—弹簧;8—活门;9—高压室;10—活门弹簧;
11—高压表;12—活门阀杆;13—橡胶垫

射吸式焊炬是国内目前广泛使用的焊炬,图8-26所示是射吸式焊炬的构造原理图。由于喷嘴的射吸作用,使高压氧和低压乙炔能较均匀地按一定比例混合,并以相当高的流速喷出,当乙炔压力不大时(一般大于0.001 MPa即可)就能正常使用,这是射吸式焊炬的最大优点。此外,这类焊炬还可使用中压乙炔气体。目前国内使用的H01-2、H01-6、H01-12、H01-20均匀射吸式焊炬的构造和原理相同,只是规格不同。

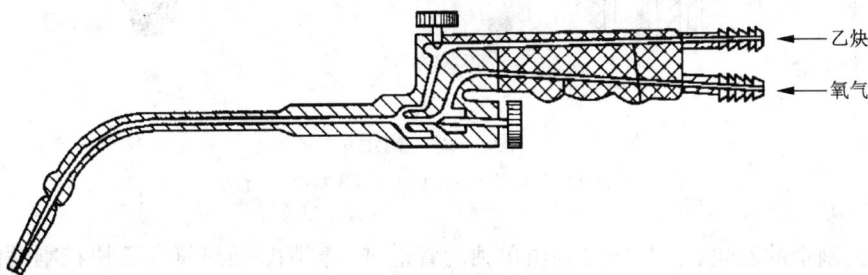

图8-26　射吸式焊炬构造原理图

等压式焊炬是氧气与可燃气体压力相等,不靠喷射氧气流的射吸作用即能进行气体混合的焊炬。因为氧气和可燃气体的压力相等或相近,所以气体混合均匀,工作中可燃气体的流量保持稳定,火焰燃烧也比射吸式焊炬稳定,并且不容易发生回火。这种焊炬不能使用低压乙炔,使用范围受到限制,因此较少使用。

(2)割炬

割炬是进行气割操作的主要工具。它在使用中应能方便地调节氧气和可燃气体的比例、流量和火焰,同时质量要轻,使用要安全可靠。割炬按氧气和乙炔混合方式不同可分为射吸式和等压式两类;按操作方法不同可分为手用的和机械的两类。

射吸式割炬是国内广泛使用的割炬，其构造如图8-27(a)所示。它依靠喷嘴和射吸管的射吸作用来调节乙炔和氧气的流量，从而保证混合气体具有一定的比例，使预热火焰稳定燃烧。另外又靠专门的高压氧气管路和阀门以及专门的割嘴所产生的高压氧气流来完成气割工作。因为乙炔的流动是靠氧气的射吸作用，所以射吸式割炬对乙炔的压力要求不高，可采用中压乙炔气，也可采用低压乙炔气。国内常用的射吸式割炬有G01-30、G01-100、G01-300等几种型号。

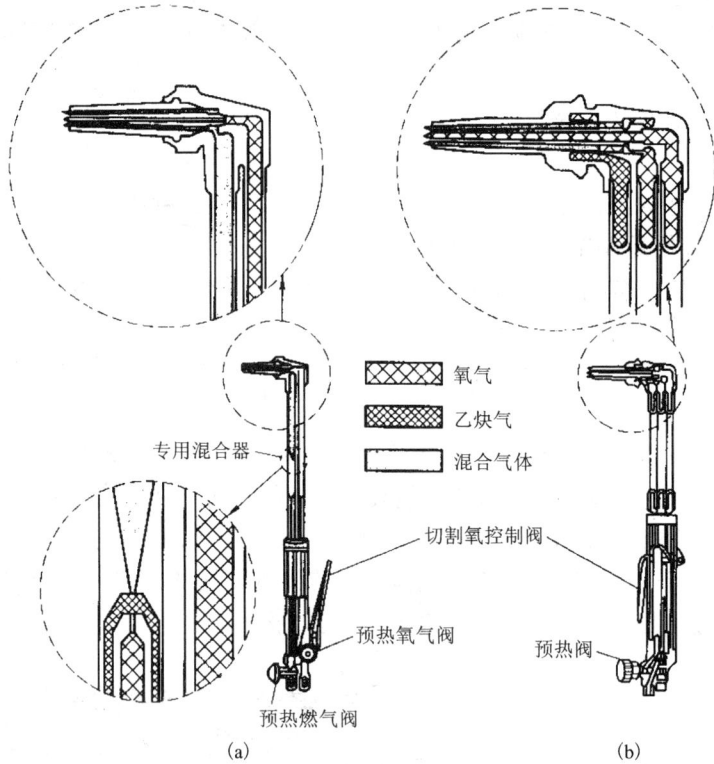

氧气
乙炔气
混合气体

专用混合器

切割氧控制阀

预热氧气阀

预热阀

预热燃气阀

(a)   (b)

图8-27　割炬

(a)射吸式割炬；(b)等压式割炬

等压式割炬的乙炔、预热氧分别由单独的管道进入割嘴，预热氧和乙炔在割嘴内开始混合，供产生预热火焰用。由于乙炔的流通依靠本身的压力，焊接时必须采用中压乙炔气，所以又被称为中压式割炬。图8-27(b)所示即为等压式割炬。

等压式割炬具有火焰燃烧稳定、不易回火等优点，应用已日趋广泛。国内常用的G02-100型割炬即属于这种类型。

焊炬和割炬在使用过程中产生的火花和飞溅物会沉积在喷嘴上或喷嘴小孔处，这些沉积物(特别是碳)会使气流受阻，使气体混合物过早引燃。每天的焊接工作开始时应清洁焊炬和割炬喷嘴，每当发生回火时，火焰爆破使清晰的内焰焰心消失。为了保持喷嘴清洁，选择与喷嘴相匹配的最大的焊炬喷嘴清洁丝，采用有部分锯齿的清洁丝去除外来杂物，保证现有的孔径不扩大。然后用细砂纸或金刚砂布擦除焊炬喷嘴上的附着物。使用压缩空气或氧气吹出喷嘴中的杂物。一定不要使用梅花钻头清洁喷嘴，这样会破坏喷嘴孔径。

气焊、气割时用的胶管,必须能够承受足够的气体压力,并要求质地柔软、质量轻,以便于工作。氧气胶管规定是红色的,乙炔胶管是绿色或黑色的,乙炔胶管和氧气胶管的强度不同,不得相互代用。

5. 氧乙炔火焰

氧乙炔火焰是乙炔与氧混合燃烧所形成的火焰,简称氧乙炔焰。氧乙炔火焰具有很高的温度,加热集中,是目前气焊、气割中采用的主要火焰。氧乙炔火焰是气焊、气割的热源,产生的气流又是熔化金属的保护介质。

(1)氧乙炔火焰的类型及应用

一般按氧气和乙炔的比值不同可以将氧乙炔焰分为中性焰、碳化焰和氧化焰三种。氧乙炔焰的构造和形状见图8-28。

①中性焰

中性焰是氧乙炔混合体积比为1.1~1.2时燃烧所形成的火焰。在一次燃烧区既无过量氧又无游离碳。

中性焰由焰芯、内焰、外焰三部分组成,见图8-28(a)。焰芯虽然很亮,但温度仅有800℃~1200℃,这是由于乙炔分解吸收了部分热量的缘故。内焰位于碳素微粒层外面,呈蓝白色,有深蓝色线条。内焰处在焰芯前2~4 mm的部位,燃烧最激烈、温度最

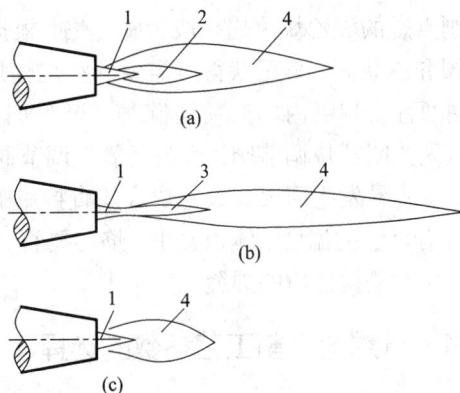

图8-28　氧乙炔焰的构造和形状
(a)中性焰;(b)碳化焰;(c)氧化焰
1—焰芯;2、3—内焰;4—外焰

高、可达3100℃~3150℃。内焰对许多金属的氧化物具有还原作用,所以该区称为还原区。内焰的外面是外焰,它和内焰没有明显的界限,只能从颜色上略加区别。外焰的颜色从里向外由淡紫色变为橙黄色。外焰的温度为1200℃~2500℃,由于CO_2和H_2O在高温时很容易分解,所以外焰具有氧化性。

中性焰可用于低碳钢、低合金钢、纯铜、铝及铝合金等的焊接和气割。由于中性焰的焰芯和外焰的温度较低,而内焰具有还原性,因此可以改善焊缝的力学性能,采用中性焰焊接金属及其合金时,大多数均用内焰。

②碳化焰

氧与乙炔和混合体积比小于1.1时燃烧所形成的火焰称为碳化焰。这种火焰含有游离碳,具有较强的还原作用,也有一定的渗碳作用。

碳化焰可明显地分为焰芯、内焰和外焰三部分,见图8-28(b)。碳化焰的最高温度为2700℃~3000℃。碳化焰中存在的过剩乙炔,焊接时易分解为氢气和碳,容易增加焊缝的含碳量,影响焊缝的力学性能。过多的氢进入熔池会使焊缝产生气孔及裂纹。因此碳化焰不能用于焊接低碳钢和低合金钢。但微轻碳化焰应用较广,可用于中合金钢、高合金钢、铝及其合金的焊接。

③氧化焰

氧与乙炔的混合体积比大于1.2时燃烧所形成的火焰称为氧化焰。氧化焰中有过量的氧,在尖形焰芯外面形成了一个有氧化性的富氧区,见图8-28(c)。

氧化焰的焰芯呈淡紫蓝色，轮廓也不太明显。在燃烧过程中，由于氧的浓度大，氧化反应非常激烈，所以焰芯和外焰都缩短了。外焰呈紫蓝色，火焰挺直，燃烧时会发生急剧的"嘶嘶"声。氧化焰的大小决定于氧的压力和火焰中氧的比例。氧的比例越大，则整个火焰越短、噪声也越大。

氧化焰的最高温度可达3100℃～3300℃，由于氧气的供应量较多，整个火焰具有氧化性，所以，焊接一般碳素钢时，会造成金属的氧化和合金元素的烧损，降低焊缝的质量，因此这种火焰较少采用，只是在焊接黄铜和锡青铜时采用。

（2）氧乙炔火焰的调节

刚点燃的氧乙炔火焰一般为碳化焰，根据所焊金属材料的种类和厚度不同，可分别调节氧气阀和乙炔阀，直至获得所需要的火焰性质和火焰能率。在焊接过程中，若发现火焰不正常，用通针将焊嘴内的杂质清除掉，至火焰颜色正常后方可继续进行焊接。需要熄灭火焰时，应先关闭乙炔调节阀，后关闭氧气调节阀。否则会出现大量的炭灰，而且在采用射吸式焊炬时，容易发生回火。氧乙炔火焰直接影响到气焊、气割的质量和生产率，因此要求氧乙炔焰应有足够的温度、体积要小、焰芯要直、热量要集中。根据焊接材料来选择不同性质的火焰，才能获得优质的焊缝。

8.5.4 气焊与气割工艺参数的选择

1. 气焊主要工艺参数

气焊的焊接工艺参数包括焊丝的牌号和直径、熔剂、火焰种类、火焰能率、焊炬型号和焊嘴的号码、焊嘴倾角和焊接速度等。由于焊件的材质、气焊的工作条件、焊件的形状尺寸和焊接位置、气焊工的操作习惯和气焊设备等的不同，所选用的气焊焊接工艺参数不尽相同。

下面对一般的气焊工艺参数（即焊接规范）及其对焊接质量的影响分别说明如下：

（1）焊丝直径

焊丝的直径应根据焊件的厚度、坡口的形式、焊缝位置、火焰能率等因素确定。在火焰能率一定时，即焊丝熔化速度在确定的情况下，如果焊丝过细，则往往在焊件尚未熔化时焊丝已熔化下滴。这样容易造成熔合不良和焊波高低不平、焊缝宽窄不一等缺陷。如果焊丝过粗，则熔化焊丝所需要的加热时间就会延长，同时增大了对焊件的加热范围，使工件焊接热影响区增大，容易造成组织过热，降低焊接接头的质量。

焊丝直径常根据焊件厚度初步选择，试焊后再调整确定。碳钢气焊时焊丝直径的选择可参照表8-2。

表8-2　焊件厚度与焊丝直径的关系　　　　　　　　　　　　　　（mm）

焊件厚度	1.0～2.0	2.0～3.0	3.0～5.0	5.0～10.0	10～15
焊丝直径	1.0～2.0或不用焊丝	2.0～3.0	3.0～4.0	3.0～5.0	4.0～6.0

在多层焊时，第一、二层应选用较细的焊丝，以后各层可采用较粗的焊丝。一般平焊应比其他焊接位置选用粗一号的焊丝，右焊法比左焊法选用的焊丝要适当粗一些。

(2)火焰性质

一般来说，气焊时对需要尽量减少元素烧损的材料，应选用中性焰；对允许和需要增碳及还原气氛的材料，应选用碳化焰。对母材含有低沸点元素[如锡(Sn)、锌(Zn)等]的材料，需要生成覆盖在熔池表面的氧化物薄膜，以阻止低熔点元素蒸发，应选用氧化焰。总之，应根据焊接材料的种类和性能选择火焰性质。

由于气焊焊接质量和焊缝金属的强度与火焰种类有很大的关系，因而在整个焊接过程中应不断地调节火焰成分，保持火焰的性质，从而获得质量好的焊接接头。

(3)火焰能率

火焰能率指单位时间内可燃气体(乙炔)的消耗量，单位为L/h。火焰能率的物理意义是单位时间内可燃气体所提供的能量。

火焰能率是由焊炬型号和焊嘴大小决定的。焊嘴号越大火焰能率也越大。所以火焰能率的选择实际上是确定焊矩的型号和焊嘴的号码。火焰能率的大小主要取决于氧、乙炔混合气体，氧气的压力和流量(消耗量)和乙炔的压力和流量(消耗量)。流量的粗调通过更换焊炬型号和焊嘴号码实现；流量的细调通过调节焊炬上的氧气调节阀和乙炔调节阀实现。

火焰能率应根据焊件的厚度、母材的熔点和导热性及焊缝的空间位置来选择。焊接较厚的焊件、熔点较高的金属、导热性较好的铜、铝及其合金时，要选用较大的火焰能率，才能保证焊件焊透；反之，在焊接薄板时，为防止焊件被烧穿，火焰能率应适当减少。平焊缝可比其他位置焊缝选用稍大的火焰能率。实际生产中，在保证焊接质量的前提下，应尽量选择较大的火焰能率。

(4)焊嘴倾斜角度

焊嘴的倾斜角度主要是电焊嘴的大小、焊件的厚度、母材的熔点和导热性及焊缝空间位置等因素综合决定的。当焊嘴倾斜角大时，因热量散失少，焊件得到的热量多，升温就快；反之，热量散失多，焊件受热少，升温就慢。

低碳钢气焊时，焊嘴的倾斜角度与工件厚度的关系详见图8-29。一般在焊接工件的厚度大、母材熔点较高或导热性较好的金属材料时，焊嘴的倾斜角要选得大一些；反之，焊嘴倾斜角可选得小一些。

焊嘴的倾斜角度在气焊过程中还应根据施焊情况而变化。如在焊接刚开始时，为了迅速形成熔池，采用焊嘴的倾斜角度为80°~90°。焊接结束时，为了更好地填满弧坑、避免焊穿及焊缝收尾处过热，应将焊嘴适当提高，焊嘴倾斜角度逐渐减小，并使焊嘴对准焊丝或熔池交替加热。

在气焊过程中，焊丝对焊件表面的倾角一般为30°~40°，与焊嘴中心线的角度为90°~100°。

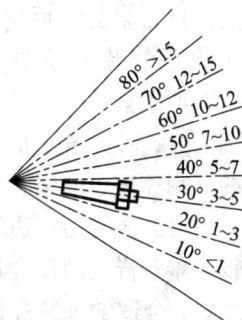

80° >15
70° 12~15
60° 10~12
50° 7~10
40° 5~7
30° 3~5
20° 1~3
10° <1

图8-29　焊嘴的倾斜角度与工件厚度的关系示意图

(5)焊接速度

在保证焊接质量的前提下，应根据焊工的操作熟练程度尽量提高焊接速度，以减少焊件的受热程度并提高生产率。对于厚度大、熔点高的焊件，一般焊接速度要慢些，以避免产生未熔合的缺陷；而对于厚度薄、熔点低的焊件，焊接速度要快些，以避免产生烧穿和焊件过热而降低焊接质量。

2. 气割主要工艺参数

气割工艺参数主要包括割炬型号和切割氧压力、气割速度、预热火焰能率、割嘴与工件间的倾斜角、割嘴离工件表面的距离等。

（1）割炬型号和切割氧压力

被割件越厚，割炬型号、割嘴号码、氧气压力均应增大，当割件较薄时，切割氧压力可适当降低。但切割氧的压力不能过低，也不能过高。若切割氧压力过高，则切割缝过宽，切割速度降低，不仅浪费氧气、使切口表面粗糙，而且还将对割件产生强烈的冷却作用。若氧气压力过低，会使气割过程中的氧化反应减慢，切割的氧化物熔渣吹不掉，在割缝背面形成难以清除的熔渣黏结物，甚至不能将工件割穿。

除上述切割氧的压力对气割质量的影响外，氧气的纯度对氧气消耗量、切口质量和气割速度也有很大影响。氧气纯度降低，会使金属氧化过程缓慢、切割速度降低，同时氧的消耗量增加。图 8-30 为氧气纯度对氧气消耗量的影响曲线，在氧气纯度为 97.5% ~99.5% 时，氧气纯度每降低 1%，气割 1 m 长的割缝，气割时间将增加 10% ~15%，氧气消耗量将增加 25% ~35%。

氧气中的杂质如氮等在气割过程中会吸收热量，并在切口表面形成气体薄膜，阻碍金属燃烧，从而使气割速度下降、氧气消耗量增加，并使切口表面粗糙。因此，气割用的氧气纯度应尽可能提高，一般要求在 99.5% 以上。若氧气的纯度降至 95% 以下，气割过程将很难进行。

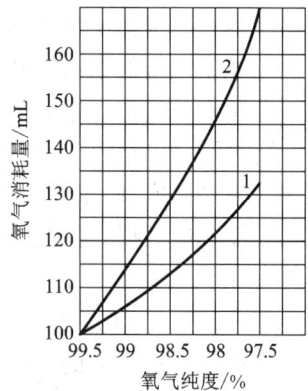

图 8-30　氧气纯度对氧气消耗量的影响

（1,2 分别代表不同气割时间）

（2）气割速度

一般气割速度与工件的厚度和割嘴形式有关，工件愈厚，气割速度愈慢，相反，气割速度应较快。气割速度由操作者根据割缝的后拖量自行掌握。后拖量是指在氧气切割的过程中，在切割面上的切割氧气流轨迹的起始点与终点在水平方向的距离，如图 8-31 所示。

气割时，后拖量总是不可避免的，尤其气割厚板时更为显著。合适的气割速度，应以使切口产生的后拖量比较小为原则。若气割速度过慢，会使切口边缘不齐，甚至产生局部熔化现象，割后清渣也较困难；若气割速度过快，会造成后拖量过大，使割口不光洁，甚至造成割不透。

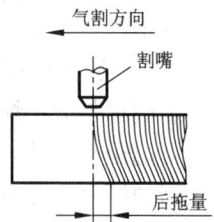

图 8-31　后拖量示意图

总之，合适的气割速度可以保证气割质量，并能降低氧气的消耗量。

（3）预热火焰能率

预热火焰的作用是把金属工件加热至金属在氧气中燃烧的温度，使钢材表面的氧化皮剥离和熔化，便于切割氧流与金属接触。

气割时，预热火焰应采用中性焰或轻微氧化焰。碳化焰因有游离碳的存在，会使切口边缘增碳，所以不能采用。切割过程中，要注意随时调整预热火焰，防止火焰性质发生变化。

预热火焰能率与工件的厚度有关，工件愈厚，火焰能率应愈大，但在气割时应防止火焰能率过大或过小的情况发生。如在气割厚钢板时，由于气割速度较慢，为防止割缝上缘熔化,应相应使火焰能率降低;若此时火焰能率过大,会使割缝上缘产生连续珠状钢粒,甚至熔化成圆角,同时还造成割缝背面粘附熔渣增多,影响气割质量。如在气割薄钢板时,因气割速度快,可相应增加火焰能率,但割嘴应离工件远些,并保持一定的倾斜角度;若此时火焰能率过小,使工件得不到足够的热量,就会使气割速度变慢,甚至使气割过程中断。

(4)割嘴与工件间的倾角

割嘴倾角主要根据工件的厚度来确定。一般气割厚 4 mm 以下的钢板时,割嘴应后倾 25°~45°;气割厚 4~20 mm 的钢板时,割嘴应后倾 20°~30°;气割 20~30 mm 厚的钢板时,割嘴应垂直于工件;气割大于 30 mm 厚的钢板时,开始气割时应将割嘴前倾 20°~30°,待割穿后再将割嘴垂直于工件进行正常切割,当快割完时,割嘴应逐渐向后倾斜 20°~30°。割嘴与工作间的倾角详见图 8-32。

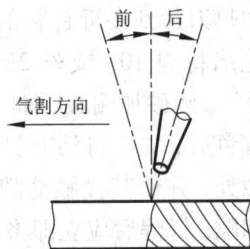

图 8-32 割嘴与工件间的倾角示意图

割嘴与工件间的倾角对气割速度和后拖量产生直接影响,如果倾角选择不当,不但不能提高气割速度,反而会增加氧气的消耗量,甚至造成气割困难。

(5)割嘴离工件表面的距离

通常火焰焰芯离开工件表面的距离保持在 3~5 mm 时加热条件最好,而且渗碳的可能性也最小。如果焰芯触及工件表面,不仅会引起割缝上缘熔化,还会使割缝渗碳的可能性增加。

一般来说,切割薄板时,由于切割速度较快,火焰可以长些,割嘴离开工件表面的距离可以大些;切割厚板时,由于气割速度慢,为了防止割缝上缘熔化,预热火焰应短些,割嘴离工件表面的距离应适当小些,这样可以保持切割氧流的挺直度和氧气的纯度,使切割质量得到提高。

8.6 技能训练:硬质合金刀具的钎焊实例

硬质合金刀具单件或小批制造时,通常采用气焊火焰钎焊刀片。钎焊时,一般选用 103 铜锌钎料,也可以采用丝 221 锡黄铜焊丝或丝 224 硅黄铜焊丝。钎剂采用钎剂 102 或脱水硼砂。当使用脱水硼砂时,为了降低其熔点,可采用 60% 的硼砂加 40% 的硼酸。当钎焊碳化钛含量较高的硬质合金刀片时,可在硼酸中加入 10% 左右的氟化钾或氟化钠,提高钎剂的活性。

由于硬质合金刀片的线膨胀系数小于刀杆的 1/2 左右,在钎焊过程中产生很大的内应力。因此,钎焊硬质合金刀片往往容易产生裂纹,会使刀片在使用过程中破碎。为防止钎焊时产生裂纹,除正确选用钎料外,还应正确设计刀槽和掌握钎焊操作技术。

1. 刀槽

一般刀槽用铣床或刨床加工,要求加工面粗糙度不低于 $Ra6.3$。刀槽内棱角处应圆弧过渡,以避免刀体产生裂纹。

2. 焊前清理

刀片在钎焊前通常采用喷砂处理,或在碳化硅砂轮上轻轻磨去钎焊面的表层。刀片在清理时应特别注意：不可用机械方法夹住刀片在砂轮机或磨床上磨削，以免刀片产生裂纹；更不能采用化学机械研磨，这样会将刀片表面的钴腐蚀掉，使钎料难以润湿刀片，造成钎焊接头强度下降，甚至不牢固。

3. 操作技术

首先将刀片放入刀槽，用气焊火焰加热刀槽四周，并稍微加热刀片到接近钎料的熔化温度为止，然后用轻微氧化焰将料 103 或丝 221 焊丝加热后沾上钎剂 102 或硼砂、硼砂加硼酸钎剂，继续加热刀槽四周，当出现深红色后，立即将沾有钎剂的钎料送入火焰下的接头缝隙处，并使其接触缝隙边缘，快速熔化并渗入和填满间隙；钎焊后应立即将刀具埋入草木灰中缓冷，以避免产生裂纹，或者直接放入 370℃～420℃ 的炉中进行低温回火，保温 2～3 h，以减小内应力和裂纹倾向，详见图 8－33。

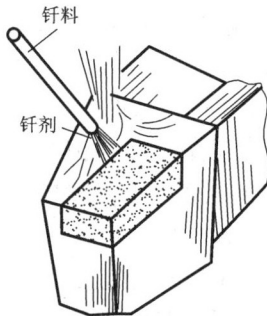

图 8－33　硬质合金刀片钎焊示意图

【小结】

知识点

1. 其他焊接方法的本质；

2. 其他焊接方法分类与特点。

能力点

特殊焊接结构的其他焊接方法生产的安全技术和防护。

【综合训练与思考】

一、填空题

1. 高能束焊通常指功率密度达到_____ W/cm² 以上的焊接方法。

2. 按被焊工件所处环境的真空度，电子束焊可分为三种：_____、_____和_____。

3. _____电渣焊可焊接大断面的短焊缝。

4. 能够焊接变断面厚工件的电渣方法是_____。

5. 电渣焊时一般采用的焊接电源外特性是_____。

6. 连续驱动摩擦焊是两待焊工件分别固定在_____和_____内。

7. 轨道式摩擦焊是使一工件接合面上的_____都相对于另一工件的接合面_____运动。

二、判断题

1. 电渣焊与埋弧焊无本质区别，只是前者使用的电流大些。　　　　（　）

2. 电渣焊的主要优点是可焊接很厚的工件，但工件必须是直平面，不能是曲面。（　）

3. 板极电渣焊生产率虽比丝极电渣焊高，但由于板条需作横向摆动，故其设备复杂。
　　　　　　　　　　　　　　　　　　　　　　　　　　　　　（　）

4. 电渣焊时，渣池温度低，熔渣的更新率也低，所以只能通过焊丝(板极)向熔池渗入必

需的合金元素。　　　　　　　　　　　　　　　　　　　　　　　　（　　）

5. 乙炔是一种无色的碳氢化合物气体，其密度比氧气小。　　　　　（　　）

6. 乙炔胶管和氧气胶管是可以互相代用的。　　　　　　　　　　　（　　）

7. 无论焊接哪种金属，焊接火焰选用中性焰最为合适。　　　　　　（　　）

8. 气焊时应掌握火焰的喷射方向，使焊缝两边金属的温度始终保持平衡。（　　）

9. 电子束深熔焊接的功率密度$\geqslant 10^5 W/cm^2$。　　　　　　　　（　　）

10. 根据激光的输出方式，激光焊接可分为热传导焊接和深熔焊接。　（　　）

11. 激光器的光电转换率一般小于10%。　　　　　　　　　　　　　（　　）

12. 摩擦焊焊接周期相当长，每个接头的焊接时间需几分钟。　　　　（　　）

13. 摩擦焊过程时由于接合面相互不能紧密接触，故周围空气可能侵入接合区，会产生焊接区的氧化和氮化。　　　　　　　　　　　　　　　　　　（　　）

14. 摩擦焊焊接的工件尺寸可加以严格的控制，长度偏差不大于$\pm 0.1\ mm$，偏心度可保证不大于0.2 mm。　　　　　　　　　　　　　　　　　　　　　（　　）

三、简答题

1. 简述低压电子束焊机的特点。

2. 分析直缝丝极电渣焊的操作过程。

参考文献

[1] 雷世明. 焊接方法与设备[M]. 北京：机械工业出版社，2004

[2] 韩国明. 焊接工艺理论与技术第2版[M]. 北京：机械工业出版社，2007

[3] 中国机械工程学会焊接学会. 焊接手册：第1卷第2版[M]. 北京：机械工业出版社，2001

[4] 姜焕中. 电弧焊与电渣焊(修订本)[M]. 北京：机械工业出版社，1988

[5] 中国机械工程学会焊接分会. 焊接词典第3版[M]. 北京：机械工业出版社，2008

[6] 周峥，张安刚，李士凯. 焊接技能培训与鉴定考试用书(中级)[M]. 济南：山东科学技术出版社，2006

[7] 张安刚，李士凯，王希保. 技能培训与鉴定考试用书(高级)[M]. 济南：山东科学技术出版社，2007

[8] 职业技能鉴定教材、职业技能鉴定指导编审委员会. 电焊工(初级、中级、高级)[M]. 北京：中国劳动出版社，1999

[9] 劳动人事部培训就业局. 焊工工艺学 [M]. 北京：劳动人事出版社，1988

[10] 许志安. 焊接实训[M]. 北京：机械工业出版社，2008

[11] 张依莉. 焊接实训[M]. 北京：机械工业出版社，2008

[12] 邱葭菲. 焊接方法与设备[M]. 北京：化学工业出版社，2008

[13] 黄石生. 弧焊电源及其数字化控制[M]. 北京：机械工业出版社，2007

图书在版编目（ＣＩＰ）数据

焊接方法与设备 / 杨坤玉主编 . --长沙：中南大学出版社，2010

教育部高职高专材料类教学指导委员会工程材料与成形工艺类专业规划教材

ISBN 978 - 7 - 81105 - 683 - 9

Ⅰ．焊…　Ⅱ．杨…　Ⅲ．①焊接工艺－高等学校：技术学校－教材 ②焊接设备－高等学校：技术学校－教材　Ⅳ．TG4

中国版本图书馆 CIP 数据核字（2010）第 062432 号

焊接方法与设备

主编　杨坤玉

□责任编辑　史海燕
□责任印制　易红卫
□出版发行　中南大学出版社
　　　　　　社址：长沙市麓山南路　　　　邮编：410083
　　　　　　发行科电话：0731 - 88876770　　传真：0731 - 88710482
□印　　装　长沙印通印刷有限公司

□开　　本　787×1092　1/16　□印张 16.75　□字数 412 千字□　插页
□版　　次　2010 年 4 月第 1 版　　□2018 年 8 月第 2 次印刷
□书　　号　ISBN 978 - 7 - 81105 - 683 - 9
□定　　价　42.00 元

图书出现印装问题，请与经销商调换